Fertighäuser
in Holzbauweise

VERBRAUCHER
ZENTRALE

Herausgeber
Arbeitsgemeinschaft der Verbraucherverbände
Heilsbachstr. 20 • 53123 Bonn
Tel. 0228 – 6489-0 • Fax: 0228-644258
E-Mail: mail@agv.de

Institut für angewandte Verbraucherforschung
Aachener Str. 1089 • 50858 Köln
Tel.: 02234-4077-0 • Fax. 02234-4077-22
E-Mail: IFAV.koeln@t-online.de

Verbraucher-Zentrale Hamburg
Kirchenallee 22 • 20099 Hamburg
Tel.: 040-24832-0 • Fax: 040-24832-290
E-Mail: info@verbraucherzentralehamburg.de

Verbraucher-Zentrale Hessen
Reuterstr. 51-53 • 69323 Frankfurt
Tel.: 069-972010-0 • Fax: 069-972910-50
E-Mail: vzh@verbraucher.de

Verbraucher-Zentrale Niedersachsen
Herrenstr.14 • 30159 Hannover
Tel.: 0511-911196-01 • Fax: 0511-911196-10
E-Mail: vzn@compuserve.com

Verbraucher-Zentrale Nordrhein-Westfalen
Mintropstr.27, 40215 Düsseldorf
Tel.: 0211-3809-0 • Fax: 0211-3809-170
E-Mail: vznrw@vz-nrw.de

Text
    Manfred Przybilski, Peter Manstein,
    Marianne Wollenweber
Lektorat
    Ileana von Puttkamer
Gestaltung
    HPPR Werbeagentur, Neuss
Fotos
    HPPR Werbeagentur, Neuss
Druck
    Steinbeck-Druck GmbH, Sprockhövel

1. Auflage Januar 2000
ISBN 3-88835-108-1

Kapitel 1
Was ist ein Fertighaus?

Der umgangssprachliche Begriff »Fertighaus« ist nicht eindeutig definiert, er wird auf die verschiedensten Konstruktionsweisen angewandt, auf »schlüsselfertige«, bezugsfertige und auf Ausbauhäuser. Gemein ist ihnen eine meist nur vage Vorstellung von Fertighaus. Im Folgenden soll dieser Begriff genauer definiert werden:

- Vorfertigung wesentlicher Bauteile im Werk (und das heißt auch Typisierung; bei aller individuellen Gestaltungsmöglichkeit spricht man deshalb auch von Typenhäusern),
- relativ schnelle Montage der vorgefertigten Bauteile auf der Baustelle,
- Bereitstellung der Hauptlieferungen und Bauleistungen von *einem* Unternehmer, dem Generalübernehmer,
- möglichst schlüsselfertige Übergabe (oder in verschiedenen Ausbaustufen),
- Festpreisgarantie,
- Bauvertrag ohne Verkauf (eventuell Vermittlung von Grundstücken durch den Hausanbieter).

Schlüsselfertig bauen und Fertighäuser

Die Unterschiede zwischen einem Fertighaus – zum Beispiel in Holzbauweise – und einem Schlüsselfertig-Massivhaus sind heute deutlich geringer, als das noch vor Jahren der Fall war. So ist eine klare Abgrenzung auf Grund eindeutig definierter Kriterien schwierig. Auch beim Massivhausbau werden heute vermehrt vorgefertigte Elemente eingesetzt. Besonders häufig sind dies die Decken, Stürze, Rollladenelemente und anderes mehr, aber auch Außenwandelemente. Dachelemente gehören dagegen seltener dazu.

Nicht zuletzt wegen dieser vorgefertigten Teile werden auch im Massivbau immer schnellere Bau- und Montagezeiten erreicht. Da der Massivhausanbieter bis auf einige Ausnahmen kein Werk hat, in dem wesentliche Bauteile vorgefertigt werden, kauft er vorgefertigte Bauteile entweder ein oder reduziert die Bauzeit durch effizientere Arbeitsmittel und -methoden.

Der Massivhausanbieter arbeitet in der Regel mit einer größeren Anzahl von Subunternehmern zusammen als der Fertighausanbieter. Das sind Handwerksbetriebe, die bestimmte Bauleistungen wie zum Beispiel die Zimmererarbeiten oder Schreinerarbeiten erbringen. Mit diesen Subunternehmern hat der Hauskäufer selbst nichts zu tun, da er – wie beim Fertigbau – nur den Vertrag mit dem Hausanbieter schließt. Die Hauptunterschiede liegen also in der betriebsinternen Struktur, Organisations- sowie in der Bauweise, den Hauptbaustoffen und – in begrenztem Umfang – bei der Vorfertigung (siehe die Tabelle auf der Folgeseite).

Auch konstruktiv ist die Unterscheidung zwischen Fertighaus und Massivhaus nicht immer eindeutig: zwar werden die meisten Fertighäuser in Leichtbauweise aus Holzkonstruktionen (zum Beispiel Rahmen, Ständer, Tafelbau) ausgeführt, die ebenfalls in Vorfertigung mögliche Holzblockbauweise zählt üblicherweise aber zu den Massiv(holz)bauten. Außerdem gibt es eine Vielzahl von Mischkonstruktionen beim Holzbau, ebenso wie inzwischen auch Holz- und gemauerte oder betonierte Massivbauweisen miteinander kombiniert werden.

Was heißt »schlüsselfertig«?

Sie möchten schlüsselfertig bauen? Dann warten verlockende Angebote auf Sie! Geworben wird beispielsweise mit der »Komplett-Abwicklung aus einer Hand«, man versichert »schlüsselfertiges Bauen in aller Form auf angenehmste Art und Weise« und verspricht, »so einfach geht das«, die Häuser seien »fix und fertig – darauf können Sie sich verlassen!«

Richtig ist sicherlich, dass man sich mit dem Bau eines schlüsselfertigen Hauses – im Gegensatz zum Bauen mit dem Architekten und vielen Handwerkern – von vornherein Zeitaufwand und Ärger ersparen will und zum Teil auch kann. Falsch ist jedoch, dass beim schlüsselfertigen Bauen alles automatisch und in jedem Fall reibungslos klappt. Denn auch beim Bau eines schlüsselfertigen Hauses geht nicht alles »wie von selbst«. Es gibt eine Menge zu bedenken und zu beachten, wenn nichts schief gehen soll.

Was ist ein Fertighaus?

Massivhaus oder Fertighaus – Unterschiede und Gemeinsamkeiten		
	Das »Stein-auf-Stein«-Massivhaus	Fertighaus in Holzbauweise
Verwendung vorgefertigter Bauteile	von geringem bis mittleren Umfang	umfangreich
Montage- bzw. Bauzeit auf der Baustelle (Mittelwert)	3 bis 6 Monate	1 bis 3 Monate
Bauleistungen aus einer Hand	ja	ja bzw. nein, da viele Häuser auch ab Oberkante Kellerdecke angeboten werden, also ohne Bodenplatte oder Keller
schlüsselfertige Übergabe	möglich	möglich
Festpreis	ja	ja
Lieferradius	lokal bis regional; wenn bundesweit, dann häufig standortgebunden zusammen mit einem Grundstück	regional bis bundesweit
Bauausführung nach individuellem Entwurf oder Typenhaus	sowohl als auch	Typenhäuser, individuelles schlüsselfertiges Bauen noch relativ selten
Außenwände	aus verschiedenen Bausteinen und Ziegeln sowie Leicht- und Normalbeton	Holzrahmenbauweise, Holztafelbauweise, Holzständerbauweise
Fassadenverkleidung	Putz, Vormauerschale (in der Regel Verklinkerung) u.a.	Putz, Verklinkerung, Holzverkleidung u.a.
Decken	massiv, selten Holz(balken)decken	Holz(balken)decken
Dach	Holzdachstuhl, selten massive Dachelemente	Holzdachstuhl, teilweise vorgefertigte Dachelemente aus Holz

Der Begriff »schlüsselfertig« ist nirgends verbindlich definiert und deshalb nicht sehr aussagekräftig. Er besagt nicht mehr, als dass das Haus von einem Unternehmer erstellt wird. Von diesem Unternehmer erhält der Käufer den Hausschlüssel zum Öffnen und Betreten des Hauses. Weiter gehend ist dieser Begriff nicht bestimmt. Man kann sich nicht darauf verlassen, dass das schlüsselfertige Haus tatsächlich bezugsfertig oder gar insgesamt fertig gestellt ist. Außerdem werden verschiedene Ausbaustufen der Kategorie »schlüsselfertig« angeboten. Zum Grundstückserwerb oder zur Art der Vertragsgestaltung sagt der Begriff nichts aus.

Die schlüsselfertige Errichtung hat auch nichts mit der Bauweise zu tun. Schlüsselfertige Massivhäuser können ohne den Einsatz vorgefertigter Bauteile auf der Baustelle in konventioneller Weise, also »Stein-auf-Stein«, mit mehreren Handwerkerbetrieben errichtet werden.

Fertighäuser sind dagegen Häuser, die vorgefertigt zur Baustelle gebracht und dort von einem Bauteam montiert werden. Auf der Baustelle werden dann nur noch bestimmte Innenausbauarbeiten durchgeführt. Sie können, müssen aber nicht schlüsselfertig erstellt werden.

Bauinteressenten müssen also beim Begriff »schlüsselfertig« auf Überraschungen gefasst sein. Zu unterschiedlich können die Angaben und Angebote ausfallen, die sie von Anbieter zu Anbieter zu hören und zu lesen bekommen.

Ein Anhaltspunkt ist die Unterscheidung zwischen »bezugsfertig« und »vollständig fertig gestellt«, denn ein Haus kann zwar bezugsfertig und damit bewohnbar, muss deshalb aber noch nicht vollständig fertig gestellt sein. So ist zum Beispiel vorstellbar, dass das Haus im tiefsten Winter bezugsfertig wird, aber der Außenputz erst in wärmeren Monaten aufgetragen werden kann. Das kann für die Vereinbarung von Terminen wichtig sein.

Hauskäufer dürfen sich also nicht darauf verlassen, dass das Haus bezugsfertig und insgesamt fertig gestellt wird, wenn sie ein schlüsselfertiges Haus erwerben. Sie müssen sich vielmehr detailliert in die Bau- und Leistungsbeschreibungen einarbeiten und genau vergleichen, um zu wissen, was für ein Haus mit welcher Innenausstattung sie letztendlich erhalten werden.

Was sollte schlüsselfertig bedeuten?

Ein schlüsselfertiges Haus sollte eigentlich sämtliche Rohbau-, Ausbau- und Innenausbauarbeiten enthalten, sodass der Hauskäufer nach Fertigstellung und Abnahme einziehen kann. Der Festpreis müsste demnach sämtliche Gebäudekosten umfassen. Nach diesen Vorgaben gäbe es kaum schlüsselfertige Fertighäuser, da die meisten ab Oberkante Kellerdecke angeboten werden (siehe dazu Kapitel 7 auf Seite 82 ff.).

Bauen mit dem Fertighausanbieter

Fertighausanbieter sind so genannte Generalübernehmer, die ihre (Typen)Häuser in der Regel ohne Grundstück anbieten. Manchmal sind sie allerdings als Vermittler tätig. Sollte Ihnen von einem bekannten Fertighausanbieter ein Haus mit Grundstück angeboten werden, wobei Haus- und Grundstückskauf in einem Vertrag geregelt werden, dann tritt dieser in diesem Fall als Bauträger auf.

Das Bauen mit einem Generalübernehmer und einem Bauträger unterscheidet sich erheblich (siehe Tabelle auf der Folgeseite). Die Einflussmöglichkeiten der Hauserwerber auf die Planung, die Bauausführung und auf die Kosten variieren dementsprechend. Außerdem ist der Zeitaufwand der Bauenden für den Bau des Hauses sehr unterschiedlich, und auch die Kalkulation der Kosten muss anders erfolgen. All diese Unterschiede haben natürlich einen erheblichen Einfluss auf die Vertragsgestaltung. (Ausführliche Informationen zum Bauen mit einem Bauträger finden Sie in

Wesentliche Unterschiede beim schlüsselfertigen Bauen mit Bauträgern oder Fertighausanbietern (Generalübernehmern)		
	Bauträger	**Generalübernehmer**
Wichtigstes Merkmal	Grundstückskauf und Bau eines Typenhauses in einem Vertrag geregelt	Bauvertrag umfasst die Planung und den Bau eines Typenhauses; allenfalls Grundstücksvermittlung
Einflussnahme auf ...		
■ Planung	möglich	in geringem bis mittlerem Umfang, da Planung der Typenhäuser feststeht
■ Bauleistungen Rohbau	keine	gering
■ Bauleistungen Innenausbau	mittel	mittel
■ Kosten	gering, da Preis-Leistungsvergleich unmöglich	gering bis mittel, da Preis-Leistungsvergleich unmöglich
Zeitaufwand ...		
■ vor Vertragsabschluss	hoch, wenn die Hauswahl ernsthaft ist	hoch, wenn die Hauswahl ernsthaft ist
■ nach Vertragsabschluss bis zur Fertigstellung	gering, wenn keine Probleme auftreten	mittel, da u.a. Baustelleneinrichtung, Grundstücksherrichtung, Hausanschlüsse etc. von den Hauskäufern durchgeführt bzw. beantragt werden müssen
Kalkulationssicherheit bezüglich der Gesamtbaukosten	relativ hoch, da in der Regel nur wenige Positionen zum Festpreis hinzukommen	niedrig, da viele Kostenpunkte und -gruppen zum Festpreisangebot hinzukommen
Qualitätssicherung, Bauleitung + Mängelbeseitigung	muss der Hauskäufer in der Regel selbst durchführen beziehungsweise überwachen	muss der Hauskäufer in der Regel selbst durchführen beziehungsweise überwachen
Eigenleistungen	in geringem Umfang möglich	in geringem bis mittlerem Umfang möglich

unserem Ratgeber »Schlüsselfertig und massiv bauen«.) Im vorliegenden Buch wird nur das Bauen mit einem **Generalübernehmer**, dem Fertighausanbieter, behandelt.

Der Generalübernehmer oder Fertighausanbieter erstellt dem Bauherren ein Wohngebäude auf dessen Grundstück. Er verpflichtet sich nur zum Hausbau. Manche Generalübernehmer bieten die Typenhäuser bundesweit, überwiegend aber in einer bestimmten Region an. Diese Typenhäuser werden zum Festpreis angeboten.

Für Typenhäuser liegen ein planerischer Entwurf, die statische Berechnung und der Wärmeschutznachweis vor. Sie werden mit einer bestimmten Grundausstattung zum Festpreis angeboten. Viele Typenhäuser können den speziellen Wohnvorstellungen der Käufer angepasst werden, soweit die Tragkonstruktion davon nicht betroffen wird und die Grundkonzeption bestehen bleibt. Erweiterungen und Sonderwünsche (etwa bei den Dachformen, der Dachneigung, den Raumgrößen oder-zuschnitten) sind ebenso wie zusätzliche Gauben, Erker oder Balkone gegen

Aufpreis einplan- und ausführbar. Konkrete Angaben zur Bauweise, zum Wärme- und Schallschutz sowie zur Ausstattung des Hauses sollten in der Bau- und Leistungsbeschreibung festgelegt sein.

Unbewohnte Musterhäuser können Sie in der Regel in Neubausiedlungen oder so genannten Musterhauszentren besichtigen. Referenzobjekte, also von den Firmen bereits erstellte und verkaufte Häuser, deren Eigentümer zur Auskunft bereit sind, werden auf Nachfrage meistens genannt.

Da das Baugrundstück dem Hausbauer gehört beziehungsweise bereits gehören sollte, überlassen viele Generalübernehmer dem Hausbauer eine Reihe von Aufgaben, die für den Hausbau notwendig und mit zusätzlichen Kosten verbunden sind. Dazu gehört das Herrichten der Baustellen oder Maßnahmen zur Einrichtung der Baustelle. Auch das Bauherrenrisiko hat er zu tragen (siehe oben).

Die Kostenkalkulation ist schwieriger als beim Haus vom Bauträger, da diverse Kostenpunkte in den Festpreisen nicht enthalten sind –

besonders solche, die das Grundstück betreffen beziehungsweise
von der Grundstückssituation
abhängig sind.

Die Errichtung des Gebäudes
erfolgt beim Generalübernehmer
vielfach durch Fremdfirmen, die
als Subunternehmer mehr oder
weniger in Erscheinung treten.
Der Werkvertrag für den Hausbau
muss nicht notariell beurkundet
werden, da kein Grundstückskauf
damit verbunden ist.

Kapitel 2
Grundstück und Bauplatz

Erst der Bauplatz, dann das Haus

Für Grundstück und Bauplatz sollte die Regel »Erst der Bauplatz, dann das Haus!« gelten.

wichtig

Unterschreiben Sie den Vertrag für die Errichtung eines Fertighauses erst, wenn Sie das Baugrundstück erworben haben und sicher sind, dass das gewünschte Haus auch auf das Grundstück passt beziehungsweise darauf errichtet werden darf.

Ist der Grundstückskauf notariell beurkundet, die Auflassungsvormerkung ins Grundbuch eingetragen und möglichst auch die Finanzierung gesichert, steht das »Fundament« für den Hauskauf. Für den Fall, dass Sie den Grundstückskauf vor dem Hauskauf nicht ganz unter Dach und Fach bekommen oder die Förderung nicht genehmigt wird, sollten Sie ein kostenloses Rücktrittsrecht im Vertrag mit dem Fertighausanbieter vereinbaren.

Die Grundstückssuche

Zu Beginn der Grundstückssuche steht die Entscheidung, wo Sie später wohnen und jetzt suchen wollen – in welchen Stadtteilen oder Dörfern. Diese Entscheidung hängt sicherlich von der Lage der Arbeitsplätze oder Schulen der Familienmitglieder, aber auch von den Grundstückspreisen, dem Angebot an Baugrundstücken und von Ihren finanziellen Möglichkeiten ab, denn Bauland ist knapp und teuer. Deshalb stellen sich viele Familien die Frage: Bauen in der Stadt oder auf dem Land?

Baugrundstücke im ländlichen Raum sind häufig preiswerter als im städtischen Raum oder Umland einer Großstadt. Dafür muss unter Umständen nicht nur ein längerer Weg zur Arbeit, zur Schule oder zum Einkaufen in Kauf genommen werden, sondern auch höhere Fahrtkosten, die auf Dauer sogar teurer werden können als die Ersparnis beim Erwerb des Grundstücks. Wägen Sie deshalb die Vor- und Nachteile beziehungsweise kurz- und mittelfristigen Kosten der unterschiedlichen Standorte miteinander ab. Ein Rechenbeispiel dazu: Ein Zweitwagen kostet monatlich rund 400 DM an Unterhaltung (ohne Anschaffungskosten). Auf einen Zeitraum von zehn Jahren bezogen muss das Grundstück auf dem

Lande demnach mindestens 50.000 DM preiswerter sein als eines in der Stadt.

Bei der Auswahl der Lage eines Grundstückes sollten Sie auch berücksichtigen: Bauen auf dem Lande bedeutet zum Beispiel auch immer eine Zunahme des Verkehrs beziehungsweise Straßenbaus in naturnahen Gebieten und unter Umständen eine Zunahme ihrer Zersiedelung, und dies bedeutet eine erhebliche Umweltbelastung.

Welche Grundstücksgröße ist angemessen?

Die erforderliche Grundstücksgröße hängt vom geplanten Haustyp ab: Ein freistehendes Haus benötigt mindestens 400 m² Grundstücksfläche, ein Doppelhaus mindestens 280 m² und Grundstücke für Reihenhäuser beginnen bei 150 m². Oft ist der Haustyp durch Vorgaben im Bebauungsplan festgeschrieben.

Beachten Sie auch, dass ein großes Grundstück nicht nur vom Kaufpreis her teurer ist, sondern auch von den Folgekosten. Die Erschließungskosten sind natürlich höher, ebenso die Grunderwerbssteuer.

Die Grundstücksgröße ist ebenso ausschlaggebend für die jährlich zu bezahlende Grundsteuer, die Anliegerbeiträge und die Gebühren, also die Kosten für die Straßenreinigung und das Abwasser.

Wer verkauft ein Baugrundstück?

Baugrundstücke können Sie von Privatpersonen erwerben, von der Kommune, von Kirchengemeinden oder von Stiftungen. Diese vergeben Baugrundstücke auch häufig in Erbpacht (auch Erbbaurecht genannt). Ferner vermitteln Makler und Banken Grundstücke sowie manchmal die Fertighausanbieter.

Makler und Banken verlangen für ihre Leistungen in der Regel Provisionen, deren Höhe je nach Region unterschiedlich ist, meist zwischen 3,5 und 7 % (inklusive Mehrwertsteuer) des Grundstückspreises. Sie sollten versuchen, über diese Provisionen zu verhandeln.

Fertighausanbieter verkaufen oder vermitteln Grundstücke natürlich nur gekoppelt mit der Verpflichtung, von ihnen ein Haus dort errichten zu lassen.

Grundstücksangebote finden Sie im Immobilienteil von Tageszeitungen, im Internet, zum Beispiel www.scout.de, in den Schaufenstern von Banken und Sparkassen, durch Anfrage bei den Bauämtern der in Frage kommenden Gemeinden und durch Anfrage bei den Kirchengemeinden. Baugrundstücke können auch manchmal über Zwangsversteigerungen günstig erworben werden. Solche Objekte werden als amtliche Bekanntmachungen in den Tageszeitungen veröffentlicht und beim Amtsgericht ausgehängt.

Lage des Grundstücks

Haben Sie mehrere Grundstücke in die engere Auswahl gezogen, dann können Sie die Vor- und Nachteile der Grundstückslagen anhand der folgenden Checklisten abwägen. Besichtigen Sie ins Auge gefasste Grundstücke nicht nur am Wochenende, sondern zur Arbeits- und Geschäftszeit sowie am Abend. Natürlich wird es das ideale Grundstück nicht geben. Die Grundstückswahl wird ein Kompromiss sein. Aber Sie sollten wissen, worauf Sie sich einlassen.

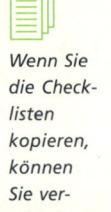

Wenn Sie die Checklisten kopieren, können Sie verschiedene Objekte vergleichen!

Checkliste »Begehung des Wohnumfeldes«	Ja	nein
Liegt das Grundstück an einer Durchgangsstraße?		
Ist der Verkehrslärm (von Autos, Eisenbahnen oder Flugzeugen) tagsüber, am Abend und an den Wochenenden für Sie zu laut?		
Befinden sich feuergefährdete, lärmträchtige oder geruchsbelästigende Einrichtungen, Betriebe o.ä. in nächster Umgebung? Beispiele dazu: ein Schweinestall; ein Acker, auf dem im Frühjahr Gülle ausgebracht wird; eine Tischlerei oder Autolackiererei mit erhöhtem Ausstoß an Luftschadstoffen; ein Ausflugslokal mit entsprechender Lärmbelästigung		
Beeinträchtigt die Nachbarbebauung das Grundstück zum Beispiel durch Verschattung?		
Ist das Grundstück, zum Beispiel wegen seiner Höhenlage, starken Winden ausgesetzt?		
Liegt das Grundstück in einem Hochwassergebiet?		

Die Bebaubarkeit des Grundstücks

Ehe Sie sich für ein Grundstück entscheiden, ist oft ein Gang zur Gemeinde notwendig, um Informationen über die Bebaubarkeit des Grundstücks und die zukünftige Entwicklung des Wohngebietes zu erhalten.

Der Bebauungsplan und gegebenenfalls auch Flächennutzungsplan klären darüber auf,
■ ob und wie das Grundstück bebaut werden darf und

■ welche Planungen zukünftig das Wohnumfeld beeinflussen können,
■ ob zum Beispiel damit zu rechnen ist, dass der Verkehr durch den Bau neuer Autobahnzubringer, Bahntrassen oder Gewerbegebiete in Zukunft zunehmen wird.

Steht die prinzipielle Bebaubarkeit des Grundstücks fest und sind von der Flächennutzungsplanung her keine gravierenden Qualitätseinbußen des Wohnumfeldes zu

Checkliste »Entfernung des Grundstücks zu wichtigen Einrichtungen«	nah	mittel	weit
Arbeitsplatz			
Kindergarten			
Schulen			
Lebensmittelgeschäfte			
Geschäftsstraße/Einkaufszentrum			
Ärzte/Apotheke			
Kulturelle Einrichtungen (Kino, Bücherei)			
Straßenbahn oder Bus			
Bahnhof			
Autobahnauffahrt			
Kinderspielplatz			
Grünanlagen			
Stadtverwaltung/Gemeindezentrum			
Sportanlagen			
Jugendclub			
Altenbegegnungsstätte			

erwarten, so sollten Sie die für das Grundstück geltenden Auflagen klären. Sie sind im Einzelnen in der Checkliste unten aufgeführt.

Falls Sie glauben, dass das Grundstück nicht bebaubar ist, sollten Sie zu einer sicheren Klärung eine Bauvoranfrage an das Bauordnungsamt stellen. Bauvoranfragen sind gebührenpflichtig, nur befristet gültig und dürfen nur vom Grundstückseigentümer gestellt werden. Bitten Sie diesen im Zweifelsfall, die Bauvoranfrage zu stellen.

Checkliste: Anbindung an den öffentlichen Personennahverkehr	
In welchen Zeitabständen verkehren Bus und Bahn zum nächsten Zentrum?	
Wie lange dauert die Fahrt?	
In welchen Zeitabständen verkehren Bus und Bahn zum nächsten Hauptbahnhof?	
Wie lange dauert die Fahrt?	

Checkliste: Wie darf das Grundstück bebaut werden?	Ja	Nein	Bemerkung
Existiert für den Bauplatz ein gültiger Bebauungsplan?			
Liegt ein Bebauungsplan vor, ist zu überprüfen:			
Welche Grundflächenzahl (GRZ) gibt der Bebauungsplan an, das heißt welcher Anteil der Gesamtfläche des Baugrundstückes darf überbaut werden?			
Welche Geschossflächenzahl (GFZ) ist vorgeschrieben, das heißt wie viel Geschossfläche (im Verhältnis zur Grundstücksfläche) ist für das zu errichtende Gebäude zulässig?			

Checkliste: Wie darf das Grundstück bebaut werden? (Fortsetzung)			
	Ja	Nein	Bemerkung
Enthalten der Bebauungsplan bzw. Ortssatzungen und das Baulastenverzeichnis weitere Auflagen? Zum Beispiel bezüglich:			
■ Baulinie			
■ Baugrenze			
■ Bebauungstiefe			
■ Dachform			
■ Dachneigung			
■ maximale Höhe des Kniestocks (Drempel)			
■ Traufhöhe beziehungsweise Länge des Überstands			
■ Haushöhe			
■ Dachfarbe			
■ Fassadengestaltung			
■ Spiel-, Freizeit- und Verkehrsflächen			
■ PKW-Stellplätze			
■ Baumschutz			
■ Sind Vorkaufsrechte eingetragen?			
■ Muss / kann die Bebauung zu einem bestimmten Zeitpunkt beginnen?			
Es liegt kein Bebauungsplan vor … Dann gelten die Regelungen des § 34 oder 35 Baugesetzbuch – Zulässigkeit von Vorhaben innerhalb der im Zusammenhang bebauten Ortsteile, Bauen im Außenbereich. Fragen Sie dazu unbedingt beim zuständigen Bauordnungsamt nach.			

Bodenbeschaffenheit klären

Holen Sie Informationen über die Beschaffenheit und Tragfähigkeit des Bodens ein. Denn bei einem nicht tragfähigen Boden müssen umfangreiche Bodenvorbereitungsarbeiten oder eine aufwändigere und damit teurere Gründung durchgeführt, zum Beispiel tiefe Streifenfundamente gelegt werden.

Das Altlastenrisiko prüfen

Sehen Sie im Altlastenkataster beim Umweltamt, der Stadt oder der Kreisverwaltung nach. Werfen Sie einen Blick in alte Karten und Luftbilder, die beim Vermessungsamt und Stadtarchiv zu finden sind. Fahnden Sie nach Nutzungen, Kriegsschäden und Unfällen in alten Bauakten, Adressbüchern, Heimatberichten, Firmenchroniken. Diese sind meistens im Stadtarchiv vorhanden. Durch das einfache Graben eines Loches mit dem Spaten ist übrigens leicht feststellbar, ob unter der Humusschicht »gewachsener« Boden kommt oder künstlicher, zum Beispiel Müllablagerungen. Ist die Erde verseucht, zum Beispiel mit

Altöl, so reicht manchmal schon eine kleine Riechprobe des Humus, um auf die Spur von Altlasten zu kommen. Auch die Bewohner der Nachbargrundstücke haben meist wertvolle Bodenkenntnisse, mit denen man also nach Möglichkeit schon in dieser Phase reden sollte. Erhärtet sich der Verdacht, sollten Sie eine chemische Bodenanalyse durchführen lassen. Kosten: etwa 2.000 bis 3.000 DM. Weitere Informationen finden Sie zum Beispiel im Ratgeber des Bund für Umwelt und Naturschutz Deutschland (BUND): »Risiko Eigentum – Augen auf beim Grundstückskauf«.

Nehmen Sie Einsicht in das Grundbuch!

Für jedes selbstständige Grundstück muss ein Grundbuchblatt vorhanden sein. Lassen Sie sich vom Verkäufer den gültigen Grundbuchauszug vorlegen. In Abteilung 1 sind die Angaben über den derzeitigen Eigentümer enthalten. In Abteilung 2 sind insbesondere die Beschränkungen des Verfügungsrechts des Eigentümers sowie Erbbaurechte, Baulasten, Vorkaufsrechte, Nieß-

Fragen zur Beschaffenheit des Baugrundes	Anmerkungen
Müssen auf Grund schwieriger Bodensituationen zusätzliche Baugrunduntersuchungen, zum Beispiel Probebohrungen durchgeführt werden, um festzustellen, wie der Baugrund beschaffen ist?	
Wie hoch ist der Grundwasserspiegel?	Bei erhöhtem Grundwasserspiegel müssen besondere Gründungen erfolgen, das heißt zusätzliche beziehungsweise aufwändigere Maßnahmen zur Feuchtigkeitsisolierung wie zum Beispiel der Bau eines wasserdichten Untergeschosses (so genannte »Schwarze Wanne«).
Ist ein felsiger Untergrund zu erwarten?	Wenn ja, handelt es sich um Felsbrocken, die abgebaggert werden können, oder müssen zunächst teure Felssprengungen durchgeführt werden?
Liegt das Grundstück auf ebener Fläche?	Die Bebauung von Hanglagen ist teurer.
Wird die Kanalisation höher liegen als die Abwasser führenden Einrichtungen Ihres Hauses, zum Beispiel bei Hanglage?	In diesem Fall muss eine kostenintensive Hebeanlage gebaut werden.
Kann die Baustelle mit schweren, großen Baumaschinen angefahren werden?	Andernfalls müssen Sie die Zufahrt entsprechend herrichten (lassen).
Ist der Bauplatz möglicherweise ein Altlastenstandort? Befanden sich hier früher ein Industrie- oder Militärstandort, eine Tankstelle oder Ähnliches?	Das Altlastrisiko hat meistens der Grundstückseigentümer zu tragen! Fragen Sie deshalb nach Altlasten (siehe unten).
Sind auf dem Grundstück archäologische Bodendenkmäler zu erwarten?	Diese »Altlasten« der besonderen Art sind in vielen Fällen dem Bodendenkmalamt bekannt. Auch hier sollte man sich frühzeitig erkundigen.

brauchsrechte, Dienstbarkeiten, Dauerwohnrechte oder Dauernutzungsrechte eingetragen. In Abteilung 3 sind Hypotheken, Grundschulden und Rentenschulden verzeichnet.

Die Grundstückskosten

Ist das Grundstück den Preis wert?

Anhaltswerte und Vergleichsmöglichkeiten über den Wert des Grundstücks finden Sie in der Bodenrichtwertkarte, die von einem Grundstücks-Gutachterausschuss der Gemeinde oder des Kreises erstellt wird. Auch der regelmäßige Vergleich der Grundstückspreise in den Wochenendausgaben der Tageszeitungen gibt Ihnen mit der Zeit einen Überblick.

Nicht nur der derzeitige Grundstückspreis sollte für Sie von Bedeutung sein, sondern Sie sollten sich auch überlegen, welchen Wiederverkaufswert das Grundstück in einigen Jahren haben kann. Entscheidend für die Wertsteigerung einer Immobilie ist in erster Linie eine gute Lage, das heißt ein attraktives Wohnumfeld, eine gute Verkehrsanbindung und ein ausreichendes Dienstleistungsangebot.

Die Gesamtkosten eines Grundstücks setzen sich wie in der folgenden Übersicht dargestellt zusammen.

Die Ermittlung der Grundstückskosten	
	DM
Grundstückspreis (DM/m²), insgesamt	
gegebenenfalls Vermessung (unter Umständen bei Teilung zu Lasten des Käufers)	
gegebenenfalls Baugrundgutachten	
gegebenenfalls Bodenanalyse	
gegebenenfalls Bauvoranfrage	
Notargebühren + Grundbucheintragung (1–1,5 %)	
Maklerprovision (mindestens 3,5 %)	
Grunderwerbssteuer (3,5 %)	
Gesamtkosten	

Da das Finanzamt im Haus- und Grundstückskauf in der Regel eine wirtschaftliche Einheit sieht, wird die Grunderwerbssteuer von 3,5 % für beide Käufe verlangt, auch bei zeitversetzten und separaten Verträgen.

Der Anteil des Baugrundstücks an den Gesamtkosten des Bauvorhabens liegt im bundesweiten Durchschnitt derzeit bei 25 bis 30 %.

Der Grundstückserwerb nach Erbbaurecht

Bauinteressenten pachten das Grundstück für eine bestimmte Zeit, meist 99 Jahre, und bekommen die Nutzungsrechte gegen einen jährlichen Erbbauzins übertragen. Der Erbbauzins beträgt zu Beginn in der Regel jährlich rund 4 % des Grundstückswertes. Grundstück und Gebäude fallen nach dieser Zeit an den Grundstückseigentümer zurück, es sei denn, der Vertrag wird verlängert, oder der Grundstückspächter sichert sich im Vertrag ein Vorkaufsrecht. Läuft ein Erbrechtsvertrag aus, so muss der Grundstückseigentümer für das darauf stehende Haus eine entsprechende Entschädigung leisten.

Erbpacht kann, muss aber nicht preiswert sein. Bevor Sie ein Grundstück in Erbpacht kaufen, sollten Sie die Erbpachtregelung genau daraufhin prüfen, ob und welche Kostensteigerungsklauseln sie eventuell enthält, zum Beispiel Einstandszahlungen oder die Kopplung der Zahlungen an die Inflationsrate. Vergleichen Sie die Kosten, die Ihnen bis zur Abzahlung des Hypothekenkredites für einen Grundstückskauf entstehen, mit den gesamten Erbpachtausgaben für den gleichen Zeitraum.

Der Grundstücks-Kaufvertrag

Lassen Sie im Grundstücks-Kaufvertrag eintragen, ob das Grundstück voll erschlossen ist (siehe unten) oder welche Erschließungsmaßnahmen und -kosten noch anfallen werden. Halten Sie vertraglich fest, dass es frei ist von öffentlich-rechtlichen Lasten und Abgaben. Ist dies nicht der Fall, sollten Sie vereinbaren, wer nach endgültiger Abrechnung der Erschließungskosten eventuell Erstattungen erhalten soll oder Nachforderungen zu entrichten hat. Besteht die Gefahr, dass auf dem Grundstück Altlasten lagern, so muss die Altlastenbeseitigung ebenfalls vertraglich geregelt werden.

Jeder Grundstückskauf bedarf der notariellen Beurkundung. Der beurkundende Notar ist verpflichtet, Käufer wie Verkäufer über ihre Rechte und Pflichten, die sich aus dem Kaufvertrag ergeben, aufzuklären. Der Käufer bestimmt, welcher Notar zuständig ist. Sie sollten den Notar bei unklaren oder zweifelhaften Regelungen eingehend befragen. Lassen Sie sich deshalb vor dem Notartermin den Vertragsentwurf aushändigen, um ihn in Ruhe zu lesen und zu prüfen. Stellen Sie dem Notar Ihre Fragen vor dem offiziellen Notartermin, um Unklarheiten rechtzeitig zu beseitigen. Gegebenenfalls sollten Sie den Vertrag von einem Rechtsanwalt überprüfen lassen.

Haben Sie und der Verkäufer den Vertrag vor dem Notar unterschrieben, heißt dies noch lange nicht, dass Sie direkt zahlen und dann Eigentümer des Grundstücks sind. Um die Eigentumsübertragung abzusichern, sollte der Notar erst eine Auflassungsvormerkung an erster Rangstelle im Grundbuch beantragen, damit der Verkäufer während der Bearbeitungszeit der formellen Eigentumsübertragung keine anderen Eintragungen vornehmen lassen kann. Denn die Eintragung ins Grundbuch dauert meistens einige Monate. Erst danach sind Sie Eigentümer des Grundstücks. Wenn die Auflassungsvormerkung ins Grundbuch eingetragen ist, erhalten Sie eine Mitteilung vom Notar und können so abgesichert den Kaufpreis überweisen.

Vielfach wird die Zahlung des Kaufpreises auch über ein so genanntes Notaranderkonto abgewickelt und abgesichert, also über ein Treuhandkonto des Notars. In diesem Fall zahlt der Käufer den Kaufpreis auf dieses Notaranderkonto ein (beziehungsweise seine Bank das entsprechende Darlehen). Der Notar überweist das Geld an den Verkäufer dann, wenn ihm das Grundbuchamt die Umschreibung des Eigentums im Grundbuch mitgeteilt hat. Für dieses Konto und den zusätzlichen Arbeitsaufwand des Notars muss natürlich zusätzlich gezahlt werden.

Die öffentliche Erschließung

Kaufen Sie wenn möglich nur ein erschlossenes Grundstück, denn Erschließungskosten können teuer werden, und als Grundstücksbesit-zer müssen Sie sie bezahlen. Erkundigen Sie sich beim Verkäufer, ob die vollständige öffentliche Erschließung im Grundstückspreis enthalten ist. Auch sollte geklärt sein und vertraglich geregelt werden, ob in absehbarer Zeit eventuell mit Nachforderungen der Stadt oder Gemeinde oder weiterer Erschließungskosten zu rechnen ist und wer diese bezahlen muss.

Zur vollständigen Erschließung gehört die öffentliche Erschließung (Gehwege, Straßen, Grünflächen etc.) sowie die Verlegung der Hauptkanäle beziehungsweise -leitungen für Trinkwasser, Abwasser, Gas, Strom, Telefon, TV-Kabel. Die Kosten für diese Maßnahmen müssen – bei einem voll erschlossenen Grundstück – mit dem Grundstückspreis abgegolten sein.

Falls Sie nicht darum herum kommen, die öffentliche Erschließung selbst zu tragen, sollten Sie Folgendes beachten: An Erschließungskosten oder Anliegergebühren stellen die Gemeinde oder der Erschließungsträger dem Grundstückseigentümer meist 90 % der Kosten in Rechnung. Üblich sind Abschlagszahlungen schon vor Beginn der Erschließungsarbeiten.

Die Kosten für den Grundstückseigentümer richten sich nach der Länge der zur Straße liegenden Grundstücksgrenze (bei Eckgrundstücken wird meist ein Rabatt gewährt). Um steuerlich keine Nachteile zu erleiden, sollten Sie die Erschließungskosten nicht in den Kaufpreis des Grundstückes, die Grunderwerbskosten, aufnehmen (wohl aber im Kaufvertrag regeln). Sie sollten sich frühzeitig bei der Gemeinde nach den voraussichtlichen öffentlichen Erschließungskosten erkundigen, um die Gesamtbaukosten realistisch einschätzen zu können. Fragen Sie vor dem Kauf nach, ob all diese Maßnahmen im Preis enthalten sind.

Verwechseln Sie diese Erschließungsmaßnahmen nicht mit den **Hausanschlüssen.** Den jeweiligen Hausanschluss für Wasser, Gas, Strom und Telefon, also den Abzweig vom Hauptkanal bis in Ihr Haus, müssen Sie bei den zuständigen Versorgungsunternehmen beantragen. Diese verlegen dann auch selbst die Hausanschlüsse für Wasser, Gas, Strom und Telefon. Diese Kosten werden zusätzlich auf Sie zukommen.

Wenn Sie durch Eigenleistung Kosten sparen möchten, sollten Sie sich bei Ihrem Versorgungsunternehmen erkundigen, ob und wie Sie die Erdarbeiten zum Hausanschluss selbst durchführen können.

Langfristig planen

Bevor Sie mit der Haussuche beginnen, sollten Sie klären:

■ Wie viel Wohnfläche brauchen Sie? Messen Sie Ihre jetzige Wohnung aus, und überlegen Sie, was Sie dringend oder auch mittelfristig an zusätzlichem Wohnraum benötigen: wie viel zusätzliche Wohnfläche und wie viel zusätzliche Räume. Gehen Sie von Ihrem tatsächlichen Bedarf aus und nicht von Wunschvorstellungen – das hilft, die Planungszeit zu verringern und Kosten zu sparen.

■ Wird sich Ihr Haushalt in den nächsten Jahren vergrößern oder verkleinern?

■ Wie viele Kinder sollen in dem Haus wohnen?

■ Gehören ältere Menschen oder Behinderte zur Familie? In diesem Fall sollten Sie nicht nur die Anzahl der Kinderzimmer festlegen oder die Anzahl von separaten Schlaf- und Wohnräumen, sondern das Haus möglichst barrierefrei planen und bauen lassen (Anforderungen an das barrierefreie Bauen: siehe Folgeseite).

Bauplatz bereits vorhanden

Haben Sie bereits ein Grundstück gekauft, haben Sie sich bereits festgelegt, denn im Bebauungsplan können viele Vorgaben zum Hausbau enthalten sein, die Sie sicherlich bereits kennen werden (siehe Kapitel 2 auf Seite 16 ff.). Überlegen Sie, welche Hausform, Dachform, äußere Gestaltung in die Umgebung am besten passt. Nicht der letzte Griechenlandurlaub sollte Sie inspirieren, sondern die Umgebung des Bauplatzes. Bauen Sie im Dorfkern, oder schließen Sie eine Baulücke, so ist es besonders wichtig, dass das Haus nicht negativ aus dem Rahmen fällt. Individuelle gute Architektur kann auch angepasste Architektur sein.

Baugrundstück wird noch gesucht

Wenn Sie noch keinen Bauplatz besitzen, sollten Sie erst noch folgende grundlegende Fragen klären:

■ Benötigen Sie unbedingt ein freistehendes Einfamilienhaus? Freistehende eingeschossige Einfamilienhäuser (Erdgeschoss und Dachgeschoss) sind am

Anforderungen an barrierefreie Wohnungen (entsprechend der DIN 18025)	
Zugang zum Haus	stufenlose Erreichbarkeit, keine Schwellen
Hauseingang	mindestens ein Eingang stufenlos, Zugangsweg mindestens 1,5 m Breite
Türen	Hauseingangstüren: mindestens 0,95 m breit Zimmertüren: mindestens 0,80 m breit
Bewegungsflächen	Freisitz*: mindestens 4,5 m² (nutzbare Tiefe 1,4 m), bodengleiche Dusche von 1,2 x 1,2 m, vor Kücheneinrichtungen: 1 ,2 x 1,2 m, Waschtisch mit Beinfreiheit, Flure, Gänge: mindestens 1,5 m breit
Abstellräume	begehbare Räume: mindestens 1,5 x 1,5 m, Nischen: maximal 0,75 m Tiefe
Sicherheits-anforderungen	beidseitige Handläufe an Treppen, keine Wendeltreppen, nach außen zu öffnende Tür zum Sanitärraum, rutschfeste Bodenbeläge
Bedienungs-vorrichtungen	Schalter, Steckdosen, Türdrücker usw. in 0,85 m Höhe

Balkon, Terasse, Loggia, Wintergarten

teuersten, verbrauchen die meiste Energie, bieten auf mittelgroßen Grundstücken (400 m²) nur noch wenig Sichtschutz, da der Grenzabstand nach allen Seiten gering ist und Flächen verschenkt werden.

- Alle anderen Haustypen (Doppelhäuser, Reihenhäuser) sind platzsparender und kostengünstiger, werden allerdings selten als Fertighäuser angeboten. Wollen Sie mit anderen Bauwilligen gemeinsam bauen, können Sie auch Angebote für Doppelhäuser und Reihenhäuser von Fertighausanbietern einholen.

Einliegerwohnung und Ausbaureserven

Sie planen für Ihre Zukunft, deshalb müssen Sie heute bereits wissen, ob Sie

- jetzt oder später eine Einliegerwohnung benötigen, zum
  Beispiel, wenn die Kinder aus
  dem Haus sind,
- Ausbaureserven im Dach oder
  Keller benötigen werden oder
- einen Anbau vornehmen
  wollen.

Folgende Fragen sollten Sie vor
einer Entscheidung über einen
Hauskauf bedenken und sich
beantworten – auch bei der Besichtigung von Musterhäusern:
- Ein späterer Kücheneinbau im
  Dachgeschoss und ein Bad-
  einbau im Erdgeschoss können

Weitere Fragen zum Wohnraumbedarf	Ja	nein
Favorisieren Sie eine kleine Arbeitsküche, in der meistens nur eine Person arbeiten kann, kombiniert mit einem separaten Essraum?		
Wollen Sie lieber eine Wohnküche, in der gleichzeitig gearbeitet und gegessen werden kann und die Treffpunkt der Familie sein soll?		
Brauchen Sie ein Haus zum Repräsentieren, oder suchen Sie ein möglichst funktionsgerechtes, nutzungsgerechtes Haus? Für diesen Fall muss das Wohnzimmer nicht 40 m² groß sein (im öffentlich geförderten Wohnungsbau werden 24 m² vorge-geben). Die eingesparte Fläche kann anderen Räumen zuge-ordnet werden.		
Sollen die Wohn- und Schlafräume entsprechend ihrer Nutzung unterschiedlich groß ausfallen (zum Beispiel sehr großer Wohn-Essbereich, eine Küche, mittelgroßes Elternschlafzimmer, kleine Kinderzimmer)?		
Wollen Sie eher nutzungsneutrale Räume, das sind Räume, die in etwa gleich groß sind und die deshalb im Laufe der Jahre immer wieder unterschiedlich genutzt werden können, also Elternschlafzimmer als Jugendzimmer, Kinderzimmer als Eltern-schlaf- oder Arbeitszimmer)?		
Wollen Sie großzügige, offene Wohnbereiche, zum Beispiel über eine Galerie erreichbar (mit entsprechend verringertem Schallschutz)?		
Wollen Sie lieber separate Räume (mit naturgemäß besserem Schallschutz)?		

vorbereitet werden mit Leerrohren. Auch Steigleitungen können bereits verlegt und Anschlüsse vorbereitet werden. Dabei sollten in jedem Geschoss Badezimmer und Küche an eine Installationswand gemeinsam angeschlossen sein. Die Installationswände jeden Geschosses sollten übereinander liegen, um die Anzahl der Steigleitungen gering zu halten.

■ Für die zweite Wohnung sollte eine getrennte Verbrauchserfassung für Heizung, Warm- und Kaltwasser vorbereitet werden.

■ Denken Sie an einen ausreichenden Luft- und Trittschallschutz zwischen zwei Wohnungen. Da es für das Einfamilienhaus keine verbindlichen Vorschriften für den Schallschutz gibt, fällt der Schallschutz gerade bei Holzhäusern sehr unterschiedlich aus, und die Lärmbeeinträchtigung zwischen den Wohnungen kann groß sein. Erwägen Sie, ob Sie nicht von vornherein einen erhöhten Schallschutz vertraglich vereinbaren, zum Beispiel den, der für Mehrfamilienhäuser gefordert wird.

■ Falls Sie später das Obergeschoss als separate Wohnung abtrennen möchten, verlieren Sie eventuell Platz. Daher stellt sich die Frage: Lässt sich im Erdgeschoss ein zusätzliches Zimmer (zum Beispiel als Schlafzimmer) ohne weiteres abtrennen? Nichttragende Wände lassen sich leicht versetzen oder einziehen, wenn die Fensteranordnung eine Zimmerabtrennung beziehungsweise -teilung zulässt.

■ Sind die Schaffung eines kleinen Hausflures mit Treppenaufgang und die Abtrennung separater Wohnungseingänge möglich? Befindet sich die Treppe des Musterhauses im Eingangsbereich neben der Haustür, dann wird in der Regel eine Abtrennung leicht möglich sein, liegt sie mitten im Wohnzimmer, dann ist eine Abtrennung schwer oder gar nicht möglich.

Nehmen Sie den Wohnungsgrundriss zur Hand, und versuchen Sie, diese Änderungen einzuzeichnen. Besprechen Sie sie dann mit dem Planer des Fertighausunternehmens, der Sie berät.

Musterhausbesichtigungen und Vorauswahl

Nach der Bedarfsermittlung in der Familie beginnt die Suche nach geeigneten Häusern. Angebote finden Sie im Immobilienteil der Tageszeitungen und Fachzeitschriften und im Internet. Adressen von Musterhäusern erhalten Sie von den Anbietern oder Herstellerverbänden. In Fertighaus-Ausstellungen (so genannte Musterhaus-Siedlungen) sind meistens Häuser verschiedener Hersteller errichtet, sodass man hier direkt vergleichen kann.

Hausbesichtigungen haben den Vorteil, dass das »In-Augenschein-Nehmen«, das dreidimensionale Sehen und »Anfassen-Können« im 1:1-Maßstab, einfacher und leichter ist als das Lesen von Plänen. Lassen Sie sich allerdings nicht von den »Traumhäusern« oder Möblierungsvorschlägen beeindrucken oder ablenken: Gerade in Musterhaussiedlungen werden vielfach aufwändige Häuser mit viel Schnickschnack vorgestellt, die nicht den Bedürfnissen und dem Geldbeutel der meisten Menschen entsprechen. Hier will der Hersteller nur zeigen, was er alles bauen und liefern kann.

Grundsätzliches zur Haussuche und Besichtigung:

- Lassen Sie sich die Quadratmeter-Wohnfläche nennen und die Berechnungsgrundlage für die Wohnfläche (siehe Kapitel 14 auf den Seiten 212 ff.). Überschlagen Sie den Preis pro Quadratmeter Wohnfläche.
- Lassen Sie sich die Bau- und Leistungsbeschreibung der Musterhäuser geben (siehe Kapitel 13 auf den Seiten 194 ff.).
- Fragen Sie, was zur Grundausstattung des Hauses zum genannten Festpreis gehört (zum Beispiel Fenster, Heizkörper, Steckdosen, Badewanne, Fußbodenbeläge) und was teure Zusatzausstattung ist. Häufig werden Musterhäuser mit höherwertigen und teureren Materialien ausgestattet, die nicht zur Ausstattung und zum Festpreis des angebotenen Haustyps gehören).

Es gibt gute, das heißt funktionale, Platz sparende und schlechte Hausentwürfe. Auch bei den Fertighausanbietern finden Sie beides und vieles, das qualitativ dazwischen liegt. Deshalb sollten

Sie die folgende Checkliste zur Begutachtung von Musterhäusern hinzuziehen.

Nehmen Sie Schreibblock, Bleistift und Zentimetermaß mit, um Wichtiges bei der Besichtigung festzuhalten.

Selten wird das favorisierte Typenhaus so gekauft wie besichtigt. Viele Fertighäuser können den speziellen Wohnvorstellungen der Käufer beziehungsweise dem Bauplan angepasst werden, soweit die Tragkonstruktion davon nicht betroffen wird und die Grundkonzeption bestehen bleibt.

Erweiterungen und Sonderwünsche – etwa bei den Dachformen, der Dachneigung, den Raumgrößen oder -zuschnitten – ebenso wie zusätzliche Gauben, Erker oder Balkone können Sie – allerdings nur gegen Aufpreis – einplanen und ausführen. Je mehr Sie am Haus verändern lassen, umso teurer wird es.

Nach ersten Eindrücken und Besichtigungen beginnt der schwierige Preis-Leistungsvergleich. Grundlage dafür ist die Bau- und Leistungsbeschreibung des Typenhauses. Wollen Sie viel an diesem Typenhaus ändern, dann müssen Sie erst die Bau- und Leistungsbeschreibung Ihren Wünschen anpassen und den Festpreis neu ermitteln lassen.

- Auf einen Balkon können Sie beispielsweise verzichten, wenn Terrasse und Garten vorhanden sind. Sie können auch im Obergeschoss Fenstertüren einsetzen und den Ausstieg durch ein Stahlgeländer absichern. Später kann dann ein Balkon außen vorgesetzt werden.
- Erker oder Gauben sind teuer und deren Wärmedämmung noch teurer. Moderne Architektur kann auf Türmchen, Erker und Säulengänge verzichten und trotzdem individuell, funktionell und von ausgefeilter Gestaltung sein. Denken Sie bei der äußeren Gestaltung Ihres Hauses auch an die Umgebung.
- Eine Klinkerfassade ist in der Regel teurer als eine Putzfassade.
- Auch auf den Keller könnten Sie verzichten.
- Statt Garage können Sie auch selbst ein Carport aus Holz errichten.

Spartipp

Checkliste zur Begutachtung eines Musterhauses

	Ja	Nein	Bemerkung
Passt das Haus zur Umgebung des Bauplatzes?			
Muss das Haus bestimmten Vorgaben im Bebauungsplan angepasst werden?			
Sind diese Veränderungen bei »Ihrem« Typenhaus möglich?			
Eingangsbereich			
Hat der Eingang einen Dachüberstand als Regen- und Schneeschutz?			
Ist im Eingangsbereich ein Windfang vorhanden, der einen zusätzlichen Wärmeschutz bietet?			
Verfügt der Hausflur über ausreichend Bewegungsfläche, ohne tote Ecken, mit denen Wohnfläche verschenkt wird?			
Ist Platz für Garderobe, Kinderwagen und Schuhe vorhanden?			
Gibt es im Gäste-WC oder in einem Badezimmer im Erdgeschoss gegebenenfalls ausreichend Bewegungsfläche für einen Rollstuhl?			
Beträgt die Türbreite zum Gäste-WC 80 cm, damit auch Rollstuhlfahrer oder ältere Menschen mit Gehhilfen das WC benutzen können?			
Geht die WC-Tür nach außen auf, damit sie im Notfall auch von außen geöffnet werden kann?			
Erdgeschoss: Küche, Wohn-/Essbereich			
Ist die Küche groß genug, damit mehr als eine Person darin arbeiten kann?			

Checkliste zur Begutachtung eines Musterhauses

	Ja	Nein	Bemerkung
Können sich in der Küche mehrere Personen aufhalten und essen?			
Können alle Arbeitsgeräte in der Küche untergebracht werden?			
Kann sie funktional eingerichtet werden, sind beispielsweise die Wege zwischen Herd, Spüle, Kühlschrank kurz?			
Kann man die Fenster problemlos öffnen und putzen?			
Passen die vorhandenen Einbaumöbel in die Küche?			
Wie weit ist der Weg von der Küche zum Vorrats-/Abstellraum und zum Keller?			
Kann man von der Küche aus sehen, ob jemand zur Haustür kommt?			
Kann man vom Garten und Hausflur direkt in die Küche gehen, oder muss man durch das Wohnzimmer (wichtig bei schmutzigen Schuhen)?			
Gibt es innenliegende fensterlose Flure?			
Falls ja, wie werden sie belichtet?			
Gibt es im Wohnzimmer genug Stellfläche für Schränke und Regale?			
Ist in einem vorgesehenen Erker Platz genug für eine Ess- oder Sitzecke?			
Passen die vorhandenen Möbel in das Wohnzimmer?			
Wie wird das Wohnzimmer besonnt?			
Wie ist die Terrasse zu erreichen?			
Soll die Terrasse überdacht werden?			

Checkliste zur Begutachtung eines Musterhauses (Fortsetzung)			
	Ja	Nein	Bemerkung
Obergeschoss: **Schlafzimmer/Badezimmer**			
Sind die Kinderzimmer groß genug, damit Kinder darin spielen und ihre Schulaufgaben machen sowie Jugendliche mit ihren Freunden sich dorthin zurückziehen können?			
Kann das Badezimmer von den Schlafräumen direkt erreicht werden?			
Grenzt die Installationswand des Badezimmers direkt an eine Schlafzimmerwand? Bei schlechter Schallisolierung wird das Rauschen der Wasser- und Abwasserleitungen im Schlafzimmer zu hören sein.			
Ist in den Schlafzimmern und im Flur genug Platz für Schränke, Stauraum oder Bücherregale vorhanden?			
Ist der Flur im Obergeschoss groß genug, oder wird Platz verschenkt?			
Ist in der Grundausstattung des Hauses ein Kniestock vorgesehen? Wie hoch ist er? Ein Kniestock erhöht die Wohnfläche im Dachgeschoss bei Dachneigungen von 38 % bis 45 % (bei Holzfertighäusern eher selten).			
Was für ein Dachneigungswinkel ist vorgesehen? Entspricht der Winkel den Vorgaben im Bebauungsplan?			

Checkliste zur Begutachtung eines Musterhauses (Fortsetzung)

	Ja	Nein	Bemerkung
Sind – statt Kniestock – Abseitenwände im Dachgeschoss vorgesehen?			
Kann man auch bei niedrigerer Dachneigung, ohne sich zu bücken, die Treppe benutzen? (Faustregel: Je höher die Dachneigung, umso näher kann die Treppe an der Außenwand liegen.)			
Haustechnik			
Werden WC, Küche, Badezimmer im Erd- und Dachgeschoss über eine oder mehrere (Vorwand-)Installationswände für Wasser und Abwasser versorgt? Werden mehrere Steigleitungen und horizontale Leitungsführungen notwendig, so kann das Haus gegebenenfalls teurer werden.			
Gibt es Leerrohre in den Wänden, falls später einmal Elektroleitungen etc. neu verlegt werden?			
Ist ein Schornstein vorhanden? (In manchen Musterhäusern fehlen die Schornsteine.)			
Wenn ja, sitzt der Schornstein im Erdgeschoss und Obergeschoss an gleicher Stelle?			
Wohin muss der Schornstein im Erdgeschoss und Obergeschoss gesetzt werden, falls er noch eingebaut werden muss?			

Kapitel 4
Die Vielfalt der Ausbaustufen

Für Fertighäuser liegt ein planerischer Entwurf vor, die statische Berechnung und der Wärmeschutznachweis. Sie werden mit einer bestimmten Grundausstattung zum Festpreis angeboten.

Viele Fertighäuser können – wie bereits erwähnt – den speziellen Wohnvorstellungen der Käufer angepasst werden, soweit die Tragkonstruktion davon nicht betroffen wird und die Grundkonzeption bestehen bleibt. Erweiterungen und Sonderwünsche sind – gegen Aufpreis – möglich.

Vor Vertragsabschluss müssen Sie außerdem klären, ob das Haus mit diesem Grundriss, dieser Dachform oder Höhe auf dem vorhandenen oder ins Auge gefassten Baugrundstück errichtet werden darf oder ob es der Grundstückssituation entsprechend umgeplant (zum Beispiel Orientierung am Sonnenstand oder zur Straßenzufahrt) und den Vorgaben des Bebauungsplans angepasst werden muss. Für einen veränderten Entwurf wird ein neuer Festpreis errechnet, der Ihrem Vertrag zu Grunde gelegt wird. Auch dieser entspricht in der Regel nicht den Gebäudekosten.

Konkrete Angaben zur Bauweise, zum Wärme- und Schallschutz sowie zur Ausstattung des Hauses sollten in der Bau- und Leistungsbeschreibung festgelegt sein.

Da das Baugrundstück dem Hausbauer gehört beziehungsweise bereits gehören sollte, überlassen ihm viele Fertighausanbieter eine Reihe von Aufgaben, die für den Hausbau notwendig und mit zusätzlichen Kosten verbunden sind. Dazu gehört das Herrichten der Baustellen oder Maßnahmen zur Einrichtung der Baustelle, auch der Kellerbau.

Fertighäuser werden inzwischen nicht nur zum Einzug »fertig«, sondern in einer Vielzahl von Ausbaustufen angeboten, da viele Bauinteressenten über die Eigenleistung den Hauspreis reduzieren und Kosten sparen wollen. Je größer die Eigenleistung ist, umso kostengünstiger sollten die Häuser sein. Da es keine Vorgaben gibt, die besagen, welche Planungs- und Bauleistungen die einzelnen Ausbaustufen enthalten sollten (oder nicht), werden im Folgenden einige mögliche Ausbaustufen beschrieben, und es wird aufgezeigt, welche Leistungen im Angebot der Anbieter fehlen können. Allerdings sollten Sie bedenken, dass jeder einzelne Anbieter sein Hauspaket selbst schnürt und es dann mit phantasievollen Bezeichnungen versieht wie »Fast-Fertig-Haus«, »Haus ohne Finish-Arbeiten« oder »Mitbauhaus« .

Fragen Sie deshalb auf jeden Fall bei den Hausanbietern nach, welche Leistungen zur Fertigstellung noch fehlen.

Hausangebote ab Oberkante Kellerdecke

In der Regel gilt für Fertighäuser in Holzbauweise der Festpreis »ab Oberkante Kellerdecke«. Das heißt, das Haus wird weder mit Bodenplatte noch mit Keller angeboten. Der Hauskäufer muss diese Bauleistung separat in Auftrag geben oder selbst erbringen. Sie müssen also fast immer abwägen, ob Sie einen Keller oder nur eine Bodenplatte wollen und die Kostendifferenz ermitteln, und Sie müssen klären, ob Sie Keller oder Bodenplatte selbst, in Eigenregie oder vom Fertighausanbieter errichten lassen.

Wenn Sie ein Haus »ab Oberkante Kellerdecke« zu einem Festpreis wünschen, aber von einem anderen Anbieter den Keller bauen lassen, sollten Sie bedenken, dass zwei Unternehmen separate Gebäudeteile liefern. Diese werden erst auf der Baustelle zusammengefügt. Der Bau und die Errichtung von Haus und Keller verlangen daher ein sehr sorgfältiges und abgestimmtes Arbeiten, damit sie passgenau übereinstimmen. So dürfen die Höhen- und Längendifferenzen des Kellers oder der Bodenplatte nur wenige Millimeter betragen. Die Kelleraußenwand muss mit der Fassadengestaltung der späteren Hauswand in Übereinstimmung gebracht werden, denn je nach Ausführung der Außenwände können sich unterschiedliche Übergänge ergeben. Auch müssen die im Keller untergebrachten haustechnischen Anschlüsse mit der Art und Lage der im Haus eingebauten sanitär-, elektro- und heizungstechnischen Anlagen übereinstimmen. Schließlich müssen Schornstein und Deckendurchbrüche und -aussparungen passgenau stehen, und die Wandübergänge an der Kellerinnentreppe dürfen nicht hervortreten.

Alles drin?

Im Festpreis von Fertighäusern ab Oberkante Kellerdecke sind folgende notwendige Leistungen nicht oder nicht immer enthalten, die die Gründung, den Kellerbau und die Schnittstelle zwischen Keller und Haus betreffen:
Herrichten der Baustelle

- Ausheben der Baugrube,
- Abtransport und Deponierung des Erdaushubs,
- Gründung (Fundamente oder Bodenplatte),
- Bau des gesamten Kellers und der -decke,
- Kelleraußen- und Innentreppe,
- Sämtliche Hausanschlüsse für Gas, Strom, Wasser und Telefon
- Elektroinstallation und Wasseranschluss im Keller,
- Leitungsführung von den Gas-, Wasser- und Strom-Hausanschlüssen zum Zählerkasten im Erdgeschoss oder zur Heizungsanlage, falls sich Hausanschlüsse und Heizung im Keller befinden.

Diese Anforderungen müssen Sie unbedingt mit beiden Unternehmen vertraglich festlegen.

Um die Gebäudekosten für diese Häuser zu ermitteln, müssen Sie die Kosten für die Bodenplatte oder den Kellerbau dem Festpreis des Hauses hinzurechnen.

Einige Hausanbieter bieten die nebenstehenden Leistungen gegen Aufpreis an. In anderen Fällen bieten sie technische Merkblätter für die Bauausführung, die Sie dem Vertrag mit der Kellerbaufirma zu Grunde legen sollten. Ansonsten sind diese Leistungen von dem freien Architekten beziehungsweise Bauingenieur zu erbringen, der auch den Bauantrag erstellt.

Schlüsselfertige Hausangebote

Schlüsselfertige Häuser müssen sämtliche Roh- und Innenausbauarbeiten umfassen (diese Arbeiten sollten eigentlich dem Leistungsumfang der Kostengruppen 3 und 4 nach DIN 276 »Kosten im Hochbau« entsprechen), sodass der Hauskäufer nach Fertigstellung und Abnahme einziehen kann. Ob

alle für den Einzug und zur Übergabe notwendigen Leistungen in
den Angeboten enthalten sind,
müssen Sie selbst anhand der Bau-
und Leistungsbeschreibungen
nachprüfen. Ein nicht so leichtes
Unterfangen, da diese Beschreibungen der Anbieter nicht miteinander vergleichbar und oft unvollständig sind.

Beim Fertighauskauf ist es gängige Praxis, erst den Vertrag über
die Grundausstattung abzuschließen und mit Ihnen dann einige
Monate vor Errichtung des Hauses
die endgültige Ausstattung detailliert festzulegen. Im großen Bau-
markt oder im firmeneigenen
Ausstattungszentrum werden
Ihnen bei dieser so genannten
Bemusterung die zur Grundausstattung gehörenden Ausstattungsleistungen (zum Beispiel
Heizkörper, Steckdosen, Türen
und Fußbodenbeläge) mit allen
lieferbaren Varianten, beispielsweise mit einer Farb- oder Musterpalette, vorgeführt sowie qualitativ hochwertigere Alternativen –
die Sie gegen Aufpreis erhalten
können.

Änderungswünsche und neue
Vereinbarungen werden in einem
Protokoll festgehalten, dem

Vertrag beigefügt und berechnet.
Bei diesen Bemusterungsgesprächen besteht oft auch die Möglichkeit, bestimmte Innenausbau-
Leistungen aus dem Grundpaket
herauszunehmen und dadurch
den Festpreis zu reduzieren.
Erfahrungsgemäß zahlen die
meisten Hauskäufer nach der
Bemusterung mehr, nämlich nicht
nur den ursprünglich vereinbarten
Festpreis, sondern einen Aufpreis
für die Sonderausstattungswün-
sche.

**Wenn Sie kostensparend bauen
wollen:** Sehen Sie sich vor Vertragsabschluss die Grundausstattung an, überlegen Sie genau,
was Sie brauchen, und führen Sie
die Bemusterung vor Vertragsabschluss durch – zu diesem Zeitpunkt haben Sie bessere Verhandlungschancen.

Häuser ohne Endarbeiten – Mitbauhäuser

Als bezugsfertig werden auch
Häuser ohne Endarbeiten angeboten: Das Fliesenlegen, das Verlegen von Fußbodenbelägen und
die Malerarbeiten sind dann als
Eigenleistung vom Käufer auszuführen. In der Regel werden

schlüsselfertige Häuser mit oder ohne solche »Finish«-Arbeiten angeboten. Lassen Sie sich beide Preise nennen sowie die Vergütungssätze (Preisnachlässe oder Gutschriften, die mit anderen Materialien verrechnet werden) für die in Eigenleistung zu erbringenden Arbeiten. Bei Hausangeboten, bei denen Maler-, Fliesen- und Bodenbeläge überhaupt fehlen, sollten Sie vor Vertragsabschluss bereits Angebote über die Preise der noch einzukaufenden Materialien in den örtlichen Fachgeschäften und Baumärkten einholen und zum Festpreis addieren. So nähern Sie sich Ihren tatsächlichen Baukosten an.

Außerdem müssen bei Eigenleistungen, die sozusagen Hand in Hand mit Handwerkerarbeiten gehen, genaue Absprachen getroffen und am besten bereits im Vertrag festgelegt werden. Zum Beispiel beim Verlegen der Bodenbeläge: Da die Estrichhöhe von der Dicke des Bodenbelages abhängt, sollte festgelegt werden, welche Bodenbeläge mit welchen Höhen in den einzelnen Räumen in Eigenleistung selbst verlegt werden – und damit, wie hoch jeweils der Estrichleger den Estrich einbauen muss. Denn sonst können die Räume entweder nicht schwellenlos begangen werden, oder ein zu hoher Estrich muss später wieder entfernt beziehungsweise auf einen zu niedrigen muss sehr viel aufgespachtelt werden.

Mit drin?

Leistungen, die bei schlüsselfertigen Häusern nicht oder nicht immer im Festpreis enthalten sind:
- Bauantragsstellung,
- Keller oder Bodenplatte,
- Verlegung der Bodenbeläge und Fußleisten (auch Fliesenverlegung),
- Malerarbeiten (tapezieren und streichen).

Damit sind nicht alle Kosten für Ihren Hausbau genannt.

Häuser mit bezugsfertigem Erdgeschoss und ausbaufähigem Dachgeschoss

Diese Angebotsvariante ist eine Teil-Bezugsfertigstellung. Viele der zumeist nur aus einem Erd- und Dachgeschoss bestehenden Einfamilienhäuser werden angeboten mit dem Hinweis: Erdgeschoss schlüsselfertig, Dachgeschoss ausbaufähig oder Dachgeschoss zum Ausbau vorbereitet. In diesem Fall kann das Haus im Erdgeschoss bezogen werden. Eine komplette Wohnung mit Küche und Badezimmer ist vorhanden, während das Dachgeschoss noch ausgebaut werden muss. In vielen dieser Hausangebote ist nur eine kostengünstige Dämmung der Decke über dem Erdgeschoss vorgesehen. Wird das Dachgeschoss ausgebaut, muss die Wärmedämmung entweder in den Fußboden integriert werden – soweit sie dafür geeignet ist –, oder sie muss einer Trittschalldämmung weichen. Das Dach muss dann auf jeden Fall noch gedämmt werden. Zu den weiteren Innenausbauarbeiten gehören zum Beispiel die Dachinnenverkleidung mit Gipsbauplatten, Innenwände, Türen, Estrichlegung, Bodenbeläge oder Malerarbeiten. Sollen Bad oder Küche im Dachgeschoss eingebaut werden, so führen allenfalls Leerrohre oder Steigleitungen ins Obergeschoss. Sämtliche Installationen sind dort noch zu verlegen (siehe auch Ausbauhaus). Die Geschosstreppe sollte im Preis enthalten sein.

Die Gewährleistung bezieht sich bei diesen Häusern nur auf die von der Firma erbrachten Leistungen.

Rohbau- und Ausbauhäuser

Eine weitere durch Eigenleistungen kostenreduzierende Variante sind die Rohbau- und Ausbauhäuser.

Als **Rohbauhaus** wird in der Regel der Rohbau mit Dachstuhl, Unterdach, Dacheindeckung und Klempnerarbeiten angeboten, aber ohne Wärmedämmung im Dach (teilweise auch ohne Wärmedämmung in der Außenwand). Die Innenwände fehlen, die Geschossdecken müssen teilweise noch geschlossen werden.

Ausbauhäuser enthalten weitere Bauleistungen. Die Errichtung eines Ausbauhauses umfasst in der Regel die Tragkonstruktion sowie die wetterfeste und abschließbare Gebäudehülle, das heißt, die Außenwände inklusive Wärmedämmung, mit oder ohne Putz, eingesetzte Fenster und geschlossenes Dach. Der Leistungsumfang dieser beiden Ausbaustufen ist allerdings von Anbieter zu Anbieter unterschiedlich.

Für den Preisvergleich: Festpreis plus zusätzliche Ausbaukosten

Ein auf den ersten Blick preiswertes Ausbauhaus muss für Sie nicht unbedingt kostengünstiger werden als ein schlüsselfertiges Wohnhaus. Um dies zu beurteilen, müssen Sie zum Festpreis des Ausbauhauses alle Ausbaukosten hinzurechnen. Lassen Sie sich deshalb den Festpreis für die schlüsselfertige Ausführung und für die unterschiedlichen Ausbaustufen nennen.

Holen Sie sich dann mehrere Angebote über die Ausbaumaterialien ein. Lassen Sie sich dazu vom Hausunternehmen eine Aufstellung der notwendigen Materialien und Mengen an die Hand geben. Erkunden Sie die Materialpreise nicht nur bei Billigbaumärkten, da auch qualitative Unterschiede für die niedrigeren Preise bestimmend sein können.

Ob sich die eigene Mühe überhaupt lohnt, werden Sie erst dann wissen, wenn Sie zum (Fest)Preis

für das Ausbauhaus die noch anfallenden Materialkosten für die Bezugsfertigstellung ermittelt und hinzugerechnet haben und diese Kosten dann um einiges unter dem schlüsselfertigen Angebot liegen. Da viele Häuserangebote sowohl bezugsfertig als auch als Ausbauhaus angeboten werden, ist ein direkter Vergleich möglich. Überlegen Sie auch, ob Sie Arbeiten besser an Handwerker vergeben und welche Eigenleistungen sich tatsächlich lohnen, denn nicht bei jeder Bauleistung ist das Einsparpotenzial gleich groß. So sollten Sie überlegen, ob die Selbstmontage der Heizung lohnt, wenn die Preisdifferenz zwischen dem Bausatz und der kompletten Heizungsanlage inklusive Einbau gerade einmal 2.000 DM beträgt. Holen Sie hierfür auf jeden Fall mehrere Angebote von örtlichen Handwerkern ein.

Die Gewährleistung des Anbieters von Roh- oder Ausbauhäusern (mindestens zwei Jahre nach der Verdingungsverordnung für Bauleistungen (VOB) oder fünf Jahre nach dem Bürgerlichen Gesetzbuch (BGB); siehe Kapitel 16 auf den Seiten 228 ff.) bezieht sich nur auf die von ihm erbrachten Bauleistungen, also die Errichtung des Rohbaus oder des Ausbauhauses, nicht aber auf Ihre Eigenleistungen oder auf die Leistungen der von Ihnen beauftragten weiteren Handwerker.

Wenn Sie das Ausbaumaterial im Paket vom Anbieter kaufen, erhalten Sie in der Regel zwei oder fünf Jahre Gewährleistung auf die Materialien nach dem Werkvertragsrecht. Es kann Ihnen aber auch passieren, dass Sie für die katalogmäßig genormten und serienmäßig produzierten Produkte (zum Beispiel für Sanitärobjekte, Warmwasserspeicher, Steckdosen) nur sechs Monate Gewährleistung nach dem Kaufvertragsrecht für bewegliche Sachen angeboten bekommen. Die Baumaterialien müssen Sie direkt bei der Anlieferung auf Vollständigkeit und Mängel überprüfen und gegebenenfalls sofort reklamieren.

Eine Gewährleistung für den Einbau dieser Materialien gibt es nicht, wenn der Anbieter nicht die Bauleitung dafür übernimmt. Bauberatung, Informationsmaterial oder ein Notrufdienst für Problemfälle wird für den Innenausbau selten angeboten.

Im Festpreis von Ausbauhäusern nicht oder nicht immer enthaltene notwendige Leistungen für die Bezugsfertigstellung:

- Bauantragsstellung,
- verantwortliche Bauleitung.
- Anschaffung oder Ausleihe von Baumaschinen, Werkzeug, Gerüsten und Arbeitskleidung,
- sämtliche Leistungen für die Baustellenherrichtung, die Erdarbeiten, die Gründung und den Kellerbau, falls das Haus ab Oberkante Kellerdecke verkauft wird,
- Dachdämmung und Innenverkleidung des Dachraums (Dachstuhl, Unterdach, Dacheindeckung und Klempnerarbeiten sind im Festpreis enthalten),
- Dachflächenfenster,
- Dämmung und Verkleidung der (tragenden) Innenwände (Innenwände werden nur als Ständerwerk oder einseitig beplankt geliefert),
- Geschosstreppen,
- Schornstein,
- Heizungsanlage,
- Wärmeverteilung (Rohrleitungen, Heizkörper etc.),
- Warmwasserbereitung,
- Sanitärinstallation,
- Sanitärausstattung,

oft nicht drin!

- Elektroinstallation (manchmal sind Leerrohre und -dosen enthalten),
- Deckenverkleidung,
- Estrich (Trittschalldämmung, gegebenenfalls Wärmedämmung),
- Innentüren und -zargen,
- Innenfensterbänke,
- Bodenbeläge,
- Fliesenarbeiten,
- Malerarbeiten.

Die Ausbaumaterialien werden teilweise als Zusatzpakete angeboten. Einige Firmen bieten Elektro- und Heizungsinstallation als Zusatzleistungen an. Hiermit sind nicht alle Kosten für Ihren Hausbau erfasst.

Kapitel 5
Die bekanntesten Holzbauweisen

Im Fertighausbau gibt es zahlreiche Konstruktionsweisen, die von den Herstellern teils einfach und fachlich korrekt, bisweilen aber auch mehr oder weniger phantasievoll mit »Holzverbundkonstruktion«, »Holzrahmenkonstruktion«, »Holztafelverbundbauweise«, »Holzhaus in Doppelwandbauweise«, »Profilblockbohlen-Konstruktion« oder »Sichtfachwerkkonstruktion« bezeichnet werden.

Die verschiedenen Holzbauweisen lassen sich in drei Gruppen zusammenfassen, die im Folgenden beschrieben werden sollen:
- Blockbauweise (auch Massivholzbauweise genannt)
- Skelettbauweise (auch Ständerbauweise genannt)
- Rippenbauweise (dazu gehören die Rahmen- sowie die Tafelbauweise)

Skelettbauweise und Rippenbauweise werden den Leichtbauweisen zugeordnet.

Die verschiedenen Holzbauweisen unterscheiden sich hauptsächlich in der Statik, in der Art und Weise des Aufbaus und teilweise in der Verwendung unterschiedlicher Hölzer und Holzwerkstoffe. Unterschiede gibt es des Weiteren beim Umfang der möglichen Eigenleistung und bei den Möglichkeiten nachträglicher baulicher, sprich räumlicher Veränderungen.

Gemeinsam ist den Holz**fertig**bauweisen, dass sie den Holzbau mit System betreiben, das heißt Konstruktion, Verarbeitung und Maße aller vorgefertigten, serienmässigen Bauteile eines Hauses sind aufeinander abgestimmt. Man spricht deshalb auch vom **Holzsystembau** im Unterschied zum individuellen Holzbau.

Vom Blockhaus zur modernen Massivholzbauweise

Zur Blockbauweise gehören sowohl Vollholzkonstruktionen aus Balken, Bohlen oder aus mehreren Lagen miteinander verleimter oder vernagelter Bretter als auch mehrschalige Konstruktionen mit Außen-, Kern- oder Innendämmung. Eine Vielzahl von Mischkonstruktionen wird mit einem unterschiedlichen hohen Vorfertigungsgrad angeboten, die nicht immer sofort erkennen lassen, dass es sich nicht mehr um durchgehend aus Holz bestehende Bauteile handelt. Seit einigen

Jahren werden auch Holz-
häuser mit unterschiedlicher
Holzkonstruktion im Erd-
und Dachgeschoss angebo-
ten.

**Die traditionelle Konstruk-
tionsweise aus ganzen
Holzstämmen**

Das traditionelle Blockhaus ist
leicht zu erkennen, denn die
Wände bestehen aus ganzen
Holzstämmen – aus waagerecht
aufeinander gelegten massiven
Balken oder Bohlen. Rundhölzer
werden zur Fugenabdichtung
konkav ausgefräst, übereinander-
gestapelt und an den Hausecken
oder beim Stoß mit den Zwischenwänden verzahnt oder überlappt.
Wände aus Blockbohlen werden
durch doppelte oder dreifache
Trapeznute oder eingenutete
Federn miteinander verbunden
und in gleicher Weise miteinander
überlappt. Als zusätzliche Dich-
tungsmaterialien werden manchmal Filze oder Mineralwolle eingesetzt.

Der traditionelle Blockhausbau ist
im Wesentlichen Handwerksar-
beit: Bohle für Bohle bauen die

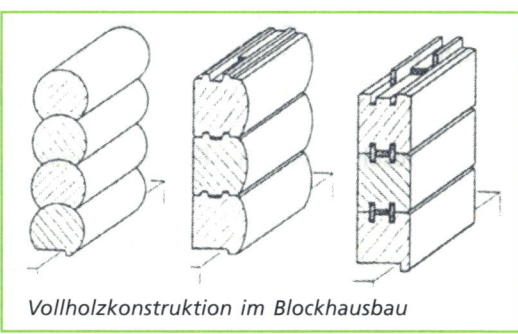

Vollholzkonstruktion im Blockhausbau

Zimmerleute zusammen. Zugesägt
und nummeriert werden diese
Konstruktionen auch als Bausatz
für Selbstbauer angeboten.

Vor- und Nachteile

Da Holz immer »arbeitet« – durch
Feuchtigkeitsaufnahme, Aufquel-
len und Wieder-Austrocknung
nach dem Einbau, aber auch
während der Nutzung – können
sich diese Vollholzwände setzen.
Das heißt, Balken und Wände
können sich verziehen, und es
können Setzungsrisse entstehen.
Dies ist besonders beim Einbau
von Fenstern, Türen, Treppen,
Schornsteinen und Installationen
zu beachten. Ein weiteres Problem
ist die hohe Anzahl der Fugen in
den Außenwänden, die zu unkon-
trollierter Zugluft und Energiever-
lusten führen können. Durch den

Setzungsprozess können weitere Fugen entstehen sowie durch den späteren Einbau von elektrischen Leitungen. Die Vollholzkonstruktionen müssen dann nachgebessert werden, damit sie luftdicht bleiben oder werden. Für diesen Fall sollten Sie eine längere Betreuung mit dem Fertighausanbieter ausdrücklich vereinbaren, auch wenn die Beseitigung von Mängeln natürlich grundsätzlich über die Gewährleistung abgedeckt ist.

Einschalige Holzblockwände haben größere Außenwanddicken im Vergleich mit den anderen Holzbauweisen, um den Anforderungen der Wärmeschutzverordnung gerecht zu werden. Die k-Werte erreichen erst bei Wandstärken ab 240 Millimeter die Anforderungen der Wärmeschutzverordnung.

Die einschalige Vollholzkonstruktion weist im Vergleich zu den anderen Holzbauweisen den größten Verbrauch an Massivholz auf. Sie wirkt rustikal bis urig, was nicht in jede Landschaft und Umgebung passt.

Daneben werden zunehmend mehrschichtige Wandaufbauten angeboten. Eine Doppelblockwand sowie eine Blockbalkenwand mit Innendämmung bestehen von außen nach innen aus einer etwa 5 bis 10 cm dicken Wand aus Holzbohlen, einer 10 bis 20 cm dicken Zwischen- oder Innendämmung, die zwischen Stützen aus Kanthölzern angebracht wird, einer Dampfsperre und einer weiteren 5 bis 10 cm dicken Bohlenwand oder einer Holzschalung beziehungsweise Gipsbauplatte. Die Übergänge zu den Holzrahmen- und den Holztafelkonstruktionen sind bei diesen Konstruktionsweisen fließend.

Relativ neu ist die Blocktafelbauweise. Hier ist die kleinste Holzeinheit nicht mehr der Stamm oder die Bohle, sondern das Brett beziehungsweise Kantholz. Geschosshohe Wände werden aus kreuzweise miteinander verleimten Brettern errichtet. Dazwischen werden Hohlräume gelassen. Außen werden die Winddichtung und die Wärmedämmung angebracht und darauf die Fassadenverkleidung.

Doppelblockwand, Blockbalkenwand mit Innendämmung und Blocktafelbauweise

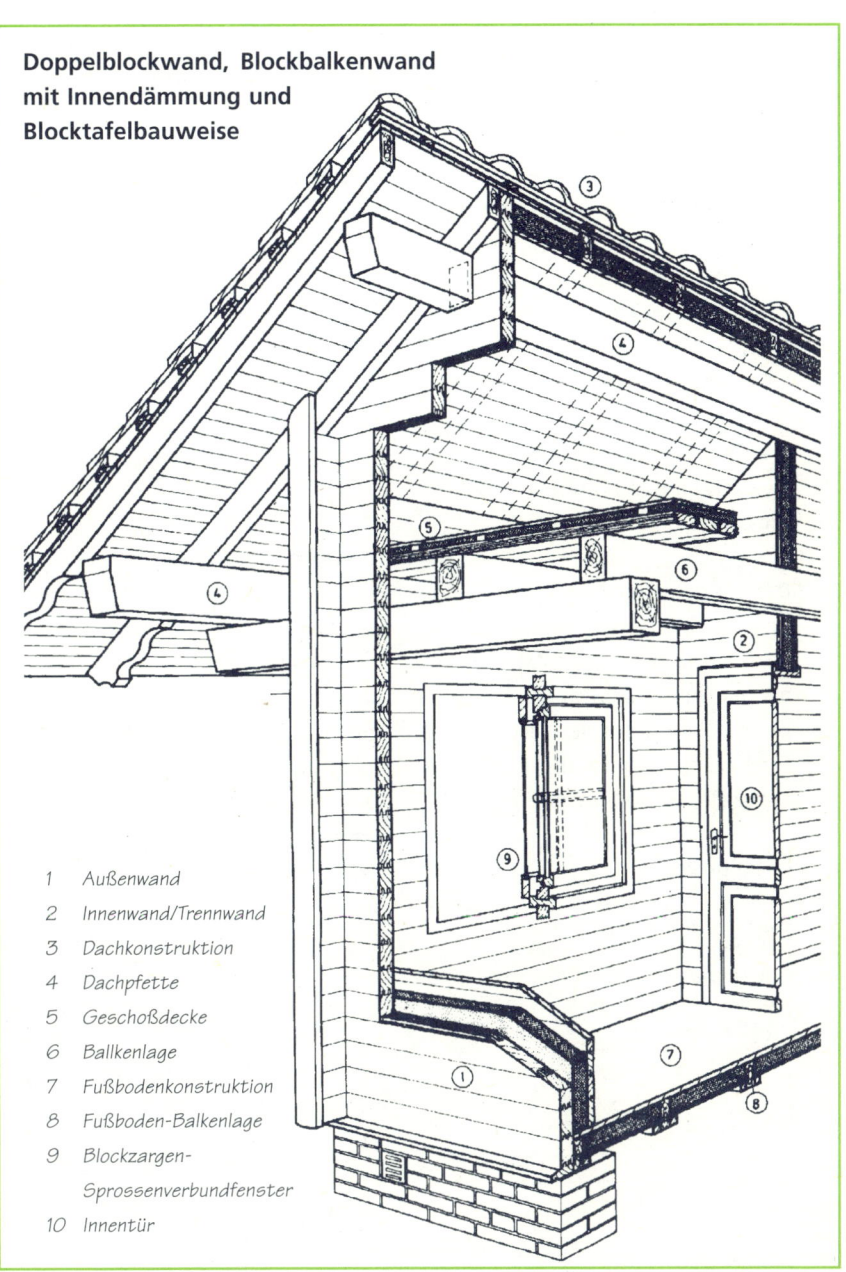

1   Außenwand

2   Innenwand/Trennwand

3   Dachkonstruktion

4   Dachpfette

5   Geschoßdecke

6   Ballkenlage

7   Fußbodenkonstruktion

8   Fußboden-Balkenlage

9   Blockzargen-
    Sprossenverbundfenster

10 Innentür

Vor- und Nachteile

Bei den mehrschaligen Blockbalkenwänden bleibt das Setzungsproblem bestehen, wenn die Hölzer nicht ausreichend trocken verarbeitet werden. Auf Grund der Wärmedämmung, Dampfsperre und der innenliegenden Wandverkleidung wird die Zugluft reduziert, und es kann eine bessere Luftdichtigkeit erreicht werden. Beim Blocktafelbau ist das Setzen der Wände kein Problem mehr.

Diese Konstruktionsweisen haben den Vorteil, dass sie niedrigere k-Werte und geringere Wanddicken als die (einschaligen) Vollholzwände aufweisen können. Trotz anderer Konstruktionsweise bleibt das rustikale, urige Aussehen.

Die Skelett- oder Ständerbauweise

Diese Bauweise ist eine Weiterentwicklung des Fachwerks. Wie beim Fachwerk können Tragwerk und Wände unabhängig voneinander erstellt werden. Doch die moderne Holzskelettbauweise, auch Holzständerbauweise genannt, hat außer dem Konstruktionsprinzip mit der Urform nicht mehr viel gemeinsam.

Die Konstruktionsweise

Gegenüber der Kleinfächerigkeit des Fachwerks bestimmen hier große Abstände zwischen den Holzpfeilern das Erscheinungsbild. Wenige senkrechte Stützen, die in breitem Abstand voneinander

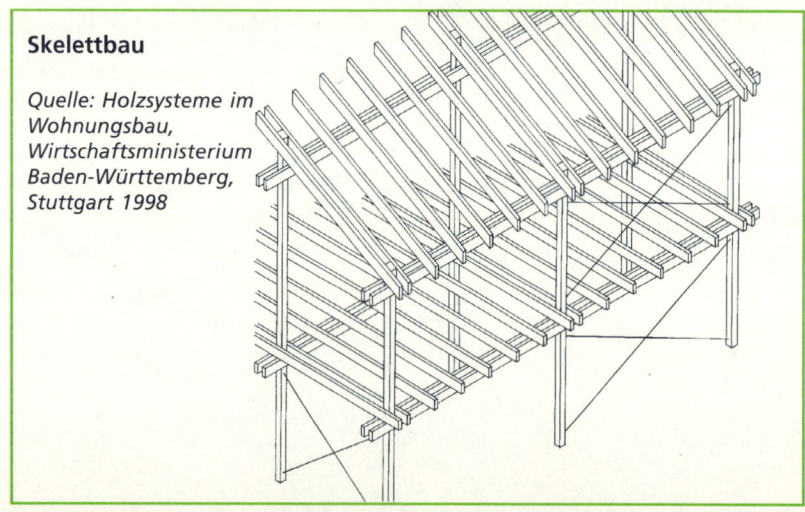

Skelettbau

Quelle: Holzsysteme im Wohnungsbau, Wirtschaftsministerium Baden-Württemberg, Stuttgart 1998

stehen und sich auch über mehrere Geschosse erstrecken können, ergeben zusammen mit den waagerechten Trägern eine großflächige Raster- oder Gitterkonstruktion. So entsteht ein Gerüst, das Skelett, das sämtliche Lasten trägt. Für die senkrechten Stützen und waagerechten Träger werden meistens Brettschichthölzer oder Leimbinder verwendet. Die Abmessungen der Holzstützen und Träger werden individuell von der Statik vorgegeben. Auf den Trägern oder auf gleicher Ebene angeschlossen liegen quer dazu die Deckenbalken.

Vor- und Nachteile

Da die Innen- wie Außenwände keine tragende Funktion haben, können je nach Wunsch Trennwände zwischen die tragenden Stützen gestellt und wieder entfernt werden. Im Rahmen der einmal gewählten Stützenanordnung sind somit variable und flexible Grundrissgestaltungen möglich. Auch die Verkleidung der Außenwand ist flexibel. Die Wände können mit Dämmstoffen verfüllt, mit Holzwerkstoffplatten und Gipsbauplatten verkleidet und anschließend verputzt werden, sie können ausgemauert, gedämmt und verklinkert oder mit Glasfronten aus Wärmeschutzverglasung versehen werden. Demgemäß ist auch der Wärmeschutz des Hauses abhängig vom Außenwandaufbau und den verwendeten Baumaterialien. Stützen und Träger können auch sichtbar bleiben. Dann ist allerdings der Aufwand für die Fugenabdichtung zwischen Stützen und Zwischenwänden besonders groß, um die Konstruktion luftdicht zu machen.

Die vorgefertigten Stützen und Träger werden auf der Baustelle montiert, die Wände werden teilweise vor Ort erstellt, teilweise als Fertigteile geliefert und eingebaut. Abgesehen von der Montage des »Holzskelettes«, also des Traggerüstes, können die nichttragenden Bauteile gegebenenfalls im Selbstbau errichtet werden.

Die Rippenbauweise: Rahmen- und Tafelbau

Die Rahmenbauweise

Die Rahmenbauweise wurde in den USA und in Kanada entwickelt. Sie ist dort heute die am

Holzrahmenbauweise

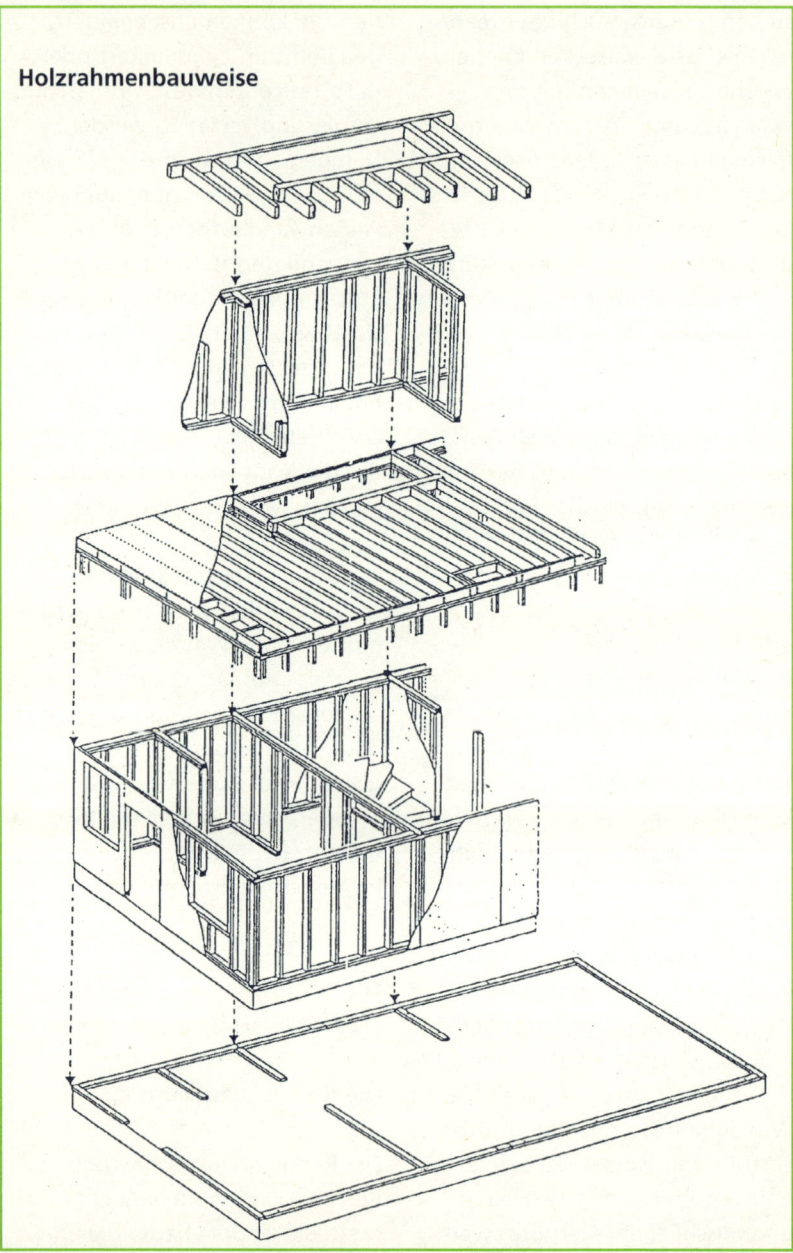

weitesten verbreitete Konstruktionsart von Holzhäusern. Zunehmend wird sie auch in Deutschland angewandt (siehe Abbildung auf nebenliegender Seite).

Die Konstruktionsweise

Im Unterschied zur Ständer- oder Skelettbauweise bilden hier die Wände zusammen mit den Decken die tragende Konstruktion.

Die Wände bestehen aus geschosshohen relativ dünnen Ständern (sie weisen in der Regel Maße von 6 x 12 cm bis 6 x 16 cm auf), die im Abstand von 62,5 cm aufgestellt werden. Sie leiten die Lasten aus Dach und Geschossdecken ab, während die mittragende Beplankung (Bekleidung der Rippen) gleichzeitig auch die Ständer gegen Knicken aussteift. Die Wand bildet so eine steife wie stabile Scheibe.

Die Hölzer werden miteinander vernagelt. Aufwändige Zapfen sind nicht erforderlich. Für die Beplankung (Bekleidung der Hölzer) kommen Platten aus Holzwerkstoffen (Spanplatten, OSB-Platten, Bau-Furniersperr-

holz, Mehrschichtplatten aus Vollholz) oder Gips zum Einsatz. Der oben genannte Abstand zwischen den einzelnen Stützen von 62,5 cm orientiert sich an den marktüblichen Abmessungen der Holzwerkstoffplatten. Die Beplankung wird also auf den Ständerstumpf aneinander gestoßen.

Im Werk wird das einzelne Wandelement auf einer Seite bereits mit einer Holzplatte beplankt. Das Verstauen der Wärmedämmstoffe in den Zwischenräumen, das Anbringen der Dampfsperren sowie der Einbau der Installationen und letztendlich die Innenbeplankung können ebenfalls in der Fabrik erfolgen, werden aber in der Regel auf der Baustelle durchgeführt. Türen, Fenster und Rollladenkästen werden teilweise erst auf der Baustelle eingesetzt, der Innenausbau erfolgt dann nach Errichtung der Gebäudehülle. Der Vorfertigungsgrad ist demnach unterschiedlich hoch.

Die Deckenbalken werden meist im gleichen Abstand wie die Wandstützen quer auf die Wände aufgelegt und verschraubt. Darauf werden Holzwerkstoffplatten befestigt. Statisch wirkt dann die

Decke wie eine Scheibe, die das Haus aussteift. Für die Balken ist in der Regel ein Querschnitt von 6 x 22 cm vorgesehen. Der Deckenrand wird mit einem umlaufenden Balken geschlossen, auf den die Außenwandelemente des nächsten Geschosses aufgesetzt werden. Wand- und Deckenelemente werden miteinander durch Nägel, Bolzen oder Lochbleche verbunden, sodass eine steife, stabile Gesamtkonstruktion erreicht wird. Vor Ort werden meistens noch eine weitere äußere Wärmedämmung und Fassadenverkleidung aufgebracht.

Vor- und Nachteile

Der Hausgrundriss kann unabhängig von diesem Rastermaß nahezu beliebig gestaltet werden durch den Einbau zusätzlicher Rippen. Auch individuelle Fenster- oder Türgrößen sind auf diese Weise machbar. Dagegen sind nachträgliche Veränderungen der Raumgrößen schwieriger als beim Skelettbau auszuführen, da die meisten Innenwände tragend sind.

Dadurch, dass auf der Baustelle noch eine weitere Wärmedämmung aufgebracht wird, dürften beim Rahmenbau – anders als beim außen sichtbaren Holzskelettbau – kaum Fugenprobleme auftreten.

Die Montagezeit ist in der Regel kürzer als beim Holzskelettbau, allerdings immer noch etwas länger als bei der Holztafelbauweise. Ein Einfamilienhaus in Rahmenbauweise kann auf Grund der einfachen Konstruktion im Selbstbau beziehungsweise in Eigenleistung (allerdings nur mit fachkundiger Betreuung!) hergestellt werden. Verwendet werden einfache wie kostengünstige, industriell hergestellte Konstruktionshölzer und Holzwerkstoffplatten.

Der geschossweise Aufbau ermöglicht es zudem, die fertig gestellte Decke als Arbeitsbühne für das nächste Geschoss zu benutzen. Beim Holzskelettbau ist dies nicht möglich.

Die Tafelbauweise

Im Unterschied zum nordamerikanischen Rahmenbau ist der Holztafelbau eine europäische Entwicklung. Beide beruhen aber im Wesentlichen auf der gleichen Konstruktionsart.

Die Konstruktionsweise

Die Holztafeln bestehen aus einem Rahmen mit eingesetzten Holzständern oder -rippen, der mit Spanplatten großflächig beplankt wird. Im Unterschied zur Holzskelettbauweise wird auch bei der Tafelbauweise die Last des Hauses nicht von dem Holzskelett, sondern von der kompletten Wand getragen, eben von der »Holztafel«. Zusammen mit den Decken bilden die Wände die tragende Konstruktion des Hauses (siehe Abbildung Seite 68).

Die Tafelbauweise wurde entwickelt, um ein Fertighaus in Großserie produzieren zu können. Sie ist die heute am weitesten verbreitete Fertighausbauweise. Nach System werden auf speziell dafür vorgesehenen Fabrikations- beziehungsweise Anlagetischen Wand-, Decken- und häufig auch Dachtafeln komplett vorgefertigt und auf der Baustelle in kürzester Zeit zusammengesetzt. Die Wandelemente sind bereits versehen mit Fenstern, Türen, Rollladenkästen, Fensterbänken oder Installationen. Wird das Dach geschlossen, dann weist das Haus also schon nach kurzer Montagezeit eine geschlossene Gebäudehülle und einen weit fortgeschrittenen Innenausbau auf.

Die Holztafelbauweise hat auf diese Weise den höchsten Vorfertigungsgrad erreicht. Neben kleinformatigen Holztafelelementen werden ganze Außenwandseiten oder Innenwände geliefert, ja sogar Raumzellen. Die Montage eines Einfamilienhauses in Tafelbauweise erfordert in der Regel ein bis drei Tage. Der Innenausbau dauert dann allerdings noch mehrere Wochen.

Die Verbindung der Tafeln erfolgt auf der Baustelle mittels Haken, Bolzen, Klammern, Scharnieren oder Zugeisen. Auf der Baustelle wird noch eine zusätzliche Wärmedämmung mit Putz oder Verklinkerung aufgebracht.

Holztafelbauweise

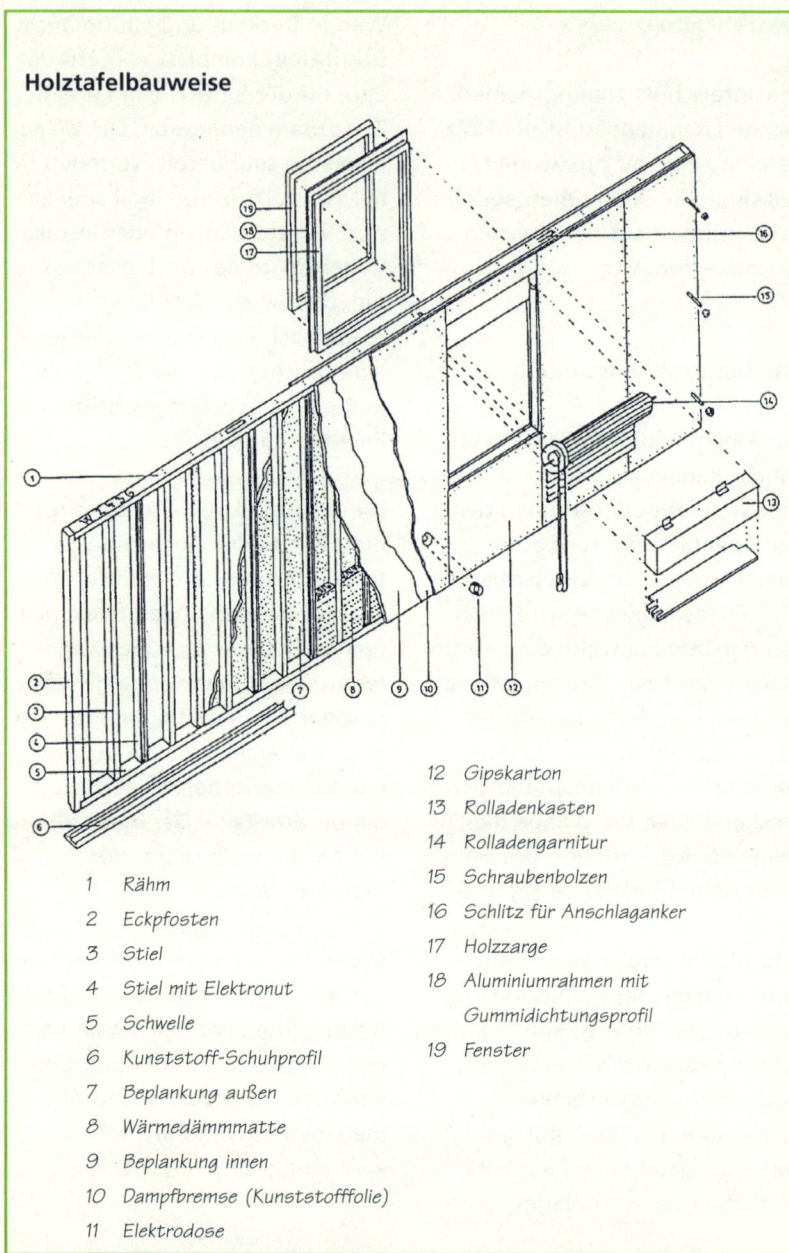

1   Rähm
2   Eckpfosten
3   Stiel
4   Stiel mit Elektronut
5   Schwelle
6   Kunststoff-Schuhprofil
7   Beplankung außen
8   Wärmedämmmatte
9   Beplankung innen
10 Dampfbremse (Kunststofffolie)
11 Elektrodose

12 Gipskarton
13 Rolladenkasten
14 Rolladengarnitur
15 Schraubenbolzen
16 Schlitz für Anschlaganker
17 Holzzarge
18 Aluminiumrahmen mit
    Gummidichtungsprofil
19 Fenster

Vor- und Nachteile

Da auch beim Tafelbau (anders als beim Skelettbau) die Außen- und Innenwände die Last des Hauses tragen, sind nachträgliche Änderungen des einmal gewählten Grundrisses nur mit großem Aufwand möglich.

Eigenleistungen sind im Innenausbau möglich, nicht aber bei der Erstellung der Gebäudehülle.

Risse im Holz, Fugen an den Bauteilen

Holz quillt bei Feuchtigkeitsaufnahme auf und schwindet bei Austrocknung. Diese Materialeigenschaft führt, unabhängig von der Faserrichtung und der Pressung, zu unterschiedlichen Verformungen der Bauteile und des ganzen Bauwerks. Risse und Formänderungen in gewissem Umfang sind daher nicht zu vermeiden und sind dann auch kein Baumangel. Ab wann ein Riss im Holz ein Baumangel ist, kann allerdings nur ein Fachmann beurteilen.

Zum Ausgleich der Holzbewegungen sind Fugen erforderlich. Wenn Bewegungsfugen fehlen oder Montagefugen nicht abgedichtet sind, kann es zu einer Überlastung der Beplankungen und Beschichtungen kommen mit der Folge, dass weiter gehende Risse entstehen, Beschichtungen abplatzen und Beplankungen sich durchbiegen oder sogar brechen. Außerdem verschlechtert sich dadurch der Schall-, Wärme-, Brand- und Feuchteschutz erheblich.

Auf die richtige Anordnung und dauerhafte Abdichtung von Fugen ist daher gleichermaßen bei Entwurf, Tragwerksplanung und Oberflächengestaltung zu achten. Die technischen Möglichkeiten der Fugenausbildung und –abdichtung sind heute sehr vielfältig. Dennoch ist es wirtschaftlich und auf die Dauer sinnvoll, weil haltbarer, nicht nur mit Montageschaum und Silikon zu arbeiten, sondern konstruktive Lösungen zu wählen, die unnötige Fugen vermeiden und die es erlauben, Sperrschichten ohne Durchdringungen auszuführen.

Kapitel 6

Holz, Holzwerkstoffe und Holzschutz

Der Hauptbaustoff Holz

Die meisten Fertighäuser werden – wie gesagt – in Holzbauweise angeboten. Zwar gibt es seit einigen Jahren auch Häuser aus vorgefertigten Bauelementen in Leicht- oder Porenbetonbauweise sowie in Betonfertig- oder Ziegelelementbauweise, als freistehende Einfamilienhäuser sind sie – im Gegensatz zu Fertighausgeschossbauten – aber eher selten. Der Grund für den überwiegenden Einsatz von Holz im Fertigbau liegt darin, dass es für diese Art des Bauens eine Reihe bautechnischer Vorteile bietet:

- Holz hat im Vergleich zu mineralischen Baustoffen bei hoher Stabilität und Belastbarkeit ein relativ geringes spezifisches Gewicht.
- Es ist leicht zu verarbeiten.
- Es kann in unterschiedlichen Funktionen verwendet werden:
  - als **Konstruktionsvollholz,** zum Beispiel für Bohlen im Blockhausbau, Sparren und Konterlattung bei Dachelementen, Balken bei Holzbalkendecken-Elementen, Rahmen und Rippen der Holzwandtafeln;
  - als **Holzwerkstoffplatten** mit flächig schließenden, verkleidenden sowie aussteifenden Funktionen (zum Beispiel zur Beplankung von Wand- und Deckenelementen);
  - als **Holzwolle-** oder Faserdämmstoff für die Wärme- und Schalldämmung.
  - Holz erlaubt als Baustoff einen hohen Vorfertigungsgrad der Bauteile. Transport und Einbau der Fertigteile sind meist problemlos zu bewerkstelligen.

Holzfertigbauweisen, insbesondere der Rahmen- und Tafelbau, erreichen gute bis sehr gute Wärmedämmwerte. Holzwandkonstruktionen haben gegenüber massiven »Stein auf Stein«-Bauweisen den Vorteil, dass sie bei gleicher Wärmedämmfähigkeit geringere Querschnitte benötigen. Sie beanspruchen bei gleichen Außenmaßen des Hauses weniger Platz und vergrößern so die Wohnfläche: Eine massive Außenwand zum Beispiel aus Hochlochziegeln oder Porenbetonsteinen mit Innen- und Außenputz muss mehr als 30 cm dick sein, damit sie einen k-Wert von

0,5 besitzt. Eine Holzwand erbringt bei einer Wandstärke von nur 24 cm bereits einen k-Wert von nur 0,19.

Die Holzleichtbauweise (Rahmen-, Tafelbau) verbirgt normalerweise die tragenden Vollholzbalken beziehungsweise -rippen unter einer Beplankung. Das bringt gegenüber sichtbaren Holzkonstruktionen eine Vereinfachung der Holzbearbeitung mit sich. Die Hölzer brauchen lediglich sägerau zu sein, das heißt sie müssen nicht gehobelt und ihre Oberfläche nicht weiter behandelt werden.

Den Vorteilen des Holzbaus stehen vor allem zwei Nachteile entgegen: Holz »arbeitet« auch nach dem Einbau. Die Folgen sind Riss- und Fugenbildung beziehungsweise Quellen. Holz bietet außerdem wenig Schallschutz. Insbesondere der Trittschallschutz ist bei der Holzleichtbauweise (Rahmen-Tafelbau) trotz gegenteiliger Werbeaussagen der Fertighausanbieter nach wie vor ein Problem.

Die Holzwerkstoffe

Holzwerkstoffe sind aus Holzspänen und Bindemitteln bestehende Holzplatten. Dadurch können Holzabfälle anstelle wertvoller Vollhölzer für den Holzbau genutzt werden. Holzwerkstoffe finden vielfach im Fertigbau, insbesondere im Rahmen- und Tafelbau Verwendung. Sie dienen in verschiedenen Varianten als nichttragende, oft aber aussteifende Beplankungs-Platten sowie als Dämmplatten. Die gebräuchlichsten Holzwerkstoffplatten sind:

Spanplatten

Einfache Spanplatten (auch Flachpressplatten genannt) bestehen aus Holzspänen, die mit einem Bindemittel unter hohem Druck zu Platten gepresst werden. Man unterscheidet sie nach der Art dieses Bindemittels:

Kunstharzgebundene formaldehydhaltige und formaldehydfreie (PMDI-) Spanplatten werden – abhängig von ihrer Feuchtigkeitsresistenz – gemäß DIN 68800 in verschiedene Verleimklassen eingeteilt. Dabei gibt es folgende Haupttypen:

- **V20:** verwendbar für alle Innenräume,
- **V100:** auf Grund ihres höheren Leimanteils weniger feuchtigkeitsempfindlich und damit für die Außenbeplankung von Wandelementen hinter einer hinterlüfteten Vorhangfassade geeignet.
- **V100G:** für die Beplankung von nicht ausreichend belüfteten Außenwänden sowie Flachdächern vorgesehen. Die Verwendung in Feuchträumen des Innenbereichs ist nicht mehr zulässig. Da die Platten mit einem pilzbekämpfenden Holzschutzmittel versehen sind, muss man von der Verwendung insgesamt abraten. Als Alternativen stehen der bauliche Holzschutz und mineralisch gebundene Platten zur Verfügung.

Mineralisch gebundene Spanplatten haben Zement oder Magnesit als Bindemittel. Sie enthalten keinen Formaldehyd und eignen sich auch für Feuchträume, da sie ohne chemischen Holzschutz nässe- und fäulnisbeständig sind.

OSB-Platten (oriented strang board) sind spezielle Spanplatten, die aus drei Schichten jeweils verschieden ausgerichteter Flachspäne bestehen. Sie werden mit geringem Leimanteil (formaldehydarm oder -frei) gebunden und im Innenausbau wegen der dekorativen Sichtfläche unbeschichtet verwendet.

Schichtstoffplatten haben eine widerstandsfähige Kunstharz-Deckschicht, die unlösbar mit einer hoch verdichteten Spanplatte verpresst ist. Dadurch sind diese Platten extrem strapazierfähig und eigenen sich zum Beispiel als Arbeitsplatten in Küchen oder als Fensterbänke.

Pressholz besteht ebenfalls aus hoch verdichteten Spanplatten, die in Kunstharz eingebettet sind. Sie dienen zum Beispiel als Türzargen.

Holzfaserplatten

Das Holz der Holzfaserplatten wird durch Hacken, Schleifen und Kochen von Restholz gewonnen. Es wird unter Beigabe von Kunstharz oder Bitumen als Bindemittel zu Platten gepresst. Man unterscheidet zwischen:

- Hartfaserplatten: Sie dienen der Beplankung. Hochverdichtete, kunstharzgebundene Holzfaser- beziehungsweise- Spanplatten werden zum Beispiel als Trägerplatten bei Laminat(fußböden) eingesetzt.
- Mitteldichte Faserplatten (MDF-Platten): Sie dienen sowohl der Beplankung als auch dem Wärme- und Schallschutz.
- Weichfaserplatten, nicht bitumiert
- Weichfaserplatten (insbesondere in poröser Ausführung): Sie dienen ebenfalls der Beplankung sowie dem Wärme- und Schallschutz. Bituminierte Weichfaserplatten kommen in der Außendämmung zur Anwendung.

Holzwolleleichtbauplatten, HWL-Platten, werden meist nicht zu den Holzwerkstoffen, sondern wegen ihres Einsatzbereichs zu den Dämmstoffen gezählt.

Sperrholz / Baufurniersperrholz

Sperrholz beziehungsweise Baufurniersperrholz (BFU-Platten) sind mehrlagige Holzwerkstoffplatten. Die inneren Lagen bestehen aus dünnen, zu einer Fläche verleimten Holzleisten, die in jeder neuen Lage die Faserrichtung wechseln. Die Deckflächen sind furniert. Dieser Aufbau ergibt sehr robuste, biegsame und zähe Platten.

Schadstoffemissionen aus Holzwerkstoffplatten

■ Formaldehyd

Das stechend riechende Gas Formaldeyd wirkt schleimhautreizend und gilt als krebserzeugend. Aus Bindemitteln auf Kunstharzbasis gast es dauerhaft aus. Für den Innenausbau dürfen deshalb nur Spanplatten mit der Bezeichnung E1 verwendet werden. E1 ist die niedrigste Emissionsklasse für Formaldehyd gemäß der Einstufung des Bundesgesundheitsamtes (jetzt: Bundesinstitut für gesundheitliche Aufklärung und Veterinärmedizin, Berlin). Sie bedeutet eine Maximalemission von 0,1 ppm (parts per million = ein Teil Formaldehyd auf eine Million Teile Luft). Aber auch solche geringen Mengen können die Gesundheit gefährden (vor allem auf Dauer). Deshalb sollten Sie darauf achten, dass die Hausanbieter Spanplatten mit möglichst geringen Grenzwerten verarbeiten. So sind die Mitglieder in der Qualitätsgemeinschaft Deutscher Fertigbau verpflichtet, Platten mit einem Maximalwert von 0,05 ppm zu verwenden. Spanplatten mit dem Umweltzeichen »Blauer Engel« halten diesen Wert ebenfalls ein.

Eine Innenraumluftbelastung mit Formaldehyd kann aber zusätzlich aus Tapeten, Klebern, Anstrichen und Möbeln stammen. Wobei die Letztgenannten häufig aus formaldehydharzgebundenen Holzwerkstoffplatten hergestellt werden. Auch Bodenbeläge wie Teppichböden, Fertigparkett oder Laminat sind mögliche Formaldehydquellen. Mit anderen Worten: Selbst wenn die Baustoffe für Wände und Decken formaldehydarm sind, kann die eigentliche Wohnluft formaldehydbelastet sein, zumal für die anderen Materialien der Maximalwert von 0,1 ppm nicht gilt.

■ **PAK (aus Bitumen)**
Falls bituminierte Weichfaserplatten als Dämmaterial in der Außenwand- oder Dachdämmung zur Anwendung kommen, so können daraus unter Umstände flüchtige PAK (polyzyklische aromatische Kohlenwasserstoffe) in die Innenraumluft gelangen. Sie gelten als krebserzeugend. Eine Gefahr ist nur dann sicher ausgeschlossen, wenn der Bitumen keine pechbürtigen oder teerhaltigen Anteile enthält.

Der Holzschutz

Konstruktiver Holzschutz / Baulicher Holzschutz

Holzschutz, das heißt Schutz gegen Feuchte und Holzschädlinge, ist an erster Stelle konstruktiver oder baulicher Holzschutz. Wie gut konstruktiver Holzschutz ohne Holzschutzmittel funktionieren kann, beweisen jahrhundertealte stabile Fachwerkbauten. Eine Grundvoraussetzung ist es, beim Einbau gut ausgetrocknetes Holz mit weniger als 20 % Feuchte zu verwenden. Dann finden Pilze und bei weniger als 10 % auch Insekten keine geeigneten Lebensbedingungen mehr vor. Es ist daher vorgeschrieben, dass beim Hausbau kein Bauholz eingesetzt werden darf, dessen Feuchtigkeitsgehalt größer als 20 % ist. (Die Überwachungsgemeinschaft

Konstruktionsvollholz hat sich sogar eine Grenze von 18 % gesetzt.) Ausnahmen werden nur gemacht, wenn gewährleistet ist, dass das Holz im eingebauten Zustand schnell trocknet.

Zu den baulichen Holzschutzmaßnahmen gehören zum Beispiel Dachüberstände, die die Außenwände vor Niederschlägen schützen, und Unterlüftungen, die eine schnelle Abtrocknung ermöglichen. Weitere Möglichkeiten sind Tropfnasen und Abtropfkanten, Abdeckungen und Sperrschichten. Sind diese Voraussetzungen gegeben, dann ist kein chemischer Holzschutz notwendig.

Chemischer Holzschutz / Holzschutzmittel

Erst in zweiter Linie, das heißt wenn ein baulicher Holzschutz nicht möglich ist, kommen Holzschutzmittel in Betracht. Nachdem ihr Einsatz in Innenräumen in der Vergangenheit zu schweren Gesundheitsschädigungen der Bewohner geführt hat, sollte aus Gründen der Vorsorge in Innenräumen ganz auf chemischen Holzschutz verzichtet werden.

Die DIN 68800, die den »Holzschutz im Hochbau« behandelt, verlangt selbst bei tragenden Holzkonstruktionen mittlerweile keinen chemischen Holzschutz mehr, wenn die Maßnahmen zum baulichen Holzschutz eingehalten werden. Entsprechend ausgeführter baulicher Holzschutz kann Feuchtigkeitsanreicherungen in Holz und Holzwerkstoffen nachhaltig verhindern und dadurch einem Pilz- oder Insektenbefall vorbeugen.

Ist ein chemischer Holzschutz unvermeidbar, sollten Sie die betreffenden Arbeiten Fachbetrieben überlassen und darauf achten, dass nur amtlich geprüfte Holzschutzmittel verwendet werden. Sie tragen entweder das Prüfzeichen des Deutschen Instituts für Bautechnik oder das RAL-Gütezeichen.

Man unterscheidet:

- **Holzschutzmittel auf Lösemittelbasis:** Das sind ölige Lasuren, die zugleich dem Wetterschutz dienen. Die biziden Wirkstoffe dringen in das Holz ein. Danach verdunstet das Lösemittel, und die Wirkstoffe bleiben im Holz.

■ **Holzschützende Grundiermittel:** Sie enthalten Wirkstoffe gegen Pilzbefall und dienen als Grundlage für nachfolgende Anstriche.

■ **Holzschutzsalze:** Sie werden in flüssiger Form im Tauchverfahren oder als Kesseldruckimprägnierung bei frischen und halbtrockenen Hölzern (mit einer Holzfeuchte von über 20 %) eingesetzt.

Es ist durchaus möglich, ja sogar wahrscheinlich, dass bei Arbeiten mit Kombipräparaten zur Grundierung und Lasur im Außenbereich unbewusst chemische Holzschutzmittel verstrichen werden. Verwenden Sie auf keinen Fall kombinierte Präparate, sondern stets nur die reine Lasur oder das Grundierungmittel.

Vorsicht ist auch bei Holzwerkstoffplatten angeraten: Es gibt Fälle, wo durch Altholzrecycling Platten mit Holzanteilen angeboten werden, die noch mit heute verbotenen Mitteln behandelt worden sind. Diese Platten müssen allerdings die heute gültigen Grenzwerte einhalten, um jeder nur möglichen Gesundheitsbelastung durch Altholz zu begegnen.

So verpflichten sich zum Beispiel die Mitgliedsbetriebe der Qualitätsgemeinschaft Deutscher Fertigbau (QDF) zusätzlich, keine holzschutz- oder sonst wie oberflächenbehandelten Althölzer für ihre Holzwerkstoffplatten zu verwenden.

In der Holzrahmen-/Tafelbauweise ist es üblich, die tragenden Holzkonstruktionen der Außenhülle vollständig in den Wand- und Dachelementen bereits werkseitig rundum mit einer Bekleidung »einzupacken«. Dabei handelt es sich bereits um eine Form des baulichen Holzschutzes, weil das Konstruktionsholz so geschützt schnell aufgebaut wird und eine Wetterschutzschicht erhält. Damit wird gegen Feuchteschäden während der Hausmontage vorgesorgt.

Bei der Einhaltung der Anforderungen an den baulichen Holzschutz bleiben im Rahmen-Tafelfertigbau nur noch die Schwellbalken des Erdgeschosses für eine chemische Behandlung übrig (auf denen die Außen- und Innenwandelemente gestellt werden). Aber selbst hier kann sie durch den Einsatz besonders resistenter Hölzer (zum Beispiel Lärche, Douglasie) vermieden werden. Insbesondere ist es bei Einhaltung des konstruktiven Holzschutzes nicht nötig, den Dachstuhl chemisch zu behandeln. Das wäre allein schon deshalb nicht wünschenswert, weil er bei einem möglichen späteren Ausbau zum Wohnraum werden könnte.

Die Lebensdauer von Holzhäusern

Zuweilen wird unterstellt, Holzhäuser (dieses Vorurteil betrifft auch die Fertighäuser insgesamt) hätten nicht die gleiche Lebenserwartung wie Stein-auf-Stein errichtete Häuser. Für die Lebensdauer eines Holzhauses – das Kriterium ist langfristige Standsicherheit – ist entscheidend, ob, in welchem Umfang und wie lange die Holzkonstruktion durch Feuchtigkeit beeinträchtigt wird, also gegebenenfalls Feuchteschäden auftreten und wie das Holz damit fertig wird.

Wenn trotz Einhaltung der Anforderungen an den baulichen oder konstruktiven Holzschutz Insek-

ten- oder Pilzbefall auftritt, dann liegt dies in der Regel an Baufehlern oder Bauschäden.

Oberflächenbehandlung von Holz

Im Rahmen-Tafelfertighausbau sind in der Regel die konstruktiven und tragenden Vollhölzer sowie die raumabschließenden und aussteifenden Holzwerkstoffe nicht zu sehen. Sie sind beplankt beziehungsweise verkleidet. Entsprechend braucht ihre Oberfläche nicht behandelt zu werden. Eine Ausnahme bilden unausgebaute Dachgeschosse mit sichtbaren Sparren sowie generell die Stützen und Pfetten des Dachs, falls sie unverkleidet bleiben. Hinzu kommen möglicherweise hinterlüftete Holzfassaden, dekorative Außenelemente wie die Stützen eines Vordachs etc. sowie Holzfußböden.

Ganz anders ist das bei Holzblockhäusern: Hier geht es in der Regel darum, möglichst viel Holz zu zeigen und im direkten Kontakt mit dem Holz zu wohnen. Die raumseitigen Wände, Decken und Fußböden sind deshalb – ebenso wie die äußere Schale der Außenwände – meist aus Holz. Entsprechend groß ist hier der Bedarf an einer regelmäßigen Oberflächenbehandlung.

Wie bereits erläutert, muss zwischen einer normalen Oberflächenbehandlung und chemischem Holzschutz deutlich unterschieden werden. Kombimittel verbieten sich deshalb auch hier. Dabei gilt als Faustregel: Je näher man am Wohnbereich ist, desto gesundheitsverträglicher sollten die Mittel sein. Im Hausinnern reicht oft ein einfacher Oberflächenschutz, etwa vor Schmutz und Zerkratzen, durch eine Lasur oder eine leichte Schutzimprägnierung mit einem gesundheitsverträglichen Öl oder Wachs. Lacke sind eigentlich nur bei stark beanspruchten Flächen wie Fenstern, Türen und Fußböden sowie in Außenbereichen nötig. Auch bei Lacken gibt es problematische und weniger problematische Mittel. Solche mit dem Umweltzeichen »Blauer Engel« zum Beispiel bürgen für Gesundheits- und Umweltverträglichkeit.

Kapitel 7
**Fertighaus mit
und ohne Keller**

Keller oder Bodenplatte?

Fertighäuser in Holzbauweise werden in der Regel »ab Oberkante Kellerdecke« verkauft. Deshalb müssen Sie – unabhängig von der Wahl des Hauses – entscheiden, ob Sie einen Keller oder eine Bodenplatte benötigen.

Nutzung und Kosten abwägen

Grundlage für die Entscheidung »Keller oder Bodenplatte« sollte nicht nur der Preis sein. Vielmehr müssen Nutzung und Kosten sorgfältig miteinander abgewogen werden, denn »nachrüsten« lässt sich ein Keller nicht. Dabei sollten Sie zum einen überlegen, wofür Sie einen Keller benötigen, und zum anderen, wie die Bodenbeschaffenheit des Grundstücks aussieht:

Abstellräume müssen ausreichend vorhanden sein. Sie können aber auch im Erdgeschoss, unterm Dach oder außerhalb des Hauses auf dem Grundstück zum Beispiel für Fahrräder oder Gartengeräte untergebracht sein. Kellerersatzräume sind ebenerdige Abstellräume im Garagen- oder Carportbereich. Wenn das Grundstück groß genug ist und Sie auch sonst auf einen Keller verzichten können, ist das sicher eine überlegenswerte Alternative. Schließlich stellt der Keller, falls er nur als Abstellbereich genutzt werden soll, eine relativ teure Lösung dar. Die Kosten für einen Kellerersatzraum schwanken sehr, da diese auch in Eigenleistung errichtet werden können. Sie sollten aber nicht über 300 DM/m² kosten.

Im Keller befindet sich meistens der **Öltank- oder Heizungsraum,** sofern eine Ölheizung zum Einsatz kommt. Für Gasheizungen ist kein separater Heizungsraum notwendig, die Einrichtung der Heizung unterm Dach erspart sogar den Schornstein.

Auch die **Waschküche** und der Trockenraum werden meistens im Keller untergebracht. Falls dafür Platz ist, ist ein ebenerdiger Hauswirtschaftsraum funktioneller, da er schneller und leichter zu erreichen ist.

Im Keller werden gerne **Hobby- und Partyräume** eingerichtet oder die Sauna aufgestellt. Überlegen Sie, wie oft wohl im Keller gefeiert werden wird, ob die Sauna nicht im oder in einem separaten Badezimmer eingebaut werden kann und wie viel Ihnen das Hobby wert ist.

Im Keller werden häufig Wohnraumreserven eingeplant, zum Beispiel spätere Jugendzimmer, Arbeitszimmer oder gar eine **Einliegerwohnung**. Falls Sie eine solche Kellerwohnung planen, muss der Keller allerdings den hohen Anforderungen von Wohnungen im Hinblick auf Wärmeschutz, Feuchteisolierung, Raumhöhe, ausreichende Belichtung und Beheizung entsprechen. Je nachdem, ob nur zwei- oder aber auch dreigeschossig gebaut werden kann, sollten Sie überlegen, ob Wohnraumreserven und Abstellräume statt im Keller im Dachgeschoss oder Erdgeschoss vorhanden oder einplanbar sind, und dafür das Haus mit Bodenplatte vergrößern.

Wenn Sie einen Keller bauen möchten, müssen Sie die **Grundstücksverhältnisse** genau betrachten. Bei Hanglage empfiehlt sich eine (Teil-) Unterkellerung gegebenenfalls mit Einliegerwohnung. Bei schlechtem Baugrund eben-

falls, wenn die Fundamente sowieso sehr tief geführt werden müssen, um auf tragfähigen Untergrund zu stoßen.

Bei hohem Grundwasserstand kann wiederum der Bau eines Kellers sehr teuer werden, wenn eine Betonwanne (»Schwarze Wanne«) um den Keller herumgebaut werden muss, um das Eindringen von Wasser zu verhindern. Ausgesprochen aufwändig und kostenintensiv wäre auch der Kellerbau in felsigem Untergrund.

Die Vollunterkellerung eines Einfamilienhauses kann je nach Größe und Ausstattung zwischen 60.000 und 100.000 DM kosten. Kellerbausätze liegen zwischen 20.000 und 40.000 DM. Die Kosten einer Bodenplatte können sich zwischen 35.000 und über 50.000 bewegen. 50.000 DM bringen bei einem Hypothekenkredit von 8 % eine monatliche Belastung von 400 DM. Demnach gibt es preiswerte Keller und teure Bodenplatten, und nicht immer spart der Käufer, wenn er auf den Keller verzichtet.

Kalkulieren Sie nicht nur mit den Festpreisen für Muster-Keller, die

Ihnen der Kellerbauer auf eine erste Anfrage hin nennt. Denn diese beziehen sich immer auf die günstigsten Verhältnisse: auf ein normales, ebenes, gut zugängliches Grundstück ohne Grundwasser und einen zum Bauen gut geeigneten Baugrund.

Kellerangebote werden in der Regel als Wirtschaftskeller angeboten. Allerdings gibt es sie in unterschiedlichen Ausführungen: als Rohbaukeller, der vom Käufer selbst ausgebaut werden muss, bis zum schlüsselfertigen Wirtschaftskeller. Auf Wunsch werden natürlich auch Wohnkeller errichtet.

Tipp: Holen Sie immer mehrere Angebote ein.

Teilunterkellerung und Kriechkeller

Weitere Varianten zum Keller sind die Teilunterkellerung und der Kriechkeller, die im Kosten-/Nutzen-Vergleich aber nicht immer günstiger zu Buche schlagen. Der Kriechkeller ist ein rund 50 cm hoher Raum zwischen Erdboden und Bodenplatte eines Hauses. Er dient dazu, die Versorgungs- und Abwasserleitungen zugänglich zu halten. Die Leitungen werden im Kriechkeller verlegt und durch die Bodenplatte in die Wohnräume geführt.

Eine Teilunterkellerung ist in der Regel nicht sehr viel günstiger als eine Vollunterkellerung.

Der Kellerbau

Sollten Sie sich für ein Haus »ab Oberkante Kellerdecke« und für einen Keller entschieden haben, dann müssen Sie als Nächstes überlegen, ob Sie Keller oder Bodenplatte
- selbst bauen,
- von einer örtlichen Baufirma errichten lassen oder
- bei dem Fertighausanbieter in Auftrag geben, der diesen selbst durchführt oder dazu mit einem (Fertig-)Kelleranbieter kooperiert.

Nicht alle Fertighausfirmen bieten den Kellerbau mit an, sodass Ihnen manchmal nur die Wahl zwischen dem Selbstbau und dem Bau durch eine örtliche Baufirma bleiben wird.

Kellerbau in Eigenregie

Der Kellerbau in eigener Regie kann preiswerter sein als der Kauf eines Fertigkellers, wenn Sie ihn von einer örtlichen Baufirma durchführen lassen. Denn Sie können mehrere Angebote einholen sowie die Bauweise und das Baumaterial Ihrer Wahl ausschreiben. Dafür haben Sie den größeren Koordinierungsaufwand und tragen das Risiko der Passgenauigkeit, da hier zwei – von unterschiedlichen Herstellern – separat (vor)gefertigte Baukörper erst auf der Baustelle zusammengefügt werden. Kellerwände und -decke müssen mit den Hauswänden in Übereinstimmung gebracht werden. Die Höhen- und Längenmaße der Kellerdecke und der Aussparungen (Löcher) dürfen nur wenige Millimeter von den Vorgaben des Fertighausherstellers abweichen. Die im Keller untergebrachten haustechnischen Anschlüsse müssen mit der Art und Lage der im Haus eingebauten sanitär-, elektro- und heizungstechnischen Anlagen sowie der Versorgungsleitungen übereinstimmen. Der Schornstein muss passgenau stehen, und schließlich dürfen die Wandübergänge an der Keller-innentreppe nicht hervortreten – Nachbesserungen werden sehr teuer und verzögern den Bauablauf.

Wer plant und leitet den Kellerbau?

Vereinbaren Sie auch, wer die Planungsleistungen und die Bauleitung beim Kellerbau in Eigenregie übernimmt, ob dies die Fertighausfirma leistet, die Kellerbaufirma oder ob ein freier Architekt damit zu beauftragen ist. Zu klären ist dabei, welche Leistungen im Festpreis der Fertighausfirma enthalten und welche separat zu zahlen sind. Zu den Leistungen gehören:

- Anfertigung der Ausschreibungsunterlagen für den Kellerbau,
- Erstellung der den Keller betreffenden Unterlagen für den Bauantrag, unter anderem auch die Kellerstatik,
- Anfertigung der Ausführungspläne (auch Werkpläne genannt) für den Kellerbau und
- verantwortliche Bauleitung beim Kellerbau.

Planung

Der Selbstbau mit Bausätzen

Diese Art des Kellerbaus ist normalerweise die preiswerteste, aber auch die aufwändigste und die mit dem größten Risiko, denn Sie selbst übernehmen die Gewähr für die Passgenauigkeit des Kellers und die rechtzeitige Fertigstellung des Kellers bis zur Hauslieferung. Hier empfiehlt es sich, dem Fertighausanbieter die verantwortliche Bauleitung zu übertragen und gegebenenfalls auch zusätzlich zu honorieren.

Vielfach werden für den Selbstbau auch Bausätze angeboten. Das Baumaterial wird dann mengenmäßig auf den Keller zugeschnitten geliefert. Neben der Planung, Materialzusammenstellung, den Arbeitsgeräten und der schriftlichen Bauanleitung sollte auch eine Baubetreuung dazu gehören. Bedenken Sie, dass Sie bei Bausätzen keine Gewährleistung auf die Bauausführung beanspruchen können. Übernimmt der Bausatzanbieter allerdings die Bauleitung, dann haftet er wie jeder andere Bauleiter bei Überwachungsfehlern. Viele Bausatzanbieter übernehmen allerdings nicht die volle Verantwortung und damit Haftung. Manche bieten nur eine Baubetreuung zur Organisation des Bauablaufs, zur Problembesprechung und Einweisung an (ebenfalls unterschiedlich organisiert) und erwarten vom Selbstbauer, dass er die Bauleitung zum Beispiel an ein selbstständig arbeitendes Architekten- oder Bau-Ingenieurbüro vergibt und separat bezahlt.

Einfacher und risikoloser ist es, den Kellerrohbau in Auftrag zu geben und den Ausbau später selbst durchzuführen.

Führen Sie den Kellerbau selbst durch, so müssen Sie auch eine – im Vergleich zum Bauunternehmen – längere Bauzeit veranschlagen. Auch das kann Geld kosten.

Kellerbau mit einer örtlichen Baufirma

Örtliche Baufirmen sind oft preiswerter als Fertigkelleranbieter. Allerdings ist der Koordinierungsaufwand größer, wenn Sie zwei Firmen zueinander bringen müssen. Außerdem tragen Sie auch in diesem Fall letztendlich das Risiko der Passgenauigkeit. Um dieses

Risiko zu reduzieren, sollten Sie sich vom Hausanbieter genaue Anleitungen zum Kellerbau geben lassen – verbindliche Ausführungspläne, Deckenaussparungspläne und technische Merkblätter – und diese dem Vertrag mit der Kellerbaufirma zu Grunde legen. Die Verantwortung für die passgenaue Ausführung des Kellers muss dann die Keller-Baufirma übernehmen.

Das müssen Sie beim Keller in Eigenregie leisten oder koordinieren
Beim Bau eines Kellers in Eigenregie kommen eine Vielzahl an Leistungen zusammen, die Sie organisieren und koordinieren, eventuell an einen externen Bauleiter vergeben oder mit dem Fertighausanbieter vereinbaren müssen:

- Baugrunduntersuchung bei schwierigen Böden,
- Erstellen der Kellerstatik – falls dies nicht die Fertighausfirma übernimmt,
- Erstellen der Unterlagen für den Bauantrag – falls dies nicht die Fertighausfirma macht,
- Anfertigung der Ausführungspläne – falls diese nicht von der Fertighausfirma zur Verfügung gestellt werden,
- Ausschreibung des Kellerbaus, Sichtung der Angebote und Auftragsvergabe,
- Beantragung des Hausanschlusses für Strom, Gas und Anschluss an die öffentliche Kanalisation,
- Herrichten der Baustelle,
- Vermessungsarbeiten,
- Erdarbeiten,
- Maßnahmen zur Gründung bei nicht ausreichend tragfähigem Boden,
- Erstellung der Fundamente,
- Rohbau des Kellers,
- Ausbauarbeiten,
- Verlegung der Versorgungsleitungen im Keller,
- Abnahme des Kellers.

Eigenleistung

Ein weiterer Schritt zur Risikominimierung wäre es, die Fertighausfirma mit der Bauleitung zu beauftragen. Legen Sie die Anzahl der Baustellenbesichtigungen in bestimmten Zeitabschnitten genau fest. Diese Leistungen lassen sich die Fertighausanbieter natürlich bezahlen. In den meisten Fällen führt die Fertighausfirma nur die Abnahme nach Fertigstellung des Kellers durch.

Der Keller vom Fertighausanbieter

Wenn Sie nicht die Zeit haben oder das Risiko scheuen, den Kellerbau selbst zu organisieren und zu koordinieren, übernehmen einige Fertighaushersteller auch den Kellerbau. In der Regel kooperieren sie mit Firmen, die überregional Fertigkeller anbieten und die sie als Partnerfirmen bezeichnen. In diesem Fall steht Ihnen dann nur **eine** Firma zur Verfügung.

Bauseits, das heißt vom Hauskäufer, muss nicht nur die Baustelle eingerichtet, sondern auch manchmal die Baugrube ausgehoben werden. Dies ist nicht immer im Leistungsumfang für einen Fertigkeller enthalten.

Angebote einholen

Holen Sie zum Preisvergleich mehrere Angebote ein – vom Fertighausanbieter sowie von lokalen Baufirmen. Achten Sie darauf, dass die Angebote miteinander vergleichbar sind! Den jeweiligen Festpreis sollten Sie auf der Grundlage Ihrer Grundstücksverhältnisse kalkulieren lassen, das heißt die Bodenbeschaffenheit, Bebaubarkeit Ihres Grundstücks und die Zugänglichkeit für Baumaschinen muss im jeweiligen Angebot berücksichtigt sein.

- Alle Angebote müssen die gleichen Bauleistungen enthalten. Vergleichen Sie nicht Rohbaukeller mit schlüsselfertigen Wohnkellern!
- Prüfen Sie, ob alle wesentlichen Leistungen in der Bau- und Leistungsbeschreibung (beziehungsweise im Angebot) und auch im Festpreis enthalten sind. Nicht immer enthalten sind:

- Ausheben der Baugrube,
- Abtransport und Deponierung überschüssigen Erdaushubs,
- Drainage,
- Außentüren und Außentreppen,
- Wasseranschluss,
- Elektroinstallation.
- Klären Sie, ob die Kellerplanungs- und Kellerbaukosten in Ihrer Kalkulation enthalten sind.
- Legen Sie die verantwortliche Bauleitung für den Kellerbau vor Vertragsabschluss fest, und lassen Sie sich die Kosten nennen.
- In den Angeboten sollten auch die Gewährleistung und – wenn absehbar – Fertigstellungstermine genannt sein, damit der Hausaufbau nach der Kellerfertigstellung ohne Verzögerung beginnen kann.

Da es beim Leistungsumfang von Kellern oft große Verwirrung gibt, hat der Österreichische Fertighausverband versucht, einen Mindestleistungsumfang für Ausbaukeller und für schlüsselfertige Keller zu beschreiben, der allerdings noch relativ allgemein gehalten ist (siehe Tabelle auf Seite 92 f.).

Vom ersten Spatenstich bis zur Kellerfertigstellung

Das Herrichten der Baustelle und die Baustelleneinrichtung

Das Baugrundstück muss für den Hausbau vorbereitet werden. Dazu können – je nach Grundstückssituation – eine Reihe von Maßnahmen notwendig werden wie zum Beispiel:

- Abbruch vorhandener Gebäude,
- Roden von Bäumen und Sträuchern,
- Beseitigung von Altlasten,
- Sicherung von Bäumen, vorhandenen Versorgungsleitungen und bestehenden Gebäuden, an die angebaut werden soll.

Zur Baustelleneinrichtung gehört zum Beispiel die Bereitstellung von Baustrom und Bauwasser. Diese müssen bei den Versorgungsunternehmen beantragt werden. Des Weiteren ist ein Bauschuttcontainer bereitzustellen (einige Fertighausfirmen verlangen das, andere bestellen und bezahlen diesen selbst), die Drainage und Befestigung eines Zufahrtsweges für Schwerlastzü-

Mindestleistungsumfang für Ausbaukeller *

Aufstellen des Schnurgerüstes

Erdaushub, Fundamente und Kanalisation, Lagerung des Aushubmaterials auf der Baustelle

Einbringung der Schotterrollierung (Kiesschicht) im Mittel 20 Zentimeter zwischen den Streifenfundamenten beziehungsweise unter der Bodenplatte

Abwasserrohr (Durchmesser 15 cm) verlegen, inklusive erforderlicher Putzstücke und Putzschächte, soweit erforderlich

Fundamenterder verlegen

Streifenfundamente für tragende Wände bis auf Frosttiefe 80 Zentimeter herstellen

Verlegen einer PE-Folie über der Rollschotterlage und Herstellen eines Unterbetons nach Erfordernis

Horizontale Abdichtung gegen aufsteigende Feuchtigkeit unter allen Außenwänden und tragenden Innenwänden herstellen

Außenwände und tragende Innenwände

Kellerdecke entsprechend Statik, einschließlich aller notwendigen Schalung und Bewehrung, Steckeisen für Kelleraußentreppe, Eingangspodest und eventuell Terrassenplatte

Fensterlichtschächte

Schornstein auf Heizung abgestimmt, von Fundamentoberkante bis über Dach, inklusive Verputz und Kaminkopfausbildung

Vertikale Feuchtigkeitabdeckung der Außenwände

Vorbereiten des Untergrunds und Anbringen einer eventuell erforderlichen Wärmedämmung samt Schutzschicht

Verfüllung der Arbeitsgräben mit geeignetem Material

Herstellung einer innenliegenden Rohbautreppe als Kellerabgang

ge, die die Hausteile zum Aufstellplatz transportieren, vorzunehmen sowie gegebenenfalls die Herrichtung und Befestigung eines Kranaufstellplatzes oder das Aufstellen von Baugerüsten.

Einige dieser Aufgaben können Sie in Eigenleistung übernehmen, andere werden Sie bezahlen müssen. Über manche dieser Leistungen, die Fertighausanbieter oft ausführlich in speziellen

Mindestleistungsumfang für einen »schlüsselfertigen Keller« *

Zwischenwände (nichttragende Kellerwände) und Horizontalisolierung

Kellerfenster inklusive Verglasung, Kelleraußentür

Kellertreppe samt erforderlichem Geländer oder Handläufen

Innentüren samt Zargen und, wo vorgeschrieben, in brandhemmender Ausführung F 30

Bauliche Ergänzungsmaßnahmen innerhalb des Kellers, wie zum Beispiel öldichte Wände bei Tankraum

Oberflächenbehandlung sämtlicher Wände und Decken laut Leistungsbeschreibung

Horizontale Feuchtigkeitsisolierung in allen Räumen und 5 cm Betonestrich mit geglätteter Oberfläche

Sanitärinstallation laut Plan und Leistungsbeschreibung für Keller

Elektroinstallation laut Plan und Leistungsbeschreibung für Keller

Kelleraußenputz einschließlich erforderlicher Wärmedämmung über Terrain

Definierter Leistungsumfang des Österreichischen Fertighausverbandes (ÖFV)

Nicht zum „österreichischen Lieferumfang" eines »schlüsselfertigen Kellers« gehören

Drainagen

Blitzschutzanlagen

Außenstiegen und Außenanlagen

Antennenanlagen sowie Zählerkasten

technischen Merkblättern aufführen, werden Sie mit der Fertighausfirma verhandeln können.

Das Fundament – die Bodenplatte

Zur Herstellung der Baugrube gehört das Setzen des Schnurgerüstes, der Abtrag des Mutterbodens und der Aushub der Baugrube. Zur Schließung der Baugrube gehören dann später das Verfüllen und der Wegtransport überflüssigen Erdaushubs zu einer Deponie.

Ist die Baugrube ausgehoben und planiert, dann sollten vor dem Betonieren der Fundamente die Abwasserrohre in der Baugrube verlegt werden. Dafür gibt es einen speziellen Entwässerungsplan.

Als Maßnahme gegen aufsteigende Feuchtigkeit wird dann auf die eingeebnete (planebene) Baugrube zuerst eine Kiesschicht verteilt und verdichtet. Darüber kommt eine Kunststofffolie und / oder eine dünne, so genannte Sauberkeitsschicht aus Beton. Darauf wird dann der Bewehrungsstahl mit Abstandshaltern verlegt. Nach dem Einbau eines Fundamenterders, über den später der Blitzableiter, die Elektroinstallation und sämtliche Metalleinbauteile geerdet werden, wird schließlich betoniert. Abgesehen vom Modulkeller wird die Bodenplatte immer vor Ort gegossen.

Ein Haus kann unterschiedlich gegründet werden: Entweder wird eine dicke, mit Stahl bewehrte Fundamentplatte aus Beton gegossen, oder es werden Streifenfundamente unter den tragenden Wänden und Stützen erstellt, auf denen dann eine dünnere Bodenplatte aufgebracht wird. Auf gut tragfähigem Untergrund können Streifenfundamente gesetzt werden, auf weniger tragfähigen Böden wird eher eine Fundamentplatte erstellt. Wie dick die Fundamentplatte sein muss, beziehungsweise wie tief die Fundamente gesetzt und wie stark sie mit Stahl armiert (bewehrt) werden müssen, hängt unter anderem von der Bodenbeschaffenheit und der Belastung durch das Haus ab. Auf jeden Fall müssen die Fundamente beziehungsweise die Bodenplatte so tief gegründet werden, dass der Frostschutz gewährleistet ist. Das sind mindestens 80 cm unter der Geländeoberkante.

Wollen Sie die Fundamentplatte und den Keller selbst betonieren und mauern, müssen Sie handwerklich geschickt sein, sollten über entsprechende Erfahrungen verfügen und einen Fachmann als Bauleiter und -betreuer hinzuziehen.

Die Kellerbauweisen

Keller können gemauert, vor Ort betoniert oder aus vorgefertigten Bauelementen vor Ort montiert werden. Sie werden in verschiedenen Ausbaustufen und mit einem unterschiedlichen Umfang an Eigenleistungen (zum Beispiel Rohbaukeller, schlüsselfertige Wirtschaftskeller, Wohnkeller) oder auch als Bausatz zur Selbstmontage angeboten. Den Leistungsumfang müssen Sie den jeweiligen Bau- und Leistungsbeschreibungen entnehmen oder in der Ausschreibung festlegen.

Gemauerte Keller

Gemauerte Keller werden aus großformatigen Mauersteinen aus porosierten Ziegeln, Kalksandstein, Bimsstein, Porenbeton oder Blähbetonstein errichtet. Sie zeichnen sich unter anderem durch unterschiedliche Größen, Druckfestigkeiten, Wärmedämmfähigkeiten und ein unterschiedliches Feuchteverhalten aus. Gemauert werden sie mit Dünnbett- oder Dickbettmörtel.

Nach dem Aufbau der Außenwände ist unter bestimmten Voraussetzungen die Errichtung eines Ringankers notwendig. Dies ist ein ringsum laufender Betonbalken auf Außenwänden und tragenden Zwischenwänden, um den Zusammenhalt der Wände zu gewährleisten. Er kann zum Beispiel aus vorgefertigten U-förmigen Steinen zusammengesetzt werden, in die der Bewehrungsstahl verlegt wird. Auch für Fenster und Türen werden inzwischen vorgefertigte Stürze eingesetzt.

Kellerdecken können ebenfalls vor Ort gegossen oder als Fertigteildecke geliefert werden.

Neben örtlichen Bauunternehmen gibt es auch Fertighausfirmen, die Mauerwerkskeller anbieten.

Selbstbausätze

Für Bausätze werden neben den gängigen Mauersteinen häufig auch Schalungssteine und -elemente aus Polystyrol oder Blähton angeboten, die für den Heimwerker einen Kompromiss zwischen Mauerwerkskeller und Betonkeller darstellen sollen. Die Schalungssteine werden wie Lego-Steine lose mit Nut- und Feder-Anschlüssen »Stein auf Stein« gesetzt. Je nach System sind Verstärkungen durch Bewehrungseisen einzulegen oder bereits im Schalungssystem enthalten. Dann werden – soweit notwendig – die äußeren Fugen abgedichtet und der Beton in die Wandschalung gegossen. Beachtet werden muss, dass sich der Beton überall gleichmäßig verteilt und keine Hohlräume bleiben. Die Schalung kann gleichzeitig Wärmedämmung sein.

Fertigkeller aus Beton

Fertigkeller werden in der Regel mit ein- oder zweischaligen Stahl- oder Leichtbetonwänden sowie einschaligen massiven Fertigteil- oder Hohlkörperdecken angeboten. Die Wände werden im Werk vorgefertigt und vor Ort auf der Bodenplatte verankert. Fenster, Türen und Leerrohre für die Haustechnik können schon eingebaut sein.

Entsprechend dem Deckenverlegeplan werden die Deckenplatten verlegt, verschraubt und die Fugen verspachtelt oder betoniert. Ein Ringanker umschließt und stabilisiert die Decke. Hierfür werden rundum auf die Außenwand zum Beispiel U-Steine verlegt, mit Stahlbewehrung versehen und mit Beton vergossen.

Neben diesen vorgefertigen Wänden und Decken werden auch »halb fertige« zweischalige Betonwände angeboten, deren Zwischenräume erst auf der Baustelle mit Beton verfüllt werden. Ihr Vorteil: Das Unternehmen spart die Holzverschalung, die normalerweise für das Betonieren vor Ort notwendig ist. Außerdem sind die zweischaligen Betonwände leichter als die massiven einschaligen, und nach dem Betonieren entsteht rundum in den Außenwänden ein fugenloser Betonkern.

Zu diesem System gehören auch die Filigran-Betondecken, die vielfach angeboten werden. Aus den bis zu 5 cm dicken Filigrandecken stehen die Anschlusseisen für die restliche Bewehrung noch heraus. Nachdem die Decke verlegt ist, werden der Deckenrand verschalt, die restliche Bewehrung eingelegt und die Decke betoniert. Die Seitenwände sind glatt und können ohne Putz gestrichen werden.

Eine weitere neue Entwicklung beim Fertigkellerbau ist der **Modulkeller,** bei dem die Bodenplatte bereits mit Außenwänden verbunden geliefert wird. Vor Ort müssen nur noch der Untergrund vorbereitet und die vorgefertigten Decken aufgebracht werden.

Betonfertigkeller haben geringere Querschnitte als gemauerte Kellerwände und werden innerhalb von ein bis vier Tagen errichtet. Wie bereits erwähnt, werden sie in verschiedenen Ausbaustufen bis schlüsselfertig geliefert. Auch nichttragende Betonwände – ausgenommen Leichtbeton, dem Blähton oder Bims zugesetzt ist – lassen sich später nur mit großem Aufwand noch verändern.

Die Kellerisolierung

Die ausreichende Kellerisolierung ist wichtig, denn die nachträgliche Trockenlegung eines feuchten Kellers ist weitaus aufwändiger und teurer als die direkte sachgemäße Ausführung.

Auch die Nutzungsmöglichkeiten eines Kellers hängen entscheidend von der Dichtigkeit seiner Isolierung gegen Feuchtigkeit von außen ab. Dies gilt besonders, wenn im Keller Wohnräume vorgesehen sind.

Ob der Keller konventionell gebaut wird oder aus vorgefertigten Teilen errichtet werden soll, ist für die zu wählende Isolierungsform von geringerer Bedeutung als die Frage, mit welcher Feuchtigkeit gerechnet werden muss – drückendes oder nicht drückendes Wasser – und welche Baustoffe für die Kellerwände zum Einsatz kommen sollen.

Da der Keller ganz oder größtenteils im Erdreich liegt, sind Kellerwände und -sohle einer ständigen Feuchtigkeitsbelastung ausgesetzt. Regen und Schnee durchfeuchten in Form von Sickerwasser den Boden und wirken so als so genanntes nichtdrückendes Wasser auf Kellerwände und die Bodenplatte ein. Grundwasser kann durch die kapillare Wirkung im Boden nach oben steigen und durch feinste Haarrisse in die

Kellersohle und die Kellerwände eindringen. Niederschlagswasser in Form von Oberflächen- und Spritzwasser gefährdet besonders den aus dem Boden ragenden Gebäudesockel. Bauen wird besonders aufwändig, wenn drückendes Wasser vorkommt: wenn Sickerwasser sich auf wasserundurchlässigen Bodenschichten staut und gegen das Gebäude fließt oder wenn die Kellersohle tiefer als der Grundwasserspiegel liegen wird. Für diesen Sonderfall müssen Fachleute die einzelnen Maßnahmen festlegen, zum Beispiel ob eine Wanne ausgebildet werden muss. Kellerbaufirmen berücksichtigen in ihren ersten allgemeinen Angeboten und Festpreisen stets nur Isolierungsmaßnahmen bei nichtdrückendem Wasser.

Im Normalfall, also bei nichtdrückendem Wasser, werden **gemauerte** Kellerwände mit zwei horizontalen Isolierungsschichten gegen aufsteigende Feuchtigkeit und mit einer vertikalen Abdichtung gegen Sicker- und Spritzwasser geschützt. Zur horizontalen Isolierung werden zwei Sperrschichten aus wandbreiten Bitumenpappen horizontal mit eingemauert – die erste Sperrschicht direkt auf oder 10 bis 15 cm über der Kellersohle, die zweite mindestens eine Steinschicht unter der Kellerdecke, jedoch 30 cm über dem Gelände. Zur Vorbereitung der vertikalen Feuchteisolierung müssen Fugenlöcher, ungleichmäßige Aufmauerungen, Mörtelüberstände, angeschlagene Mauersteine erst einmal ausgebessert werden, um eine ebene Fläche zu erreichen. Bei großen Ungleichmäßigkeiten ist es besser, die Außenwand zu verputzen, um die Gefahr von Undichtigkeiten bei der Isolierung zu vermeiden. Auf dem Überstand zwischen Bodenplatte und Außenwand ist außerdem eine Hohlkehle aus einem Sperr-Putzmörtel oder mit Bitumen-Spachtelmasse anzubringen, damit das Wasser vom Gebäude wegfließen kann. Die Kelleraußenwände werden dann gegen seitliche Feuchtigkeit von der Oberkante der Fundamente bis einschließlich Sockel, das heißt 30 bis 50 cm über der Oberkante des späteren Geländes, vertikal mit verschiedenen zwei- bis dreifach aufzutragenden Bitumenanstrichen, -spachtelmassen (teilweise mit Gewebearmierung) oder Dichtungsschweißbahnen abgedichtet.

Bei bewehrten **Betonwänden** werden sämtliche Fugen mit einem zementgebundenen Sperrmörtel abgedichtet. Der Anschluss zwischen Bodenplatte und Außenwand wird durch eine Betonhohlkehle auf dem Fundamentüberstand isoliert, die zusätzlich mit einem verzinkten Weißblechstreifen oder einer mit Glasfasergewebe eingelegten Bitumenmasse verstärkt wird, der oder die halb in die Bodenplatte und halb in die Außenwand reicht. Die äußere Vertikalisolierung bei Betonfertigteilen wird ähnlich der gemauerten Kellerwände ausgeführt, nur kann hier das Verputzen der Außenwand entfallen.

Zum Schutz des Abdichtungssystems sowie zur **Drainage** (Wasserableitung vom Haus mit Drainagerohren) werden Dränplatten aufgebracht, die das Wasser nach unten abführen.

Soll der Keller zu Wohnzwecken genutzt werden, dann muss an Stelle der Dränplatten eine spezielle Wärmedämmung angebracht werden, da die Kellerwände außen an das dauerfeuchte Erdreich angrenzen. Zur Perimeterdämmung eignen sich nur bestimmte Dämmstoffe wie zum Beispiel Platten aus extrudiertem Polystyrol.

Auch die Bodenplatte im Keller muss abgedichtet und wärmegedämmt werden. Dazu wird auf die Betonplatte eine Feuchtigkeitssperre aufgebracht – in der Regel Kunststofffolien oder Bitumenbahnen –, die an den Wänden etwas hochgezogen werden. Darauf kommt die Dämmschicht, in der Regel Dämmplatten aus Polystyrol oder künstlicher Mineralfaser, darauf eine weitere Trennfolie, dann der Estrich und der Gehbelag.

Schnittstelle zwischen Haus und Keller

Am Sockel befindet sich beim Fertighaus die Nahtstelle zweier separat erstellter Gebäudeteile aus unterschiedlichen Baumaterialien. Außerdem ist er besonders betroffen von Feuchtigkeit durch Schlagregen und Spritzwasser. Soll das Holzhaus vor Feuchtigkeit geschützt werden, müssen Sie die Regeln des konstruktiven Holzschutzes einhalten:

■ So sollte die Schnittstelle Keller – Haus 20 bis 30 cm über dem Erdreich liegen.

■ Größere Dachüberstände sowie Vordächer über Hauseingänge und Terrassen verhindern, dass Wasser die Fassade herunterlaufen und möglicherweise in den Sockel eindringen kann. Zu beachten ist allerdings, dass die Sockelhöhe mit baurechtlichen Vorgaben (zum Beispiel Haushöhe) in Übereinstimmung gebracht werden muss.

■ Zusätzlich muss die Fußschwelle (das unterste waagerechte Kantholz), die sich in der Außenwandtafel befindet, vor Feuchtigkeit geschützt sein: Die Fassade wird im Sockelbereich mit einer Art Abtropfkante versehen, sodass ablaufendes Wasser nicht in die Wand eindringen kann. Darüber hinaus sorgen Sperranstriche (zum Beispiel aus Polyester), Sperrfolien und bei Verblendmauerwerk eine Hinterlüftung dafür, dass das Wasser außen bleibt. Diese Arbeiten müssen gewissenhaft ausgeführt sein.

Die Winddichtigkeit der Außenwand ist im Bereich der Stoßfugen sehr schwer zu erzielen. Dadurch können Wärmebrücken entstehen, die zur Kondenswasserbildung und Schimmelbildung führen können. Bei mangelhafter Ausführung kann dies sogar zu Bauschäden führen.

Auf die Kellerdecke oder Bodenplatte werden die Außenwände abgestellt, verankert und miteinander verbunden. Zu diesem Zweck werden in den massiven Kellerdecken Löcher ausgespart, die nach erfolgter Montage der Wände gemeinsam mit den Stahlankern zubetoniert werden.

Stattdessen werden aber auch oft Stahlwinkel eingesetzt, die an die Fußschwelle der Außenwand genagelt und in die Betondecke gedübelt werden.

Verfolgen Sie am Aufbautag, ob die Außenwände korrekt aufgebaut und möglichst wenig mit dem Vorschlaghammer gerade gerückt werden.

Leider stellen nur wenige Fertighausanbieter ihre technischen Lösungen in der Bau- und Leistungsbeschreibung vor. Lassen Sie sich deshalb die Ausführungen der einzelnen Firmen in diesen

Punkten genau erklären und für
den Vertrag in der Bau- und
Leistungsbeschreibung schriftlich
fixieren.

Überprüfen Sie außerdem, ob alle
**Bauleistungen, die den Übergang
von Keller und Haus betreffen,** in
Keller- oder Hausvertrag enthalten sind. Sonst können weitere
Kosten oder Eigenleistungen auf
Sie zukommen für
- den Schornstein (falls Sie einen
  benötigen);
- das Verschließen der Deckendurchbrüche für die Ver- und
  Entsorgungsleitungen;
- das Untermörteln (Verschließen) des Übergangs zwischen
  Keller beziehungsweise Bodenplatte und Haus;
- die Leitungsführung von den
  Hausanschlüssen für Gas,
  Wasser und Strom zum Erdgeschoss und zur Heizungsanlage (gerade diese Leistungen finden sich häufig weder
  in den Keller- noch in den
  Hausangeboten).

Kapitel 8
Wand, Dach und Fenster –
die Bauteile eines Holzhauses

Die Außenwände und Fassadenverkleidungen

Abgesehen von manchen Häusern in Blockbau- oder Skelettbauweise, deren Konstruktion erkennbar bleibt, unterscheiden sich die verputzten oder verklinkerten Außenwände von Holzhäusern heutzutage optisch kaum von denen gemauerter Massivhäuser. Man muss sich schon die »inneren Werte« einer Holzwand zeigen lassen, zum Beispiel in der Bau- und Leistungsbeschreibung, um die Unterschiede im Wandaufbau zu erkennen.

Die Rohwand (Grundkonstruktion)

Außenwände in Holzleichtbauweise gleichen sich in ihrem Aufbau. Sie variieren in der Wärmedämmung, im Schallschutz und in der Fassadengestaltung, aber die Rohwand ist in etwa gleich und baut sich von innen nach außen wie folgt auf: Holzwerkstoffplatte – in der Regel eine Spanplatte –, dahinter die Dampfsperre (meistens eine PE-Folie), die verhindert, dass Raumluftfeuchte in die Holzkonstruktion eindringen, dort

abkühlen und kondensieren kann. Zwischen diesen Holzständern ist die Wärmedämmung eingebracht, meistens Mineralwolle. Als Außenbekleidung ist wieder eine Spanplatte vorgesehen.

Fassadenverkleidungen mit zusätzlicher Wärmedämmung

Auf die Rohwand wird heute meistens eine zusätzliche Wärmedämmung aufgebracht, und diese wird dann verputzt. Für das **Wärmedämm-Verbundsystem** wird meist eine Polystyroldämmplatte (PS) verwendet. Sie dient als Putzträger. Holzwolleleichtbauplatten werden – soweit sie als Putzträger genutzt werden, zum Teil auch mit einer Unterspannbahn von der inneren Wärmedämmschicht getrennt, sodass dann auf die äußere Spanplatte (siehe Rohwand) verzichtet wird. Auf die Polystyrol-Platte wird meistens ein zweilagiger dünner Kunstharzputz mit Armierung aufgetragen, auf die HWL-Platte ein zweilagiger dickerer mineralischer Putz.

Im ökologischen Holzhausbau wird zunehmend mit Holzfaserdämmplatten (5 bis 8 cm breit) gearbeitet, die mit mineralischen Putzen versehen werden.

Beliebt sind Blenderfassaden, heute meistens als **hinterlüftete Vormauerung** ausgeführt. Zwischen Mauerwerk und Holzwand wird dazu ein Abstand – ein Luftzwischenraum – von mindestens 4 cm gelassen, damit Feuchtigkeit abgeführt werden kann. Über der Kellerdecke oder Bodenplatte und unter dem Dach werden häufig Lüftungsöffnungen geschaffen, das sind offen bleibende senkrechte Fugen zwischen den einzelnen Klinkern. Das Außen- oder Verblendmauerwerk wird durch Edelstahldrahtanker mit der tragenden Holzaußenwand verbunden. Bei einer hinterlüfteten Vormauerung sollte die Außenseite der Holz-Rohwand zusätzlich gegen Feuchtigkeit geschützt werden. Hierfür werden zum Beispiel Bitumenpappen als Feuchtigkeits- und Windsperren, falls außen eine weitere Wärmedämmschicht aufgetragen ist, hinter oder vor diese Dämmschicht, je nachdem, wie feuchteresistent das Dämm-Material ist, geklebt. Auch die Bodenplatte oder die Kellerdecke müssen mit einer dicken Isolierfolie bedeckt sein, damit nicht von unten Wasser in die hölzerne Außenwand, die Fußschwelle, eindringen kann.

Klinker sind in unterschiedlichen Formaten (das Standardformat ist 240 x 115 x 52 mm), Farben und Oberflächen zu haben. Es gibt Voll- und Hochlochziegel, die Oberfläche kann glatt, genarbt, besandet oder gebrochen sein. Neben Klinkern werden auch Vormauerziegel, Kalksandsteine und andere Natursteine für die Vormauerung angeboten.

Häufig werden beim Neubau die **Verblender** gewählt, weil sie eine lange Lebensdauer ohne Wartungsaufwand und -kosten bei guter Ausführung versprechen. Das hat aber auch zur Folge, dass man mit den früher einmal gewählten Verblendern lange leben muss. Selbst eine neue Farbgebung der Klinker ist kompliziert. Außerdem kann eine nachträgliche Verbesserung der Wärmedämmung nicht (mehr einfach) durchgeführt werden.

Hinterlüftete Vormauerungen haben keine wärmespeichernde Funktion für das Rauminnere, da sich innen ja die Holzwand befindet. Auch der Wärmeschutz hängt allein von der Dicke der Dämmschichten ab. Diese Art Wand bringt weder eine Verbesserung für den Wärme- noch für den Brandschutz. Sehr wohl verbessert sie aber den Schallschutz der Außenwand um etwa 10–15 dB auf Werte zwischen Rw 50 bis Rw 60 dB (siehe Kapitel 11 auf den Seiten 176 ff.).

Verblender mit Hinterlüftung erfordern einen höheren Raumbedarf als Wärmedämmverbundsysteme.

Bei einem Wohnhaus mit 100 m² Grundfläche ist allein für diese Wandkonstruktion gegenüber einer Wand mit einem Wärmedämmverbundsystem ein Mehrbedarf von 6,5 m² erforderlich. Bei einem Quadratmeterpreis von rund 3.000 DM würde das Haus allein durch den Flächenmehrbedarf durch die Vormauerung um etwa 20.000 DM teurer. Dieser zusätzliche Mehraufwand – ohne Berücksichtigung der Gebäudekosten – kommt natürlich nur bei kleinen Grundstücken zum Tragen, bei denen es auf den Quadratmeter ankommt.

Verputzte Außenwände sind meistens im Festpreis inbegriffen, während die Blenderfassade gegen Aufpreis ausgeführt wird und teilweise bis zu 30.000 DM mehr kosten kann.

Wärmedämmverbundsysteme, auch Thermohaut genannt, waren früher leicht zu beschädigen. Heute sind sie es noch bei mangelhafter Ausführung. Bei nicht fachgerechter Verarbeitung des Wärmedämmverbundsystems können außerdem Schäden im Putzbereich auftreten. Grundsätzlich gilt aber, dass ihre Haltbarkeit der eines gut ausgeführten Außenputzes auf Mauerwerk entspricht. Putzfassaden sollten etwa alle zehn Jahre überprüft, kleine Risse ausgebessert und die Fassade dann neu gestrichen werden.

Neben dem Wärmedämmverbundsystem mit Putz und der hinterlüfteten Vormauerung werden – sozusagen als Kompromiss – Wärmedämmverbundsysteme mit aufgeklebten dünnen Flachverblendern als vorgefertigte Fassadenelemente angeboten. Flachverblender können auch direkt auf der Baustelle auf die mit einem armierten Grundputz

versehene Dämmschicht aufge-
klebt werden. Sie können aber
nur als qualitativ minderwertiger
Kompromiss beurteilt werden.

Außenwände können auch mit
einer **hinterlüfteten Vorhangfassade** zum Beispiel aus Holz-
profilbrettern verkleidet werden.
Hier wird auf die Rohwand eine
weitere Wärmedämmschicht
aufgebracht, darauf eine Unterspannbahn als Windsperre und
äußerer Feuchteschutz, darauf
Lattung und Konterlattung, auf
die dann die Fassadenverkleidung,
hier die Profilbretter, geschraubt
wird. Zwischen der Außenseite
der Holzwand und der Innenseite
der Fassade muss eine Luftschicht
bleiben, in der Regel 4 cm, damit
hinter die Fassade dringende
Feuchtigkeit austrocknen beziehungsweise ablaufen kann. Wenn
die Luftschicht richtig ausgeführt
ist, ist diese Fassade eine einfach
auszuführende Konstruktion. Für
Fassadenverkleidungen gibt es
eine Fülle von weiteren Materialien: Schindeln, Schiefer, Faserzementplatten. (Weitere Informationen finden Sie in dem Ratgeber
der Verbraucherorganisationen
»Hausfassaden«.)

Die Außenwand innen

Auf die **Innenseite** des Holz-
rahmens wird noch häufig eine
Dampfsperre (Polyethylen-Folie,
abgekürzt: PE-Folie) und darauf
eine Holzwerkstoffplatte, meistens eine Spanplatte V 100,
angebracht. Im modernen handwerklichen Holzbau fehlt diese
Dampfsperre vielfach, weil die
Konstruktion diffusionsoffen und
trotzdem tauwasserfrei gebaut ist.

Die Innenseite der Außenwand
wird häufig zweilagig beplankt,
zuerst mit der Spanplatte, dann
folgt die Dampfsperre, dann wird
eine Gipskarton- oder Gipsfaserplatte aufgebracht. Diese doppelte Beplankung verbessert den
Schallschutz, und die Gipsplatte
verbessert außerdem das Raum-
klima.

Wenn Sie diesen Innenwandauf-
bau wählen, sollten Sie vermeiden, Nägel einzuschlagen, Dübel
einzubringen oder insbesondere
Elektrodosen und Halogenstrahler
in der Außenwand anzubringen,
denn dies hätte immer die Zerstörung der Dampfsperre zur Folge.
Dann kann Feuchtigkeit in die
Außenwand eintreten und dort

Tauwasser bilden. Außerdem wird die Winddichtigkeit reduziert.

Um die Luftdichtigkeit langfristig zu sichern, bringen einige Hersteller auf der Innenseite eine zweite Schale an, das heißt auf der Spanplatte (Rohwand) wird eine Lattung (4 x 6 cm) befestigt, in den Zwischenräumen eine weitere Wärmedämmung angebracht und darauf die Gipsbauplatte (manchmal von einer weitere Spanplatte unterlegt) montiert. Dieser aufwändigere und damit teurere Aufbau bietet Platz für Installationen und erlaubt das Dübeln, ohne dass dadurch die wichtige Dichtungsebene zerstört wird.

Die Dächer

Dächer sind wie Außenwände und Decken besonders multifunktionale Bauteile. Sie sollen:

- vor Sonnenhitze, Wind, Regen und Schnee schützen;
- statischen Anforderungen genügen (zum Beispiel einen Sturm aushalten und in schneereichen Gebieten die Schneelasten tragen können);
- ausreichenden Wärme- und Schallschutz bieten.
- Dachform und Dacheindeckung tragen (neben den Dachfenstern) erheblich zur äußeren Gestaltung der Häuser bei. Zu den bekanntesten Dachformen zählen bei den geneigten Dächern das Satteldach, das Walmdach (beziehungsweise das Krüppelwalmdach mit besonders viel Raum unter dem Dach) – diese Formen lassen sich auch als »geknickte« Dächer bezeichnen – und das Pultdach. Das Flachdach war einmal in den fünfziger und sechziger Jahren auch bei Wohnbauten modern, es wird aber auf Grund seiner Schadensanfälligkeit heute kaum noch im Fertighausbau angeboten. Flachdächer soll-

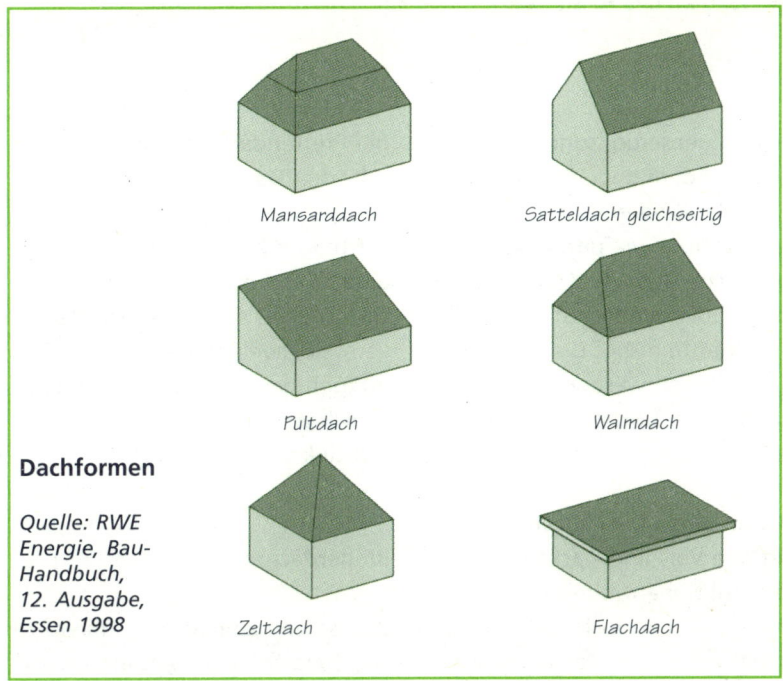

Mansarddach

Satteldach gleichseitig

Pultdach

Walmdach

Dachformen

Quelle: RWE Energie, Bau-Handbuch, 12. Ausgabe, Essen 1998

Zeltdach

Flachdach

ten nur gebaut werden, wenn sie ein ausreichendes Gefälle aufweisen.

Sparren-, Pfetten- und Binder-dächer – die wichtigsten Kon-struktionsweisen

Beim **Sparrendach** bilden zwei schräg stehende (zwischen 35° und 60°) Balken (Sparren) und der waagerecht liegende Deckenbal-ken ein festes Dreieck. Diese Konstruktion ergibt einen freien Dachraum ohne im Weg stehende Stützen und Streben. Sparrendä-cher sind vor allem für Dachbrei-

ten bis zu 8 m geeignet, die Spar-ren sind aus statischen, aber auch aus wirtschaftlichen Gründen nicht länger als 4,50 m lang.

Das **Kehlbalkendach** ist ebenfalls ein Sparrendach, eignet sich aber auch für Dachbreiten über 8 m und Sparrenlängen über 4,50 m. Damit die Sparren sich nicht durchbiegen, werden sie durch einen über Kopfhöhe angebrach-ten waagerechten Balken, den Kehlbalken, abgestützt.

Das **Pfettendach** kann über jedem Grundriss errichtet werden, denn die Sparren stützen sich am First nicht gegenseitig, sondern liegen oben auf dem quer zu den Sparren verlaufenden Firstbalken, der Firstpfette, sowie unten auf der Fußpfette. Geht die Sparrenlänge über 4,50 m hinaus, ist auch eine Mittelpfette nötig. Die First- und Mittelpfetten werden meist von senkrechten Holzstützen getragen.

Wer an einen Dachausbau denkt, wird die Vor- und Nachteile dieser Konstruktionen miteinander abwägen – natürlich immer im Verhältnis zu den Kosten: Was ist bei dem Anbieter Standard, was nur gegen Aufpreis zu haben? – Bei Sparren- oder Kehlbalkendächern gibt es keine Stützen oder Stiele, die bei der Raumnutzung oder einem späteren Ausbau im Wege stehen könnten. Ist beim Kehlbalkendach ein Dachausbau vorgesehen, müssen die Kehlbalken hoch genug liegen, um eine ausreichende Kopfhöhe sicherzustellen. Pfettendächer haben den Vorteil, dass sie eine große Variabilität bei den Sparrenabständen zulassen, dadurch unterschiedliche Fensteranordnungen erleichtern sowie problemloser als andere Dachkonstruktionen unregelmäßige Grundrisse überdecken können. Die Holzstützen

bei Pfettendächern können einerseits den Dachausbau behindern, andererseits kann man in der sichtbaren Konstruktion aber auch eine optische Bereicherung des Dachraumes sehen. Wegen der vergleichsweise vielen Durchdringungen der Außenwand können allerdings Probleme bei der Luftdichtigkeit auftreten.

Binderdächer

Binder sind zum Beispiel durch Nagelplatten (eine Art industriell gefertigte und vernagelte Holzlatten/Kanthölzer) oder Verleimung (Leimbinder) schräg zu einem Dreieck zusammengesetzte Hölzer (Brettschichthölzer oder Holzlamellen). Sie erlauben es, auch wesentlich weniger dickes Holz als bei den Sparren üblich zu konstruktiven Zwecken einzusetzen und sind damit kostengünstiger zu erstellen.

Bei den Binderdächern gibt es im Wesentlichen zwei Varianten:
- Bei geknickten Binderdächern mit nur geringer Neigung (zum Beispiel von 25°) ist ein Dachausbau nicht möglich. Der Dachraum ist zugestellt mit Stützen und Streben und

könnte höchstens gebückt oder gekrochen als Abstellraum genutzt werden. Häufig gibt es gar keinen Dacheinstieg. Die Dachdämmung liegt bei dieser Variante auf der Geschossdecke, das heißt bewohnbar ist bei Standard-Fertighäusern (die ja üblicherweise nur ein Erd- und ein Dachgeschoss aufweisen) mit solchen Dächern nur das Erdgeschoss.

■ Bei so genannten »Studiobindern« ist der Dachausbau (der Ausbau zum »Studio«) möglich. Es handelt sich konstruktiv um Pfettendächer, deren tragende Teile eben aus den kostengünstigen Bindern bestehen.

Für Ihren Preisvergleich gilt: Ein Haus mit Binderdach ist meist günstiger zu bekommen als ein vergleichbares Haus mit Sparren- oder Pfettendach.

Pultdächer

Das Pultdach ist eine uralte, einfach konstruierte Dachform, die früher meist für Zweckbauten benutzt wurde, heutzutage aber auch bei Wohnbauten vermehrt

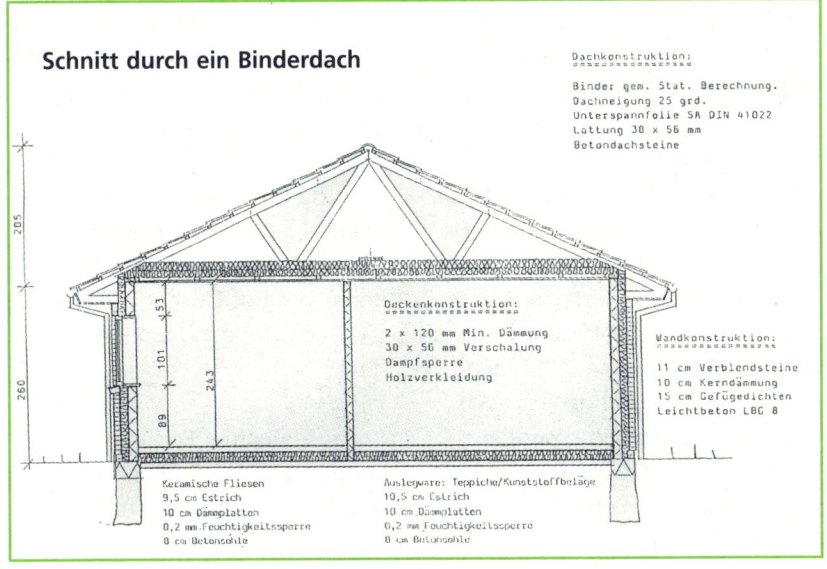

Schnitt durch ein Binderdach

Dachkonstruktion:
Binder gem. Stat. Berechnung.
Dachneigung 25 grd.
Unterspannfolie SA DIN 41022
Lattung 30 x 56 mm
Betondachsteine

Deckenkonstruktion:
2 x 120 mm Min. Dämmung
30 x 56 mm Verschalung
Dampfsperre
Holzverkleidung

Wandkonstruktion:
11 cm Verblendsteine
10 cm Kerndämmung
15 cm Gefügedichten
Leichtbeton LBG 8

Keramische Fliesen
9,5 cm Estrich
10 cm Dämmplatten
0,2 mm Feuchtigkeitssperre
8 cm Betonsohle

Auslegware: Teppiche/Kunststoffbeläge
10,5 cm Estrich
10 cm Dämmplatten
0,2 mm Feuchtigkeitssperre
8 cm Betonsohle

zu sehen ist und vereinzelt auch von Fertighausfirmen angeboten wird. Konstruktiv handelt es sich im Prinzip um eine schräge Decke mit Dachbedeckung. Im Fertigbau heißt dies in der Regel, eine aus vorgefertigten Deckenelementen bestehende tragende Konstruktion wird über einen Raum mit weniger als 5 m Breite gelegt (die wirtschaftliche Balkenlänge liegt bei 5 m, und die Balken müssen ja schräg gestellt und gelagert werden, außerdem ist ein Überstand in der Regel sinnvoll). Auf oder in die Deckenelemente muss dann die Dachdämmung gelegt, eine Konterlattung mit einer Unterdeckung aufgebracht werden sowie die Dacheindeckung erfolgen.

Der Vorteil des Pultdaches liegt in der einfachen kostengünstigen Konstruktion und darin, dass im Dachgeschoss genügend nutzbarer Raum »in der Höhe« bleibt. Der Nachteil liegt in der geringen Dachspannweite und darin, dass der Grundriss des Hauses ebenfalls einfach und kompakt angelegt sein muss. Allerdings sind auch hier phantasievolle Lösungen möglich, zum Beispiel in Form von zwei oder mehreren Einzel-

dächern, die zueinander geneigt oder zickzackförmig versetzt gereiht sind.

Die Wärmedämmung

Die einfachste und kostengünstigste Art der Dachdämmung gibt es für das noch nicht ausgebaute und das nicht ausbaufähige Dachgeschoss (zum Beispiel Binderdächer mit geringer Neigung): Hier wird der Wärmedämmstoff direkt auf der Decke des Dachgeschosses ausgelegt. Es gibt auch Hausangebote mit ausbaufähigem Dachgeschoss, die eine solche Dachdämmung vorsehen. Wird das Dachgeschoss später ausgebaut, dann integriert man diese Wärmedämmung entweder in den Fußboden – soweit sie dafür geeignet ist – oder sie muss einer Trittschalldämmung weichen. Das Dach muss dann erneut gedämmt werden, es sei denn man vereinbart von vornherein, dass auch bei einem noch ungenutzten Dach die Dachschrägen gedämmt werden.

Bei ausgebauten Dachgeschossen werden die Wärmedämmschichten (bei Fertighäusern meist

Mineralwolle oder Polystyrol) zwischen, über und unter den Sparren angeordnet. Man spricht von

- Zwischensparrendämmung,
- Aufsparrendämmung und
- Untersparrendämmung.

In der Regel wird eine dieser Dämmarten reichen, um den Anforderungen der Wärmeschutzverordnung zu genügen. Falls aus Gründen der weiteren Energieeinsparung eine noch stärkere Wämedämmung gewünscht oder gefordert wird (zum Beispiel bei Niedrigenergiehäusern), sind auf Grund der erforderlichen Dämmstoffdicke auch Kombinationen aus Unter- und Zwischensparrendämmung oder aus Zwischen- und Aufsparrendämmung üblich.

Bei der Verwendung von Wärmedämmstoffen der Wärmeleitgruppen 030 bis 045 sind Dämmstoffdicken von mindestens 20 cm an notwendig, um einen ausreichenden Wärmeschutz gemäß der Wärmeschutzverordnung zu gewährleisten, das heißt um einen k-Wert kleiner als 0,22 W/m²K zu erreichen.

Bei der Unter- und Zwischensparrendämmung wird außen direkt auf die Sparren eine Unterdeckung aufgebracht. Sie dient dem Feuchtigkeitsschutz der Dämmung und zugleich zu ihrer »Entdampfung«.

Teilweise kommen statt der Unterdeckbahn auch mit Bitumen oder Latex behandelte Holzweichfaserplatten zur Anwendung, damit kein Wasserdampf in die Dämmschicht eindringen, dort kondensieren und dann Feuchtigkeitsschäden und Schimmelpilz hervorrufen kann.

Um bei der Zwischensparrendämmung ungünstig breite Fugen durch das »Arbeiten« der Holzsparren zu vermeiden, sollte der Dämmstoff mit Vorspannung in die Gefache eingepresst werden.

Die Aufsparrendämmung hat den Vorteil, dass sie den Dachraum nicht verkleinert und eine wämebrückenfreie Dämmung ergibt, da sie großflächig und ohne Unterbrechung durch die Sparren verlegt werden kann (insbesondere mit am Rand gefalzten Dämmplatten, die eine Überlappung erlauben). Allerdings weist sie

Die Dachdämmung – verschiedene Ausführungsbeispiele

1   Gipsfaserplatte, 2-lagig
2   Unterlattung, 1-lagig,
    oder Gipsfaserplatte, Unterlattung
3   Dampfbremse oder
    Winddichtung
4   Unterdämmung
    Holzweichfaser
5   Zwischenlattung
6   Sparren
    Holzschutz
7   Dämmung
8   wasserführende Schicht
9   Konterlattung
    Unterlüftung
10 Dachlattung
11 Dachziegel

Geneigtes Dach mit Dämmung zwischen und unter dem Sparren

1   Hobeldielen
2   Unterlattung
    oder Gipsfaserplatte, Unterlattung
3   Dampfbremse
    oder Windsperre
4   Rauhspundschalung
5   Zellulose-Einblasdämmung
6   Sparren
7   Holzfaserdämmplatte
    19 mm
8   Konterlattung
    Unterlüftung
9   Dachlattung
10 DachziegelM

Geneigtes Dach mit Dämmung zwischen den Sparren

auch konstruktive Probleme auf:
Die Befestigung der Konterlattung (inklusive des aufliegenden
Gewichtes der Dachbedeckung)
muss über Distanz und durch alle
Schichten hindurch zu den Sparren geführt werden.

Die Untersparrendämmung hat
dagegen den Nachteil, dass sie
Dachwohnraum beansprucht, sie
kann aber wie die Aufsparrendämmung als wärmebrückenfreie
Dämmung ausgeführt werden.

**Vorgefertigte Dachelemente oder
zimmermannsmäßige Errichtung?**

Kleine Fertighausfirmen liefern
das Dach oft nicht mit vorgefertigten Dachelementen, sondern
lassen es zimmermannsmäßig auf
der Baustelle errichten. Bei Fertighausangeboten handelt es sich
also überwiegend um aus Dachelementen errichtete Pfettendächer (Sparrendächer sind nur
zimmermannsmäßig zu errichten).
Auch die Binderdächer sowie die
Pultdächer werden von den großen Firmen aus Dachelementen
zusammengesetzt.

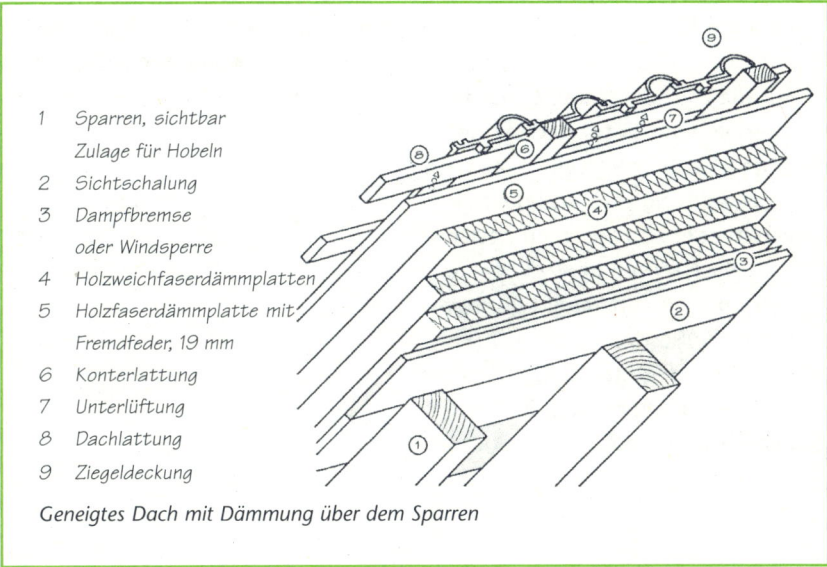

1 Sparren, sichtbar
  Zulage für Hobeln
2 Sichtschalung
3 Dampfbremse
  oder Windsperre
4 Holzweichfaserdämmplatten
5 Holzfaserdämmplatte mit
  Fremdfeder, 19 mm
6 Konterlattung
7 Unterlüftung
8 Dachlattung
9 Ziegeldeckung

Geneigtes Dach mit Dämmung über dem Sparren

Die Dachelemente (Länge ca. 5 m, Breite ca. 2,50 m) ausgebauter oder ausbaubarer Dächer sind meist entweder schon »vollgedämmt«, das heißt mit der unteren Beplankung, der Dachdämmung, der Unterspannbahn und der Konterlattung versehen, oder die Dämmung wird vor Ort eingebaut und abgedeckt (beziehungsweise geschieht dies bei einem späteren Ausbau). Im ersten Fall sind auf der Baustelle also lediglich »per Hand« die Firstpfette und die Fußpfette zu errichten und, nachdem die Dachelemente befestigt sind, das Dach zu decken.

Dacheindeckung

Für die Dacheindeckung werden überwiegend Betondachsteine angeboten. Ihr Vorteil ist, dass sie kostengünstig sind und dass sie in verschiedenen Farben zu haben sind. Ihr Nachteil liegt in der im Vergleich zu Tonziegeln geringeren (Farb)Beständigkeit. Echte Tonziegel dagegen sind teurer und deshalb nur selten im Standardhausangebot enthalten.

Weitere Dachdeckungsmaterialien sind zum Beispiel Glasdachziegel, Schiefer oder Stroh-/Reetdeckungen, Bitumenschindeln, Bitumenwellplatten, Faserzement-Dachplatten, Faserzementwellplatten, Holzschindeln, Metalldeckungen (Zinkbleche, Kupferbleche u.a.). Aber diese Materialien sind in der Regel auch für den Fertighaus-Wohnungsbau entweder zu schlicht (zum Beispiel Faserzementplatten) oder nur gegen Aufpreis zu haben.

Wegen Flugfeuer darf oft nur eine »harte« Bedachung (zum Beispiel Ton- oder Betondachziegel) eingesetzt werden, eine »weiche« Bedachung (zum Beispiel aus Ried oder Holzschindeln) ist nur dann erlaubt, wenn zu den Nachbarhäusern genügend Abstand besteht.

Die Decken und Fußböden

Da es sich bei freistehenden Fertighäusern standardmäßig um ein Erd- und ein Dachgeschoss handelt, ist im Folgenden auch nur von der Decke zwischen den Geschossen, der Geschossdecke, die Rede. Dagegen ist die Beton-Kellerdecke beziehungsweise -Bodenplatte als separates Bauteil zu betrachten. Der Fußbodenaufbau auf dieser Decke beziehungsweise der Bodenplatte stellt besondere Anforderungen an den Wärmeschutz: Der Fußboden des Fertighaus-Erdgeschosses wird auf der Baustelle erstellt und besteht aus einer Dämmschicht.

Geschossdecken

Die Geschossdecken sind wie die Außenwände und Dächer multifunktionale Bauteile. Sie müssen:
- Lasten tragen (zum Beispiel den Fußboden, die Möbel),
- zusammenhängende Flächen bilden (raumabschließende Funktion),
- dem Wärmeschutz dienen gemäß der Wärmeschutzverordnung, wenn es sich um Decken unter nicht ausgebau-

ten Dachgeschossen handelt oder um Decken, die Wohnräume gegen die Außenluft abschließen.

Sie sollten:
- den Trittschall möglichst vermindern;
- vor einer Brandausweitung schützen.

Die Decken von Fertighäusern in Holz-Leichtbauweise werden üblicherweise als **Deckenelemente** vorgefertigt. Dabei kommen vor allem die folgenden tragenden Grundkonstruktionen zur Anwendung:

Holzbalkendecken: Rohdecken und Fußböden

Im Holzrahmen- und Tafelbau sind **Holzbalkendecken** üblich, und zwar in Vorfertigung. Bei ihnen werden – anders als bei der handwerklichen Ausführung vor Ort – die tragenden Vollholzbalken nicht einzeln verlegt und beplankt, sondern fertige Deckenelemente (inklusive Beplankung und ausfachender Dämmung) auf die einzelnen zu bedeckenden Abschnitte des Grundrisses gelegt.

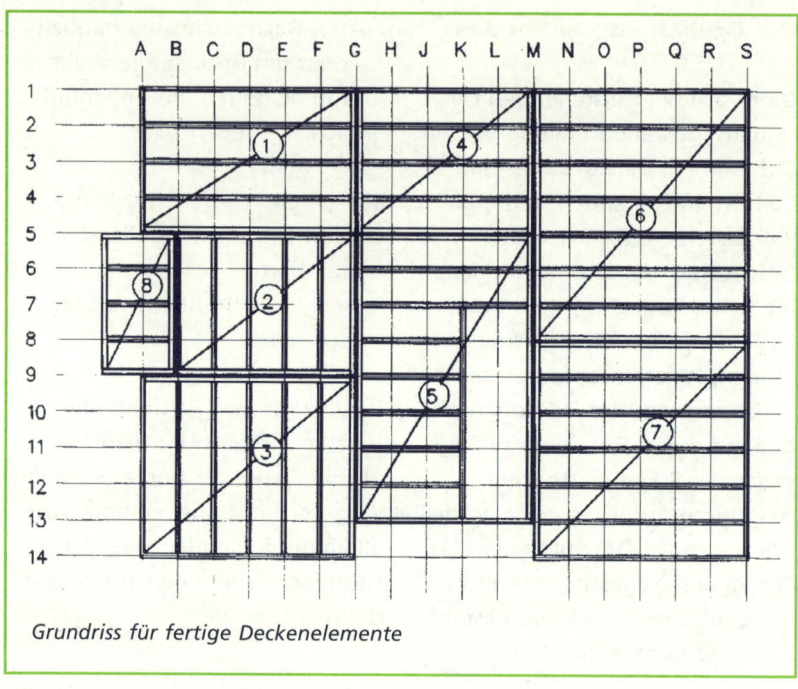

Grundriss für fertige Deckenelemente

Dies bedeutet: Je einfacher der Grundriss ist oder je weniger am Standardgrundriss geändert wird, desto weniger Zusatzkosten werden durch die Decken Ihres Hauses entstehen.

Bei der Standarddecke im Rahmen- und Tafelfertigbau sind also die einzelnen Holzbalken durch die vollflächige Beplankung der Unterseite nicht zu sehen und deshalb zum Beispiel von einer verkleideten Betondecke nicht zu unterscheiden. Diese Art der vorgefertigten, oben und unten geschlossenen Deckenelemente hat gegenüber einer sichtbaren Balkenlage für den Hersteller den Vorteil, dass die tragenden Balken sägerau und unbehandelt bleiben können und eine vollflächige Decke einfacher auszuführen und zu bearbeiten (zum Beispiel zu streichen) ist, als wenn sie durch sichtbare Balken in viele Felder aufgeteilt wird.

Deckenversionen mit sichtbaren Balken können andererseits ästhe-

Massivholzdecke, die aus einzelnen Bretter zu einer selbsttragenden Decke zusammengeleimt ist.

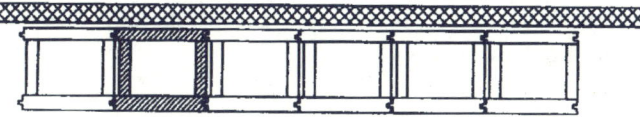

Hohlkastendecke – einzelne Brettern werden mit Nuten und Federn zu Kästen zusammengeleimt, die aneinander gefügt werden.

Stapelholzdecken – einzelne Bretter werden zu Deckenelementen senkrecht aneinander geleimt.

tische Qualitäten haben, sie sind aber in der Regel im Fertigbau nur als Sonderanfertigung gegen Aufpreis zu haben.

Die häufig bei Fertighäusern noch nicht ausreichende Luftdichtigkeit entsteht insbesondere dadurch, das Deckenelemente eingebaut werden, deren luftdichte Anschlüsse an den Wänden nicht sorgfältig ausgeführt sind.

Werden die Balken vollflächig unterplankt, sind die Balken zwar unsichtbar, dafür entsteht aber eine einheitliche Deckenfläche, Vorkehrungen gegen Trittschall sind einfacher zu treffen, und der Brandschutz wird bei Verwendung von Gipsbauplatten wesentlich verbessert. Außerdem sind die so entstehenden Hohlräume ideal, um zum Beispiel Elektro-Installationen verdeckt zu verlegen.

Da Vollholzbalken in der Regel nicht länger als 5 m sind, ist dies auch das Maß für die wirtschaftliche Maximalspannweite solcher

Decken. Größere Räume in Holzbauweise müssen anders überbrückt werden: zum Beispiel durch Fachwerkgitterträger aus Massivholz oder Brettschichtholzbinder (das sind zusammengeleimte Einzelbretter) im 5 m Abstand, auf die dann die Deckenelemente gelegt werden.

Massivholzdecken

Statt der Balkendecke in Holzleichtbauweise können natürlich auch Massivholzdecken mit Vorfertigung eingesetzt werden. Sie sind auf Grund des höheren Holzverbrauchs teurer und kommen in der Regel nur dort zum Einsatz, wo das sichtbare Holz gefragt ist, das heißt insbesondere bei der Blockbauweise:

- Bei der Brettstapeldecke werden einzelne Bretter so versetzt aufeinander gestapelt und miteinander vernagelt, dass sie ein selbstragendes Deckenelement bilden. Auch eine senkrechte Anordnung der Bretter ist möglich. Für beide Varianten gilt ebenfalls die wirtschaftliche Maximallänge von fünf Metern.

- Bei der Hohlkastendecke werden einzelne Bretter zu Kästen verleimt und dann mit Nut und Feder zu tragenden Deckenelementen ineinander gefügt und verleimt. Die Kästen bieten sich außerdem zur Installationsführung an.

Die Rohdecke

Der Standardaufbau dieser Decken(elemente) verläuft von oben nach unten:
- obere Beplankung mit Brettern (die zugleich den Unterfußboden darstellt),
- Balkenlage,
- Dämmung im Balkenzwischenraum,
- vollflächige untere Beplankung (zum Beispiel durch Gipskartonplatten).

Dagegen sind die beiden Varianten, bei denen die Balken sichtbar bleiben, im Fertighausbau eher unüblich und meist nur gegen Aufpreis zu haben.

Die Tabelle auf nebenstehender Seite gibt im konkreten Detail den Decken- und Fußbodenaufbau von vier beispielhaften Geschossdecken wieder (weiß hinterlegt ist

Unterfuß-bodenaufbau	obere Beplankung	Deckenbalken	Dämmung im Gefach	Dampfbremse	Lattung	Deckenbekleidung
120 mm Zementestrich mit Dämmung (2-lagig: Styropor und Mineralfasermatte)	12 mm Seekieferplatte	240 mm	80 mm Mineralfaserdämmung	ja	ja	10 mm Gipsfaserplatte
25 mm Gussasphalt, 10 mm Weichfaserplatte, 30 mm Trittschalldämmung	25 mm zementgebundene Holzbauplatte	220 mm	110 mm Mineralfaserdämmung	ja	ja	12,5 mm Gipsbauplatte
60 mm Zementestrich, 50 mm Trittschall- und Wärmedämmung (Weichholzplatte, Mineralfasermatte)	22 mm OSB-Holzschichtplatte	220 mm	100 mm Mineralfaser	nein	ja, 24 mm	12,5 mm Gipskartonplatte
Zementestrich 40/35 mm Trittschall- und Wärmedämmung	22 mm Spanplatte	220 mm Deckenbalken (Abweichungen je nach Statik)	100 mm Mineralfaserdämmung	ja	ja	12,5 mm Gipskartonplatte

Quelle: Hausbau Spezial, HausTest '98: 49 Fertighäuser im Vergleich

das vorgefertigte Deckenelement, die Rohdecke).

Der Deckenaufbau bei sichtbarer unterer Balkenlage:
- obere Beplankung,
- Balkenlage,
- Dämmung im Balkenzwischenraum,
- untere Beplankung nur der Abschnitte zwischen den Balken.

Der Deckenaufbau bei dreiseitig sichtbarer Balkenlage:
- Dämmung auf der oberen Beplankung,
- obere Beplankung,
- Balkenlage.

Der Nachteil der letzten Variante sind die ungünstige Lage der Dämmung und der fehlende Hohlraum für Installationsleitungen.

Fußbodenaufbau von Holzbalkengeschossdecken (Standardaufbau)

Die Deckenelemente von Fertighäusern in Leichtbauweise kann man wie die Betondecken von Massivhäusern als »Rohdecken« bezeichnen. Auf die schon vorgefertigte Schalung wird auf der Baustelle der Unterfußboden (Fußboden-Unterkonstruktion) verlegt. Dieser besteht von unten nach oben zumeist aus
- einer Trennschicht (zum Beispiel diffusionsoffenen Folie) und
- »schwimmendem« Estrich, entweder Trockenestrich oder Nassestrich.

Erst auf diesem Unterboden liegt der eigentliche Fußbodenbelag, zum Beispiel Teppichboden, Fliesen, Holzdielen, Parkett.

Schwimmender Estrich, das ist ein auf einer weichfedernden Dämmschicht zum Beispiel aus Mineralwolle verlegter Estrich, der auf seiner Unterlage beweglich ist und keine starre Verbindung mit angrenzenden Bauteilen aufweist. Die Schalldämmung einer solchen Deckenauflage ist in der Regel umso besser, je schwerer die Estrichplatte und je weicher die Dämmschicht ist. Damit die Räume schwellenlos begehbar sind, kann der Estrich in den verschiedenen Räumen unterschiedlich hoch sein. Mit dem Estrich werden nämlich auch die unterschiedlichen Dicken von Holzfußböden,

Fliesen oder Teppichböden ausgeglichen. Dies ist auch zu berücksichtigen, wenn die Bodenbeläge in Eigenleistung aufgebracht werden. Damit ein zu hoher Estrich später nicht wieder entfernt oder auf einen zu niedrigen sehr viel aufgespachtelt werden muss, sollten Sie im Vertrag festlegen, welche Bodenbeläge mit welchen Dicken in den einzelnen Räumen in Eigenleistung selbst verlegt werden.

Der Trittschallschutz

Ein allgemeines Problem der Holzleichtbauweise ist auf Grund ihrer fehlenden Masse der Schallschutz. Dies ergab zum Beispiel eine Befragung der Zeitschrift »Hausbau: Hausbau Special: Haustest '98« von Bewohnern von 49 verschiedenen Fertighäusern. Selbst maximal dämmende Holzbalkendecken-Konstruktionen reichen nach diesem Test in der Praxis selten an die Trittschalldämmung von Massivdecken heran (mithin auch von Massivholzdecken), auch wenn dies die Werbeaussagen der Hausanbieter suggerieren mögen.

Als Fertighauskäufer sollten Sie also von vorneherein mit einem relativ hellhörigen Haussinneren rechnen.

Trittschalldämmwerte

Um den Trittschallschutz anzugeben, werden in Deutschland zwei Werte nebeneinander benutzt: das Trittschallmaß (TSM) und der Norm-Trittschallpegel ($L'_{n,w}$). Um die Angaben vergleichen zu können, müssen sie nach der Formel $L'_{n,w} = 63$ dB - TSM umgerechnet werden.

Das $L'_{n,w}$ gibt den Schallpegel wieder: Je kleiner der Wert, desto besser. Beim TSM ist es genau umgekehrt: Je größer der Zahlenwert, umso besser die Schalldämmung. Sowohl der Norm-Trittschallpegel als auch das Trittschallmaß sind bewertete, also realitätsnahe Maße der eingebauten Decke.

Empfehlungen an den Trittschallschutz

Gesetzliche Anforderungen an den Trittschallschutz werden für den Einfamilienhausbau beziehungsweise freistehende Einfamilienhäuser nicht gestellt. Die DIN 4109, Beiblatt 2 und die VDI-Richtlinie 4100 geben aber **Empfehlungen** für den mindestens einzuhaltenden Trittschallschutz von Geschossdecken in Einfamilienhäusern:

- Danach lässt sich mit einem TSM von **7 dB** ein normaler Trittschallschutz erreichen, die sogenannte Schallschutzklasse I (SSK I). Aber Vorsicht: Dieser Wert bietet noch keinen ausreichenden Schutz vor einer Lärmbelästigung durch Tritte oder Möbelrücken oder anders gesagt, der im Dachgeschoß

Wohnende ist zu einer relativ großen Rücksichtnahme und Einschränkung üblicher Wohngewohnheiten gezwungen. Diese Stufe ist also zum Beispiel für Einliegerwohnungen, die im Dachgeschoss liegen, nicht zu empfehlen und auch nicht, wenn zum Beispiel ein Kinderzimmer über einem Arbeitsraum liegt.

- Ein erhöhter Trittschallschutz, das heißt die Schallschutzklasse II, ist erst mit einem TSM von **17 dB** erreichbar. Erst hier ist der Trittschall im allgemeinen nicht mehr störend wahrzunehmen, das heißt er ist je nach Bedarf zu vereinbaren.

Empfohlene Schalldämmwerte für Innenbauteile von Einfamilienhäusern		
Bauteil	normaler Schallschutz in dB	Empfehlung für erhöhten Schallschutz in dB
Innenwände zu Nachbarräumen R'$_w$	40	47
Geschossdecken zwischen Wohnräumen R'$_w$	50	55
Geschossdecke zwischen Wohnräumen (Trittschallschutzmaß) TSM	7	17
Geschossdecke unter Hausfluren TSM	7	17
Quelle: zusammengestellt nach DIN 4109, Beiblatt 2		

Nun sind 17 dB als TSM für die Geschossdecke im Rahmen/-Tafel-Holzfertigbau standardmäßig wohl eher selten erreichbar, aber man sollte möglichst nah an diesen Wert herankommen und ihn im Vertrag verbindlich festlegen.

Da gesetzlich für freistehende Einfamilienhäuser nicht erforderlich, machen die Bau- und Leistungsbeschreibungen von Fertighausanbietern keine genauen Angaben zum Trittschallschutz der Geschossdecke(n). Oft heißt es dort nur »Estrich auf Dämmschicht«. Ein anderer Grund für diese Zurückhaltung liegt offensichtlich auch darin, dass der Trittschall generell ein Problem im Fertighausbau ist und sich die Anbieter über diesen Punkt gerne ausschweigen.

Fragen Sie deshalb unbedingt den Hausanbieter nach dem Trittschalldämmwert der Geschossecke, und verlangen Sie, dass der Wert in der Leistungsbeschreibung vor Vertragsabschluss schriftlich präzisiert wird und möglichst nahe an ein TSM von 17 dB herankommt.

Standardkonstruktionen der Trittschalldämmung

Ein Vorteil der Leichtholzbauweise liegt darin, dass die Wände solcher Bauweise schlechte Leiter (so genannte Längsleitung) für den Schall aus den Deckenauflagern sind (dagegen dämmen massive Wände, auf denen eine Holzbalkendecke liegt, wesentlich schlechter), aber dieser Vorteil kann wohl den grundsätzlichen Nachteil der fehlenden Masse der Decke nicht aufwiegen.

Der maximal mögliche Trittschallschutz wird mit Holzleichtbaudecken jedenfalls nur durch die Kombination mehrerer Einzelmaßnahmen erreicht:

- Die eigentliche »Trittschalldämmung« (zum Beispiel eine Hartschaumplatte) wird oft in Kombination mit einer Wärmedämmung (zum Beispiel einer Mineralfaserplatte) verlegt, diese Zweilagigkeit vermindert durch die verschiedene Härten der Materialien die Schallübertragung.
- Der Fußboden erhält in jedem Fall einen »schwimmenden«, das heißt von den Wänden getrennten und lediglich auf einer Trennschicht locker über

der Dämmschicht liegenden Estrich.

■ Die Schalldämmung ist in der Regel umso besser, je schwerer die Estrichplatte und je weicher die Dämmschicht ist.

■ Der Fußbodenbelag wirkt je nach Material selbst auch dämpfend (zum Beispiel Teppich- oder Korkboden).

■ Die vollflächig geschlossenen, mehrlagigen Deckenelemente bieten per se einen gewissen Trittschallschutz – jedenfalls einen besseren, als wenn die Deckenbalken sichtbar sind, das heißt die unteren Deckenlagen zergliedert sind.

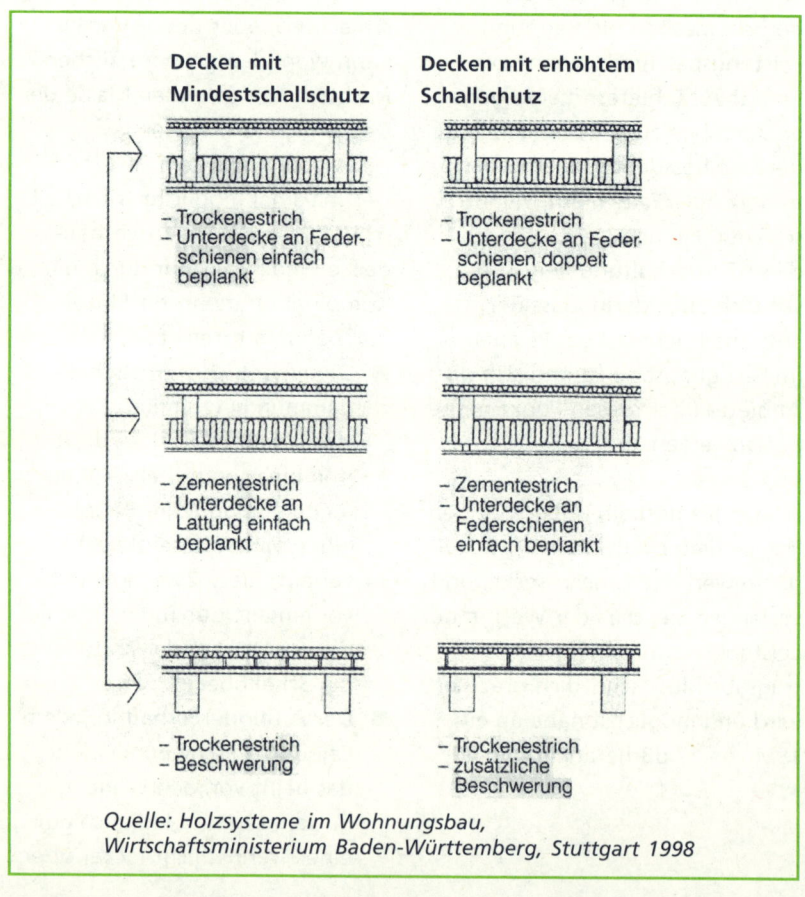

Decken mit Mindestschallschutz

– Trockenestrich
– Unterdecke an Feder-
  schienen einfach
  beplankt

– Zementestrich
– Unterdecke an
  Lattung einfach
  beplankt

– Trockenestrich
– Beschwerung

Decken mit erhöhtem Schallschutz

– Trockenestrich
– Unterdecke an Feder-
  schienen doppelt
  beplankt

– Zementestrich
– Unterdecke an
  Federschienen
  einfach beplankt

– Trockenestrich
– zusätzliche
  Beschwerung

Quelle: Holzsysteme im Wohnungsbau,
Wirtschaftsministerium Baden-Württemberg, Stuttgart 1998

Es gibt zusätzliche, also teurere Maßnahmen zu den Standardangeboten: Um der Decke mehr Masse zu geben, kann der Estrich zusätzlich (zum Beispiel durch Ziegel oder Betonplatten) beschwert und / oder die Unterdecke, das heißt die untere Beplankung, verdoppelt werden. Um die Schallübertragung zu verringern, ist es auch möglich, die Unterdecke federnd, das heißt an Federschienen, abzuhängen.

Im Übrigen dient der Trittschallschutz nicht nur dem Schutz durch Lärmbelästigung von oben, sondern auch von der Seite: Denn der Trittschall pflanzt sich nicht nur durch die Decke in die darunter liegenden Räume fort, sondern auch waagerecht in nebeneinander liegende Räume.

Wärmeschutz von Decken unter nicht ausgebauten Dachgeschossen

Die Auflagen der Wärmeschutzverordnung muss die Geschossdecke eines Einfamilienhauses nur dann erfüllen, wenn das Dachgeschoss nicht ausgebaut ist. In diesem Fall muss die Decke einen k-Wert (siehe Seite 169) kleiner

0,22 W/m²K erreichen, falls der Wärmeschutz nach dem Bauteilverfahren berechnet wird. Üblich im Fertighaus-Einfamilienbau ist aber das Bilanzierungsverfahren (siehe Kapitel 10 auf den Seiten 164 ff.), sodass es auf den k-Wert der Decke nicht so sehr ankommt als vielmehr auf den Wärmeschutz der Haushülle insgesamt. Um die Wärmeverluste so gering wie möglich zu halten, wird jedes Bauteil möglichst gut gedämmt, und bei dem üblichen Aufbau der reinen Deckenelemente ist ja nur die Gefachdämmung enthalten.

Falls das Dach bei nicht ausgebauten Dachgeschossen nicht wärmegedämmt ist, wird deshalb zusätzlich eine vollflächige Dämmung auf die Decke gelegt. Wird das Dachgeschoss nicht betreten, kann die Wärmedämmung lose verlegt werden und offen liegen bleiben. Wird er sporadisch als Wäschetrocken- oder Abstellraum benutzt, sollte sie mit einem Estrich abgedeckt werden, um begangen werden zu können.

Auch bei schlüsselfertigen Häusern mit noch auszubauendem Dachgeschoss wird die Dachdämmung häufig auf der Decke des

Dachgeschosses verlegt. Solche Hausangebote sollten Sie daraufhin prüfen, ob

- der locker aufliegende Wärmedämmstoff wieder entfernt und ein neuer Fußboden mit Trittschalldämmung und Estrich verlegt werden muss und
- die Wärmedämmung (mit Estrich) als Unterboden für den neuen Fußboden ausreichend trittschallgedämmt ist.

Eine nachträgliche Dachdämmung wird als Zwischensparrendämmung eingepasst. Wird das Dach ausgebaut, dann muss es zwischen den Sparren wärmegedämmt werden. Am besten ist es, dies gleich beim Hausbau machen zu lassen.

Die Bodenplatte

Bodenplatten sind gängige Gründungsarten von Fertighäusern. Zwar spricht man auch bei Kellern häufig von »Bodenplatten« oder auch Fundament- und Sohlplatten. Hier geht es aber um **Häuser ohne Keller,** das heißt um solche, die nur eine Bodenplatte haben.

Bodenplatten dienen

- dem Schutz des Hauses gegen aufsteigende Feuchtigkeit;
- dem Wärmeschutz, das heißt sie sollen das Abfließen der Wärme im Innern des Erdgeschosses in das kalte Erdreich möglichst behindern;
- der Lastannahme: Bodenplatten sind zugleich lastverteilende Gründungsplatten, das heißt sie übernehmen allein oder zusammen mit Streifenfundamenten die Hauslast und leiten sie in den Baugrund ab.

Sie bilden außerdem

- den unteren Raumabschluss des Erdgeschosses;
- die tragende Bodenfläche des Erdgeschosses.

Darüber hinaus sollte die Erdgeschossdecke durch eine entsprechende Dämmschicht dem Trittschallschutz dienen (und nicht nur die Geschossdecke), um eine Trittschallübertragung in nebeneinander liegende Räume des Erdgeschosses möglichst zu vermeiden.

Konstruktion

Die Bodenplatte muss passgenau ausgeführt werden (ebenso wie der Keller beziehungsweise die Kellerdecke). Da Beton nicht auf den Millimeter genau gegossen werden kann, muss die Schwellbalkenlage auf der Bodenplatte (ebenso wie auf der Kellerdecke) zunächst mit einer Mörtelschicht oder durch Hartholzkeile ausgeglichen werden.

Die Unterkante der Bodenplatte beziehungsweise der Streifenfundamente muss unterhalb der Frosttiefe liegen.

Bodenplatten und Streifenfundamente werden auf der Baustelle per Hand eingeschalt und armiert und dann in Beton gegossen. Es gibt zwei Hauptvarianten:

■ **Leicht bewehrte Bodenplatte auf Streifenfundamenten –** dort, wo die tragenden Wände zu stehen kommen: Diese Fundamentierung kommt fast immer zum Einsatz, wenn ein normal tragfähiger, gewachsener Baugrund vorgefunden wird. Die Breite und Tiefe der Streifenfundamente wird je nach Statik dimensioniert. Das ist auch abhängig davon, ob sie bewehrt oder nicht bewehrt werden.

■ **Stahlbeton-Fundamentplatte – mit schwerer Bewehrung:** Diese Gründung ist bei schwierigeren Bodenverhältnissen (wenig tragfähige Schichtung, aufgekippter Boden) oftmals angezeigt. Die statischen Lasten werden hierbei auf die gesamte Bodenplattenfläche verteilt. Es kann auch bei normalen Bodenverhältnissen günstiger sein, eine dickere Fundamentplatte zu gießen und damit auf das lohnintensive Ausheben und Verschalen von Streifenfundament-Gräben zu verzichten.

Da sich die Statik neben der Bodenbeschaffenheit nach dem Hausgewicht richtet, ist der Fertigbau, der ja überwiegend eine Leichtbauweise ist, gegenüber dem massiven Stein-auf-Stein-Hausbau im Vorteil, denn er benötigt weniger starke Gründungen.

Es gibt zwei Hauptvarianten der Wärmedämmung von Bodenplatten:

1. mit einer zuunterst liegenden Dämmung, einer Perimeter-

dämmung, zum Beispiel mit folgendem Schichtaufbau der Bodenplatte von oben nach unten:

- Trockenestrich 25 mm,
- Polystyrol-Hartschaumplatte 50 mm,
- PE-Folie,
- Bodenplatte 200 mm,
- extrudiertes Polystyrol 80 mm,
- Kiesfilterschicht (Rollkies).

2. mit einer lediglich auf der Bodenplatte, das heißt im Hausinneren, aufgebrachten Wärmedämmung, mit folgendem Schichtaufbau der Bodenplatte:

- Fußbodenbelag
- Estrich
- Trennschicht
- Wärmedämmung 12 cm,
- Feuchtigkeitssperre (des Erdgeschoss-Fußbodens und der Wände gegen aufsteigende Feuchtigkeit zum Beispiel durch Kunststofffolie)
- Bodenplatte
- PE-Folie,
- Kiesfilterschicht (Rollkies)

Diese Beispielaufbauten verdeutlichen in Bezug auf die Wärmedämmung: Wenn schon bei einer Perimeterdämmung oberhalb der Bodenplatte eine weitere Dämmschicht liegt, dann bietet eine lediglich einschichtige Dämmung auf der Bodenpaltte unter Umständen zu wenig Wärmeschutz.

Bei der Planung der Bodenplatte ist außerdem zu klären, wo die Abwasserleitungen liegen sollen, ob unterhalb der Bodenplatte (dies ist oft nur gegen Aufpreis möglich) oder innerhalb des Gebäudes bis zur Außenseite der Außenwände. Außerdem müssen die Fundamenterder geplant und während der Gründung gelegt werden.

Die **Fußpunktausbildung** der Außenwände auf einer Bodenplatte beziehungsweise der senkrechte Abschluss der Bodenplatte sind identisch mit denen einer Kelleroberkante. Es sind also erforderlich:

- eine Sperrschicht (Feuchtigkeitssperre), mindestens 0,30 m über Geländeoberkante,
- Vorkehrungen gegen Spritzwasser und Huminsäure (zum Beispiel durch eine Schicht gewaschenen Flusskieses vor der Platte),

■ Abdichtung der Bodenplatten-
außenseite gegen Bodenfeuch-
tigkeit.

Die Bodenplatte ist wie der Keller
eine separates Bauteil. Sie müssen
darauf achten, dass beide zusammenpassen, nicht nur in Punkto
Passgenauigkeit und Feuchteschutz, sondern insbesondere bei
der Wärmedämmung. Sie sollten
daher den Hausanbieter fragen,
ob der Standardfußbodenaufbau
des Angebots, wenn man ihn in
Kombination mit der Bodenplatte
sieht, genügend Wärmeschutz
bietet. Es kann ja zum Beispiel
sein, dass eine Bodenplattenaus-
führung ohne Perimeterdämmung
zwar kostengünstig ist, aber in
Kombination mit dem Fußbodenaufbau zu wenig Wärmeschutz
bietet.

Gemäß der Wärmeschutzverordnung muss die Bodenplatte einen
k-Wert kleiner 0,35 W/m²K erreichen, falls der Wärmeschutz nach
dem Bauteilverfahren berechnet
wird. Üblich im Fertighaus-Einfamilienbau ist aber das Bilanzierungsverfahren (siehe Kapitel 10
auf den Seiten 164 ff.), sodass es
auf den k-Wert der Platte nicht so
sehr ankommt als vielmehr auf
den Wärmeschutz der Haushülle

insgesamt. Um die Wärmeverluste
so gering wie möglich zu halten,
sollte aber natürlich jedes Bauteil
möglichst gut gedämmt werden.

Und wohin mit dem Heizkessel?

Wer sein Haus auf eine Bodenplatte stellt, wird in aller Regel
die Heizungsanlage in einem
separaten Raum des Dachgeschosses unterbringen. Dies hat einerseits den Vorteil, dass auf einen
teuren Kamin verzichtet werden
kann, andererseits können bei
Fertighäusern die folgenden
Probleme auftreten:

Der Grundriss des Dachgeschosses
muss einen Heizungsraum aufweisen, das heißt hier geht in jedem
Falle Wohnraum verloren. Dies ist
auch mit einem Kamin im Erd-
und Dachgeschoss der Fall, allerdings in geringem Maße.

Der Betrieb des Heizkessels in
diesem Heizungsraum – eventuell
ist hier zusätzlich auch die Belüf-
tunganlage untergebracht – kann
bei der Fertigbauweise Schall-
schutzprobleme mit sich bringen,
etwa wenn er sich direkt neben
Schlafzimmern befindet.

Die kostengünstige Heizung unter dem Dach stellt daher höhere grundriss- und schalltechnische Anforderungen an Planung, Konstruktion und Kesseltyp, als dies bei einer Unterbringung der Heizanlage im Keller und einer Abgasführung mit Kamin erforderlich ist.

Die Fenster und Türen

Fenster und Türen sind wesentliche Architekturelemente eines Hauses: Form, Größe, Material, Farbe und Lage der Fenster und Türen sind maßgebend für das äußere Bild. Deshalb werden sie manchmal auch als die »Augen des Hauses« bezeichnet. Fenster ermöglichen es, die Außenwelt vom Innenraum aus zu betrachten, sie beleuchten den Raum mit Tageslicht, und sie belüften ihn. Des Weiteren schützen sie vor Regen, Wind, Kälte und Lärm. Sie sollen aber auch Schutz vor Einbruch gewährleisten.

Fenster und Fenstertüren

■ **Öffnungsarten**

Je nach Konstruktion gibt es verschiedene Arten, ob und wie ein Fenster zu öffnen und zu schließen ist, wie der Raum belüftet und die Fenster gereinigt werden können.

Kostengünstige **festverglaste Fenster** können verwendet werden, wenn über andere Fenster oder Türen eine Belüftung möglich ist und das Fenster von außen im Erdgeschoss oder vom Balkon aus gereinigt werden kann. **Drehflügelfenster** sind für Stoßlüftungen geeignet. **Kippfenster** sind dagegen zur Dauerlüftung geeignet. Das gebräuchlichste Fenster ist heute die Kombination dieser beiden Öffnungsarten: das **Dreh-Kipp-Fenster.**

Als **Dachflächenfenster** werden angeboten Kipp-Fenster, Schiebefenster und so genannte Ausstellfenster. Letztere ziehen sich von der Dachfläche über den Kniestock (Außenwandteil des Dachgeschosses) hin, sodass sie bei Öffnung wie ein kleiner Balkon wirken.

Fenstertüren sind oft vollflächig verglaste Türen meistens zu Balkonen, Terrassen und Wintergärten. Sie sind Tür und Fenster zugleich. Spezielle Regenschutzschienen und Hebevorrichtungen bieten Schutz vor Spritzwasser. Je nach Konstruktion sind Fenstertüren zu öffnen als Drehflügel- oder Hebedrehflügeltür, Schiebeflügel- oder Hebeschiebetür.

■ **Konstruktionsarten**

Unterschieden wird zwischen Einfachfenstern, Verbundfenstern und Kasten(doppel)fenstern. Die preiswertesten und gängigsten sind die **Einfachfenster mit Wärmeschutzverglasung.** Einfachfenster haben einen oder zwei nebeneinander sitzende, einfache Fensterflügel, das ist der bewegliche Teil des Fensters. **Verbundfenster** bestehen aus zwei direkt hintereinanderliegenden Fensterflügeln, die durch einen speziellen Beschlag miteinander verbunden sind. Das Öffnen und Schließen des Fensters erfolgt wie bei einem Einfachfenster über eine Verriegelung. Nur zum Putzen werden die beiden Fensterflügel voneinander gelöst. Durch eine Kombination von Einfach- und Zweifachverglasung können höhere Wärme- und Schallschutzwerte erreicht werden. **Kasten(doppel)fenster** bestehen aus zwei Einfachfenstern, die in einem Abstand von 10–15 cm durch ein umlaufendes Futter (Zarge/Brett) miteinander verbunden sind. Diese Konstruktion ist zwar die teuerste, bietet aber durch die Kombination verschiedener Verglasungen einen guten Wärmeschutz und durch den

Öffnungsarten von Fenstern

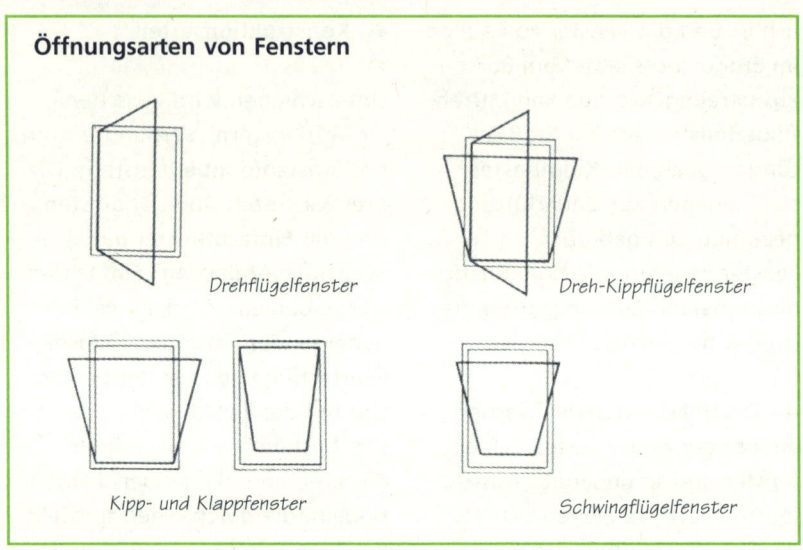

Drehflügelfenster

Dreh-Kippflügelfenster

Kipp- und Klappfenster

Schwingflügelfenster

Konstruktionsarten von Fenstern

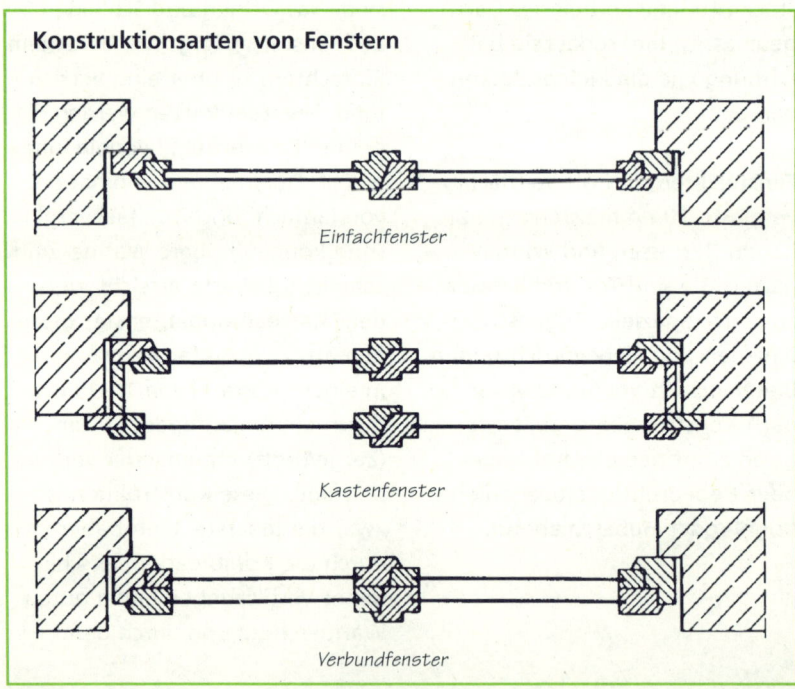

Einfachfenster

Kastenfenster

Verbundfenster

großen Scheibenabstand den bestmöglichen Schallschutz bei entsprechendem Schallschutzglas.

Standardmäßig werden Fertighäuser in der Regel mit Einfachfenstern angeboten, der Einbau anderer Fenster führt zu Mehrkosten.

■ **Rahmenmaterial**

Es stehen Fensterrahmen aus Kunststoff, Holz und Aluminium sowie als Kombination von Alu und Holz zur Auswahl. Für alle Rahmenmaterialien werden die entsprechenden Beschlagsysteme angeboten.

Fensterrahmen aus Holz: Holz ist ein altbewährtes Material für den Fensterbau. Vorteile von Holzrahmen sind ihr breiter Spielraum in der Formgestaltung, eine gute Wärmedämmeigenschaft, die geringe Wärmedehnung und die gute Bearbeitbarkeit. Nicht zuletzt aber wird Holz von vielen Menschen als warm und angenehm empfunden. Verwendet werden meistens Kiefer-, Fichten- oder Tropenhölzer. Bei der Verwendung von Holzfenstern, be-

sonders aber Tropenhölzern, sollte möglichst auf das FSC-Zeichen geachtet werden, das Hölzer aus nachhaltigem Anbau garantiert. Dieses Gütezeichen, das für Forrest Stewardship Council steht, ist zwar erst seit einigen Jahren eingeführt, sodass es noch nicht überall bekannt ist, aber inzwischen gibt es doch eine Reihe von Holzprodukten damit. Fragen Sie nach! Holzfenster haben eine hohe Lebensdauer, wenn sie gepflegt und gewartet werden. Für die Oberflächenbehandlung gibt es eine Reihe umweltverträglicher Lacke und Lasuren. Bei Tropenhölzern ist der Wartungsaufwand geringer, da sie keinen regelmässigen Anstrich benötigen.

Die Preise für Holz- und Kunststofffenster unterscheiden sich nicht mehr so sehr. Kommen einheimische Hölzer mit umweltverträglicher Oberflächenbehandlung zum Einsatz, dann ist das die umweltschonendste Variante.

Fensterrahmen aus Kunststoff: Als Kunststoffrahmen werden fast ausschließlich PVC-Rahmen angeboten, obwohl es inzwischen auch andere umweltverträglichere

Kunststoffrahmenmaterialien gibt. Die Stärke von Kunststoff ist manchmal der Preis, in den meisten Fällen aber seine Pflegeleichtigkeit. Im Gegensatz zum Holzfenster muss es nicht regelmäßig gestrichen werden. Die Beschläge müssen allerdings auch gewartet, das heißt geölt und nachgezogen werden, sonst verziehen sie sich mit den Jahren. PVC-Fenster haben eine dem Holz vergleichbare Wärmedämmeigenschaft. Von Nachteil ist die hohe Wärmeausdehnung. Die Profile sind etwas dicker als bei Holzfenstern und bieten nur wenige Variationsmöglichkeiten. PVC ist ein ökologisch äußerst bedenklicher Werkstoff. Zur Herstellung und Entsorgung von PVC wird sehr viel elektrische Energie verwandt. Bei der Müllverbrennung entsteht korrosive Salzsäure. Bei einem Wohnungsbrand werden zusätzlich giftige Dioxine frei.

Fensterrahmen aus Aluminium: Vorteile von Aluminiumfenstern sind ihr hohe mechanische Festigkeit und der geringe Pflegeaufwand. Schutzanstriche sind nicht notwendig. Sie sind praktisch in allen Farben ausführbar (eloxiert oder lackiert). Von Nachteil ist die hohe Wärmeleitfähigkeit. Deshalb wird es inzwischen wärmegedämmt. Sie sind teurer als Holz- oder Kunststofffenster und werden im Einfamilienhausbau selten eingebaut. Auf Grund des hohen Energieeinsatzes bei der Herstellung gilt Aluminium auch als umweltbedenklicher Werkstoff.

Bei **Holz-Alufenstern** wird die wetterzugewandte Seite aus Aluminium, der Rahmen ansonsten aus Holz gefertigt.

Angeboten werden meistens PVC- oder Holzfenster. Wer auf Nummer sicher geht, sollte auf das RAL-Gütezeichen achten. Es steht für einen bestimmten Qualitätsstandard der Fenster, der nach bestimmten Kriterien überwacht wird. Der Hersteller gewährleistet damit gutes Rahmenmaterial hinsichtlich Bauphysik, Wirtschaftlichkeit und Wartung.

Die Verglasungsarten: Wärmeschutz-, Schallschutz- und Sicherheitsglas

Für den Wärmeschutz wird heute **Wärmeschutzverglasung** verlangt und auch angeboten. Diese Art der Verglasung besteht aus zwei oder drei Glasscheiben, die mit

Abstand staub-, luft- und feuchtigkeitsdicht miteinander am Rand verbunden sind. Der Scheibenzwischenraum ist mit trockener Luft oder speziellem Gas (Argon, Krypton) gefüllt. Die raumseitige Glasscheibe kann auf der Innenseite auch mit einer hauchdünnen, nicht sichtbaren Edelmetallbeschichtung versehen sein, die die Sonnenstrahlung von außen weitgehend durchlässt und die Wärmestrahlung im Infrarotbereich von innen weitgehend in den Raum reflektiert.

Schallschutzglas ist ein Isolierglas aus zwei oder drei Scheiben mit unterschiedlicher Glasdicke – die dickere Scheibe bildet die Außenseite – und größerem Scheibenzwischenraum. Außerdem ist der Randverbund gegen Schallübertragung besonders gedämmt. Gefüllt ist der Scheibenzwischenraum mit einem Schwergas mit schallreduzierender Wirkung. Da reine Schallschutzverglasungen einen schlechten k-Wert (siehe Seite 169) aufweisen, muss eigentlich immer eine kombinierte Schall-Wärmeschutzverglasung eingesetzt werden. Um dem Wärme- und Schallschutz sowie der Einbruchsicherheit genüge zu tun beziehungsweise noch zu

verbessern, werden auch beschichtete Gläser mit Spezialgas kombiniert, sie werden mit hochwertigeren Spezialgasen gefüllt, die Scheibenzwischenräume werden vergrößert oder Gläser werden zu Verbundfenstern zusammengesetzt.

Sicherheitsglas soll einbruchhemmend wirken, vor Verletzungen durch Glasscherben schützen oder die Ausbreitung von Bränden verzögern. Einscheibensicherheitsglas (ESG) löst sich bei Bruch in ein engmaschiges Netz aus kleinen Glaskrümeln auf. Es wird überall dort angewendet, wo an die Sicherheit und Haltbarkeit hohe Ansprüche gestellt wird, wie zum Beispiel bei Ganzglastüren. Verbundsicherheitsglas (VSG) besteht aus zwei oder mehreren übereinander liegenden Glasscheiben, die durch hochelastische Folien fest miteinander verbunden sind. Beim Bruch der Scheibe haften die Splitter an der Folie, gleichzeitig bleibt die Öffnung geschlossen. Unterschieden wird zwischen durchwurfhemmendem VSG (A 1-3), durchbruchhemmendem VSG (B 1-3) und durchschusshemmendem Glas (C 1-3). Auch hier gilt, dass Sicherheitsglas mit

Definitionen

Wärmeschutz-Kenngrößen für den Fenstervergleich

k_F — Wärmedurchgangskoeffizient (k-Wert) für das gesamte Fenster inkl. Fensterrahmen und Verglasung

k_V — k-Wert der Verglasung

$k_{m,FeQ}$ — k-Wert gleich beziehungsweise kleiner als 1,8 unter Berücksichtigung solarer Wärmegewinne (für das vereinfachte Nachweisverfahren erforderlich)

g-Wert ist der Gesamtenergiedurchlassgrad der Wärmestrahlung. Er beschreibt die Energiedurchlässigkeit der Verglasung. Ein hoher g-Wert zeigt eine hohe Aufheizung des Raumes im Sommer an, sodass das Fenster mit einem entsprechenden Sonnenschutz versehen werden muss. Im Winter dagegen kann durch eine hohe Strahlungsdurchlässigkeit des Fensters ein zusätzlicher Wärmegewinn erzielt werden.

Wärme- oder Schallschutzverglasungen kombiniert werden kann.

Der Wärmeschutz bei Fenstern

Für Fenster und Außentüren gibt es verschiedene Wärmeschutz-Kenngrößen. Zum einen sind diese abhängig vom Wärmeschutz-Berechnungsverfahren: Wird der Jahresheizwärmebedarf berechnet, dann lassen sich die maximal zulässigen Werte einhalten, wenn der k_F-Wert der Fenster und Fenstertüren den Wert von 1,8 W/(m²K) nicht überschreitet. Derzeit werden auf dem Markt Fenster mit Wärmeschutzverglasungen mit k-Werten von 1,6 bis unter 1 W/m²K angeboten. Das vereinfachte Nachweisverfahren verlangt für Fenster und Fenstertüren einen mittleren äquivalenten Wärmedurchgangskoeffizienten $k_{m,Feq}$ von 0,70 W/(m²K). Bei diesem Wert werden nutzbare solare Wärmegewinne mit berücksichtigt.

Schallschutz

Fenster gehören zu den Außenbauteilen. Je nachdem, ob das Haus in einer ruhigen Wohngegend gebaut wird oder an einer viel befahrenen Straße, müssen alle Außenbauteile zusammen ein bestimmtes Schalldämm-Maß erfüllen. Da Fenster nun besonders durchlässige Flächen für störenden Außenlärm sind, ist darauf zu achten, dass das bewertete Schalldämm-Maß der Fenster den Anforderungen der Wohngegend entspricht. Auskunft darüber geben die sechs verschiedenen Schallschutzklassen für Fenster. Fenster an befahrenen Straßen sollten mindestens der Schallschutzklasse 3 (ca. 50 dB) entsprechen. Lassen Sie sich die Schallschutzklasse der Fenster vom Hausanbieter nennen beziehungsweise in die Bau-Leistungsbeschreibung aufnehmen.

Die Schalldämmung von Fenstern wird hauptsächlich beeinflusst durch die Glasdicken, den Scheibenabstand und die Anordnung und Anzahl der Falzdichtungen

Fensterverglasungsarten: Wärmeschutz-, Schallschutz- und Sicherheitsglas

Glasdicke, Scheibenzwischenraum und Verglasungsabstand in mm für Verglasung Nr. (siehe Tabelle auf Seite 140)

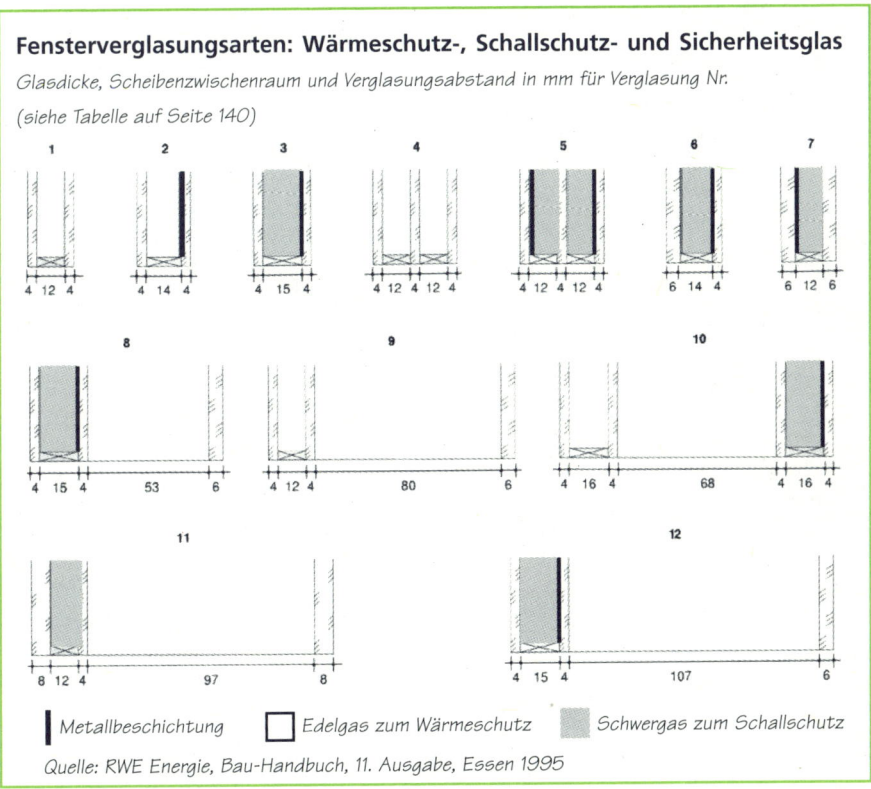

Metallbeschichtung   Edelgas zum Wärmeschutz   Schwergas zum Schallschutz

Quelle: RWE Energie, Bau-Handbuch, 11. Ausgabe, Essen 1995

Fensterverglasungsarten:
Wärmeschutz-, Schallschutz- und Sicherheitsglas (Fortsetzung)

Konstruktionsart	Bezeichnung der Verglasung	Verglasung Nr. (→ 4-16, Teil 2)	k_F-Wert	g_V-Wert	$k_{eq.F}$-Wert Nord[2] S_F=0,95	West[2] Ost[2] S_F=1,65	Süd[2] S_F=2,40	Bewertetes Schalldämmmaß	Schallschutzklasse
			W/m²K		W/m²K	W/m²K	W/m²K	dB	
Einfachfenster	Isolierverglasung	1	2,6	0,77	1,9	1,3	0,8	32	2
	Wärmeschutzverglasung	2	1,9	0,72	1,2	0,7	0,2	32	2
	Wärmeschutzverglasung	3	1,4	0,62	0,8	0,4	− 0,1	32	2
	Wärmeschutzverglasung (3 Scheiben)	4	2,0	0,57	1,5	1,1	0,6	32	2
	Wärmeschutzverglasung (3 Scheiben)	5	1,1	0,62	0,5	0,1	− 0,4	32	2
	Schall- u. Wärmeschutzverglasung	6	1,4	0,61	0,8	0,4	− 0,1	35 − 39[1]	3
	Wärme- u. Sonnenschutzverglasung	7	1,3	0,43	0,9	0,6	0,3	32	2
Verbundfenster	Wärmeschutzverglasung Einfachverglasung	8	1,2	0,56	0,7	0,3	− 0,1	47	5
	Isolierverglasung Einfachverglasung	9	1,6	0,69	0,9	0,5	− 0,1	48	5
	Isolierverglasung Wärmeschutzverglasung	10	0,9	0,48	0,4	0,1	− 0,2	47	5
Kastenfenster	Schallschutzverglasung Einfachverglasung	11	1,6	0,68	1,0	0,5	− 0,0	58	6
	Wärmeschutzverglasung Einfachverglasung	12	1,2	0,56	0,7	0,3	− 0,1	53	6

[1] Prüfzeugnis erforderlich
[2] Die Senkrechte auf die Fensterfläche darf um ± 45 ° von der aufgeführten Himmelsrichtung abweichen. In den Grenzfällen NO und NW Richtung Nord, in den Grenzfällen SO und SW die Richtung Ost bzw. West maßgebend.

Quelle: RWE Energie, Bau-Handbuch, 11. Ausgabe, Essen 1995

sowie durch die Abdichtung der Bauwerksfuge. Spezielle Einfachfenster mit Schallschutzglas bieten einen guten Schallschutz, Kastenfenster mit Schallschutzglas erreichen die besten Schallschutzwerte.

Eine spürbar verbesserte Schalldämmung lässt sich auch durch geschlossene feste Rollläden vor dem Fenster erreichen, die einen Abstand von etwa 15 cm zum Fenster halten.

Einbruchsschutz

Alle leicht erreichbaren Fenster sollten einbruchhemmend nach DIN V 18054 (Klassen EFO bis EF3) sein. Das bedeutet, dass sie mit einbruchhemmender Verriegelung und Verglasung ausgerüstet sind. Diese Kennzeichnung sollte in der Bau- und Leistungsbeschreibung vermerkt sein, ist sie aber meistens nicht. EF1-Fenster sind mit durchbruchhemmendem Glas B1 ausgestattet und sollen nach DIN den Einbruch um mehr als fünf Minuten verzögern. EF3-Fenster sind mit durchbruchhemmendem Glas B3 ausgestattet und sollen erfahrenen Einbrechern mit Werkzeug den Weg um mindestens zehn Minuten versperren.

Die Haustür / Außentür

Außentüren sind wesentliche Elemente der Fassadengestaltung und -gliederung. Ihr Aussehen sollte deshalb in Übereinstimmung mit dem Aussehen der Fassade geplant werden. Mit einem schützenden Vordach lassen sich zusätzliche gestalterische Akzente setzen. Außerdem haben sie vielfältige Schutzfunktionen: Sie schützen vor Regen, Wind, Kälte und Lärm. Sie sollen aber auch den Schutz vor Einbruch gewährleisten. Sie sollen auch leicht und leise zu öffnen beziehungsweise zu schließen sein.

Konstruktion und Zubehör

Eine Tür besteht im Wesentlichen aus einem beweglichen Türflügel, dem **Türblatt**, sowie aus einem **Türrahmen**. Dieser wird bei Außentüren aus Gründen der Einbruchshemmung meist mit einer Stahl- oder Hartholzzarge in der Wand verankert. Türblätter sollten wegen ihrer vielfältigen Schutzfunktionen besonders stabil und fest sein, entsprechend sollten sie als Rahmen- oder Massivtüren konstruiert sein. Die **Türbeschläge** sorgen für die Aufhängung (zum Beispiel durch Türangel, Türbänder), das heißt die Beweglichkeit der Tür, sowie für die Verschließbarkeit vor allem durch Schlösser und Drückergarnituren (Türgriffe). Die *Türabdichtung* dient den verschiedenen sonstigen Schutzfunktionen, die Türverkleidung der (auch ästhetischen) Abdeckung von rein funktionalen Teilen.

An **Türzubehör** sind inbesondere zu nennen: Klingel, Briefkasten sowie die Hausnummern. Nützlich sind auch Türfeststeller, Türpuffer, -schließer oder -halter.

Türmaterial

Türen – und damit meint man in der Regel die Türblätter, die Türrahmen sind meist aus dem gleichen äußeren Material wie die Türblätter – werden wie die Fensterrahmen vor allem in Holz, Aluminium oder Kunststoff angeboten (zur Ökologie der Materiali-

en gilt das dort bereits Gesagte). Häufig werden diese Stoffe kombiniert:

- **Kunststoff- beziehungsweise Kunststoffkombitüren** werden im Fertigbau häufig angeboten. Es sind Rahmentüren aus Kunststoffprofilen, gegebenenfalls mit Aussteifungsprofilen aus Stahl oder Aluminium beziehungsweise Aluminium-Kunststoff-Verbundprofilen. Kunststoff-Sandwichplatten (eventuell mit Dämmstofffüllung) schließen den Rahmen außen und innen ab. Meist handelt es sich bei dem Kunststoff um PVC.

  Innentüren werden auch mit Hartkunststofffolie, Weichkunststofffolie oder Schichtpressstoffplatten mit Trägerplatten aus Holzfaserplatten und Holzspanplatten verklebt und verleimt. Es gibt auch Vollkunststofftüren mit Schichtstoffoberfläche.

- **Holzaußentüren** haben als Oberfläche innen und außen eine Vollholzschicht oder auch nur ein Holzfurnier. Sie können in leichter Rahmenbauweise mit einem Vollholzrahmen und aufliegenden Holzwerkstoffplatten oder auch als teurere, massive Vollholztüren konstruiert sein.

■ Reine **Alumiumaußentüren** sind im Wohnungsbau selten, Aluminum dient eher zur Verstärkung beziehungsweise äußeren Verkleidung von Kunststoff- oder Holztüren.

Witterungs-, Wärme- und Schallschutz

Grundsätzlich sollen Außentüren schlagregendicht sein und sich leicht und leise öffnen und schließen lassen. Die Dichtigkeit erreicht man nur durch einen Falz (einen Anschlag) und mit einer umlaufenden Dichtungsebene an der Bodenschiene. Dichtungen und Doppelfalze machen die Tür auch zugluftdicht, sorgen für Wärme- und Schalldämmung. Konstruktiv lassen sich der Wärme- sowie der Schallschutz durch einen Windfang verbessern.

Wer einmal vor einer Haustür nass geworden ist oder dort ungeschützt im Zug gestanden hat, weiß, wie sinnvoll es ist, sie unter einen Dachüberstand zu legen oder sie mit einem Vordach zu schützen. Wenn möglich sollte die Lage der Hauseingangtür auch so geplant werden, dass sie abseits von der Hauptwind- und Wetterrichtung liegt.

Ausreichende k-Werte haben schwere Vollholztüren oder wärmegedämmte Holz- und Kunststofftüren. Verglasungen müssen als Wärmeschutzglas ausgeführt sein und sind sachgemäß mit elastischer Dichtung einzubauen. Für Außentüren aus Holz, Holzwerkstoff und Kunststoff darf ein k-Wert von 3,0 W/(m²K) und für Türen mit Metallbekleidungen ein k-Wert von 4,0 W/(m²K) angenommen werden.

Was gut ist für den Wärmeschutz, kann dem Schallschutz nicht schaden. Je massiver das Türblatt (und das heißt auch je weniger Verglasung), desto besser seine schalldämmenden Eigenschaften. Spezielle Lärmschutztüren haben einen Vollkern und zusätzlich Dichtungen im Falzaufschlag (Anschlag) und am Boden.

Einbruchschutz

Alle Außentüren sollten nach DIN 18103 einbruchhemmend sein und

den Klassen ET 1 bis ET 3 entsprechen. Glaseinsätze sind mit einbruchhemmender Verglasung
(Klasse B1 bis B3) zu versehen.
ET 1 gilt im »normalen« Privat-
wohnhaus als ausreichend. Die
Klasseneinteilung entspricht etwa
der einbruchhemmder Fenster.
Einbruchhemmende Wirkung
kann von der Tür allerdings nur
dann erwartet werden, wenn
neben dem Türblatt und der
Zarge auch das Schloss und die
Beschläge die entsprechenden
Anforderungen erfüllen. Mindest-
sicherheit bieten ein Einsteck-
schloss mit sperrender Falle und
geschlossenem Kasten, ein Sicher-
heitszylinder nach DIN 18252, eine
Sicherheitsgarnitur bestehend aus
Schutzbeschlag mit Aufbohrschutz
und Zylinderabdeckung, eine
Bändersicherung und ein Sicher-
heitsschließblech.

Brandschutz

Neben Metall- können auch Holztüren mit einem schwer ent-
flammbaren Kern eine Feuerwi-
derstandsdauer von mindestens
30 Minuten erreichen.

Innentüren

Die einfachste und billigste Tür-
variante besteht aus einem Weich-
holzrahmen mit einem Waben-
kern aus Presspappe. Sie ist kaum
schallmindernd und kälteabwei-
send. Zumindest für Wohnräume
bieten sich eher Türen mit einer
Einlage aus Röhrenspansteg oder
gar Röhrenspanplatte an. Auch
bei höherer Luftfeuchtigkeit
verziehen sie sich nicht. Sie gewährleisten einen ausreichenden
Wärme- und Schallschutz. Die
Oberflächen sind in der Regel
furniert oder mit Kunststoff be-
schichtet. Strapazierfähiger und
auch teurer sind massive Spanplat-
tentüren oder Massivholztüren.
Eine wärmedämmende Ausführung ist bei Türen zum Treppenhaus und zu ungeheizten Räumen
hin unerlässlich. Sie verringert die
Gefahr, dass sich das Türblatt
verzieht und zu Beschädigung der
Dichtungen führt.

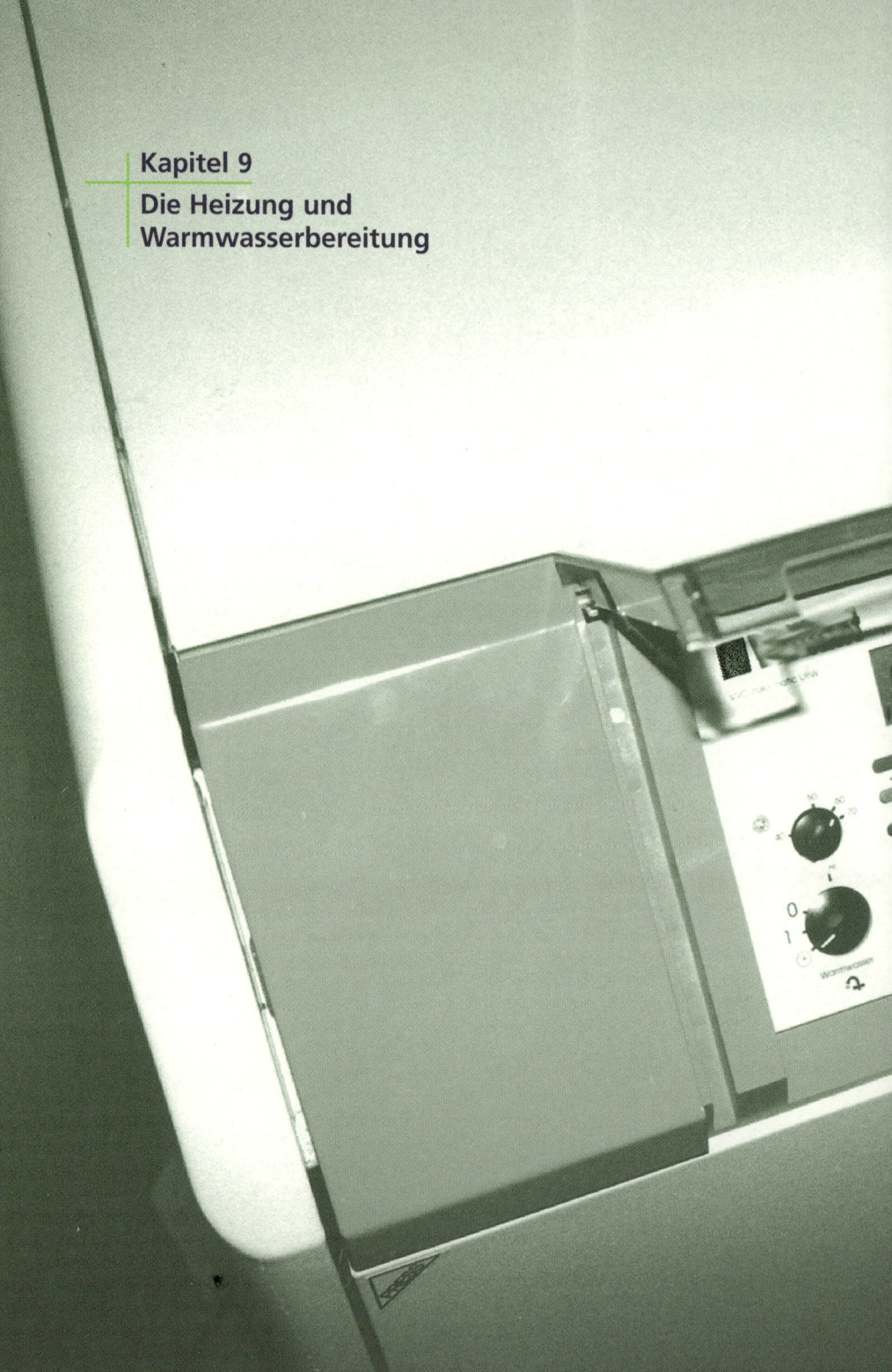

Kapitel 9

**Die Heizung und
Warmwasserbereitung**

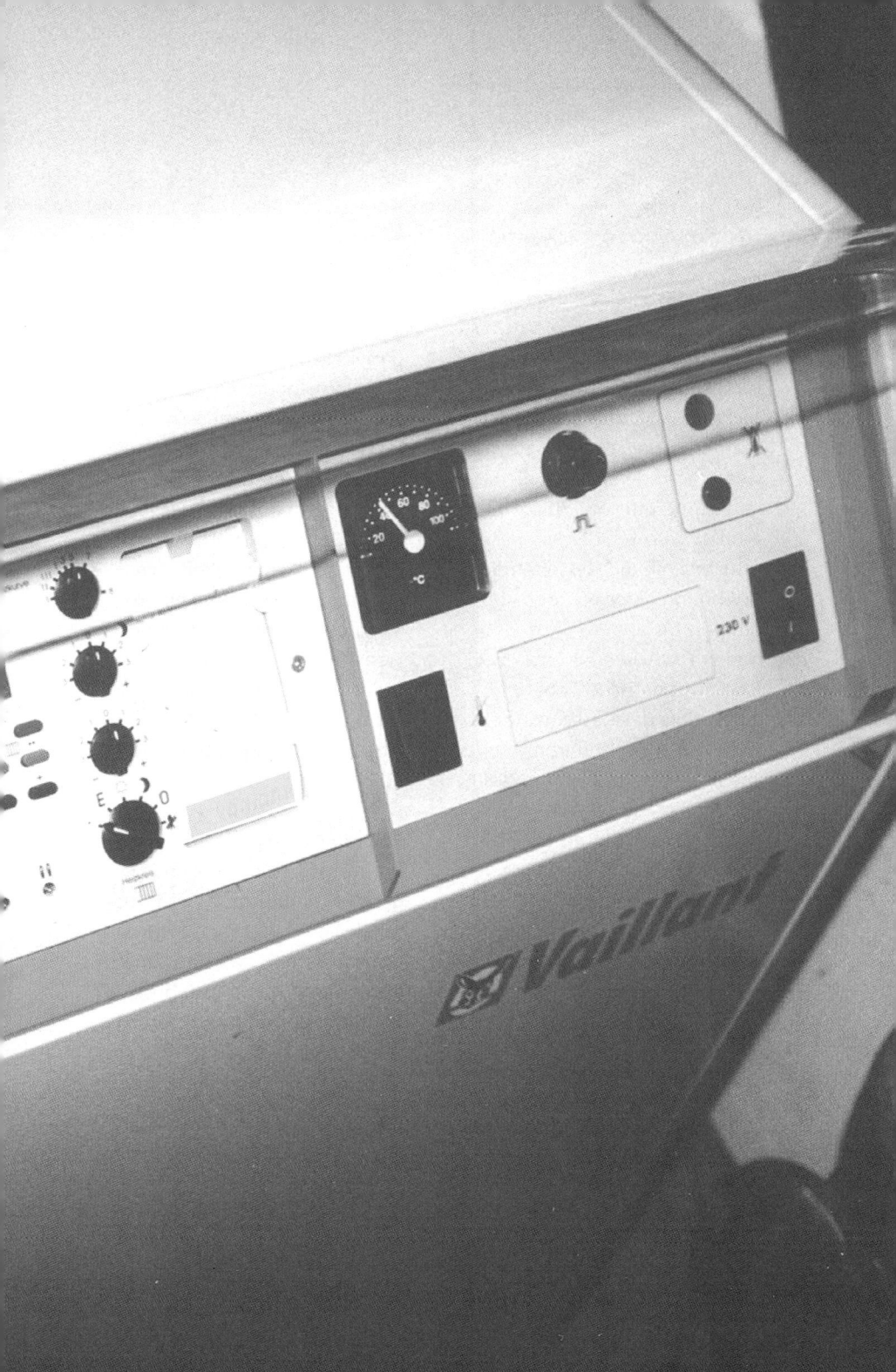

Heizen mit Brennwert- oder Niedertemperaturkessel?

Der **Niedertemperaturkessel** ist eine Weiterentwicklung des früher üblichen Konstanttemperaturkessels und heute Stand der Technik. Während der Konstanttemperaturkessel das Heizungswasser und damit auch die Vorlauftemperatur auf 70 bis 90 °C erhitzt, wird bei der Niedertemperaturtechnik die Kesseltemperatur in Abhängigkeit von der Außentemperatur abgesenkt oder angehoben (zwischen 40 und 75 °C). Eine automatische Regelung sorgt dafür, dass das Kesselwasser jeweils nur so weit erwärmt wird, wie es notwendig ist, um das Haus bei der gerade herrschenden Außentemperatur zu beheizen. An kalten Tagen liegt diese Temperatur also höher als an warmen. Niedertemperaturkessel erreichen Nutzungsgrade von 91 bis 94 %.

Erdgas-Brennwertkessel stellen das heutige Optimum der Heizkesseltechnik dar. Sie sind eine Weiterentwicklung der Niedertemperaturkessel und verursachen gegenüber diesen deutlich geringere Schadstoffemissionen und eine um bis zu 11 % bessere Brennstoffausnutzung. Dies wird erreicht, indem das Abgas noch wesentlich weiter als bei der Niedertemperaturtechnik üblich heruntergekühlt wird. Schlägt sich dabei ein Teil des bei der Verbrennung entstandenen Wasserdampfes an den Wärmetauscherflächen nieder, so lässt sich die frei werdende Kondensationswärme für die Heizung nutzen. Kessel und Abgassystem müssen unempfindlich gegen Feuchtigkeit sein. Das lauwarme Abgas hat keinen Auftrieb und muss mit einem Gebläse abgeführt werden. Brennwertgeräte erreichen Nutzungsgrade 103 bis 108 % (bei Auslegungstemperaturen von 30 bis 40 °C).

Öl-Brennwertkessel haben – brennstoffbedingt – einen geringeren Nutzungsgrad, sind noch vergleichsweise teuer, erfordern unbedingt eine Kondensatneutralisation und sind im Hinblick auf die Korrosionsbeständigkeit der Werkstoffe zum Teil noch nicht ausgereift. Sie sind daher gegenwärtig nur mit Einschränkungen zu empfehlen.

Den Energieträger können Sie natürlich nicht immer selbst wählen. Die Grundstückssituation, Vorgaben im Bebauungsplan oder in den Ortssatzungen schreiben häufig Gas, Öl oder Fernwärme vor. Existiert ein Gasanschluss, sollten Sie sich auf jeden Fall für einen Brennwertkessel entscheiden. Ist kein Gasanschluss vorhanden, stellt ein Öl-Niedertemperaturkessel eine gute Alternative zum Brennwertkessel dar.

Bei einigen Fertighäusern sind Brennwertkessel im Standardangebot enthalten, bei anderen nur gegen Aufpreis zu haben. Die Aufpreise fallen sehr unterschiedlich und teilweise recht happig aus; die Spanne reicht von 280 bis 4.500 DM. Bei manchen Angeboten ist der Einsatz eines Brennwertkessels »möglich«, das heißt heißt, hier muss über Einbau und Preis verhandelt werden.

Welcher Heizkessel soll es sein?

Ist die Wahl zwischen einem Brennwert- und einem Niedertemperaturkessel gefallen, muss ein konkretes Gerät ausgewählt werden. Neben der Betriebssicherheit und einer hohen Verarbeitungsqualität sollten Sie Ihre Entscheidung orientieren an:

- einer hohen Energieausnutzung, das heißt einem hohen Norm-Nutzungsgrad, und
- einem geringen Schadstoffausstoß, das heißt geringen Norm-Emissionsfaktoren.

Für beide Größen schreibt die DIN 4702 einheitliche Prüfbedingungen vor. Wenn Sie also verschiedene Fabrikate miteinander vergleichen wollen, dann lassen Sie sich dafür nur die nach der DIN 4702 gemessenen Kennwerte geben.

Das Angebot der Kesselhersteller ist zwar äußerst vielfältig, im Festpreis eines Fertighauses ist natürlich nur **ein** Angebot enthalten. Leider schweigen sich die Hausanbieter in den meisten Fällen über die vollständige Bezeichnung der Heizungshersteller – Fabrikat, Typ, Serie – aus. Lassen Sie die fehlenden heizungstechnischen Angaben in der Bau- und Leistungsbeschreibung ergänzen, oder besorgen Sie sich die Vergleichskennwerte vom Fachhandel oder vom Hersteller der Heizung, falls der Hausanbieter sie Ihnen nicht geben kann.

Sie sollten als Käufer nicht nur den Hauspreis (Investitionskosten) im Auge behalten, sondern auch die langfristigen Verbrauchskosten. Mit anderen Worten: Eine »billige« Anlage kann im Verbrauch teuer werden und eine teure billig, das heißt Investitionen in eine energiesparsame Heizung und Warmwasserbereitung können sich schnell amortisieren (ganz abgesehen von dem relativ positiven Umwelteffekt solcher Anlagen).

Was ist im Festpreis eines Standardangebotes enthalten?

- Die Zentralheizung kombiniert mit der zentralen Warmwasserbereitung dominiert klar bei den Angeboten.
- Die meisten Standardangebote enthalten eine Gasheizung inklusive gasbetriebene Brauchwassererwärmung, keine Ölheizung. Dies mag daran liegen, dass die Investitionskosten für Gasheizungen geringer sind und zum Beispiel der Öllagertank entfällt. Werden vom Hauserwerber Ölheizungen verlangt, dann ist dies mit Mehrkosten verbunden.
- Feststoffheizungen werden höchstens einmal als Zusatzheizungen angeboten.

- Bei Fertighausangeboten, die dem Niedrigenergiehausstandard genügen, gehört eine Belüftungsanlage mit Wärmeenergierückgewinnung heutzutage fast schon automatisch dazu. Dass heißt, bei solchen Angeboten besteht die Heizungsanlage aus eben dieser Belüftungs- und Wärmerückgewinnungsanlage (eventuell kombiniert mit einer Solaranlage). Hinzu kommt dann nur noch ein Zusatzgerät zur Brauch-Warmwasserbereitung.
- Kamine sind, da sie bei den modernen Heizungsanlagen nicht mehr unbedingt erforderlich sind (wohl dagegen Abgasrohre), nur noch selten Bestandteil des Angebots.
- Vereinzelt kann es noch vorkommen, das besonders günstige Hausangebote mit einer Elektroheizung ausgestattet sind. Diese Art der Heizungsanlage ist zwar für den Hersteller besonders billig, aber nicht für den Hauskäufer. Für den Hersteller ist diese Heizungsanlage sehr kostensparend, da er nur die (Schuko-) Steckdosen und die Heizkörper liefern muss, also auf die Heizungsanlage, den Schorn-

stein, das Verteilsystem und gegebenenfalls die Öltanks verzichten kann. Den teureren Elektro-Hausanschluss hat der Hauskäufer zu zahlen. Diesen günstigen Investitionskosten stehen immense Verbrauchskosten gegenüber. Von diesem Heizsystem ist abzuraten, denn es ist nur ein Trick, um den Hauspreis herunterzurechnen. Außerdem ist Strom zu wertvoll, um ihn zu verheizen. Die Energieverluste, die bei Stromgewinnung und auf dem Weg zum Verbraucher verloren gehen, sind zu hoch, und die Umweltbelastung ist zu groß für einen hohen Verbrauch.

Minimierung der Wärmeerzeugerverluste durchaus sinnvoll. Allerdings ergeben sich dabei längere Aufheizzeiten des Warmwasserspeichers, die zum Beispiel bei zwei aufeinander folgenden Wannenbädern etwas verlängerte Wartezeiten erfordern können. Im Einfamilienhaus ist dies meist kein Problem. Sofern allerdings der in DIN 4708 definierte Warmwasserkomfort unterschritten wird, werden Sie den Heizungsplaner von diesbezüglichen Regressansprüchen befreien müssen. Ölkessel mit Zerstäuberbrenner sind zurzeit nur ab etwa 17 kW aufwärts genügend betriebssicher lieferbar.

Die richtige Dimensionierung des Kessels

Die Frage der richtigen Kesselgröße sollte bei kleinen Wohngebäuden nicht überbetont werden. Ein gut gedämmter Einfamilienhaus-Neubau (Niedrigenergiehaus) benötigt in der Regel eine Heizleistung von sechs Kilowatt am kältesten Tag. Bei einigen Gasgeräteserien ist der Einbau eines entsprechend kleinen Kessels (unter 11 kW) möglich und zur

Besondere Anforderungen an den Brennwertkessel

■ Abgasleitung und Schornstein

Zwingend erforderlich ist ein für Feuchtigkeit unempfindliches Abgasrohr, da bei einer Einleitung der Abgase in den Schorstein wegen der geringen Abgastemperaturen Kondenswasser (Kondensat) entstehen und die Schornsteinwände angreifen würde. Brennwertkessel werden mit einem speziellen Abgassystem zugelassen, das insbesondere aus einem Abgasrohr besteht. Das heißt umgekehrt, Häuser mit einem solchen Heizsystem kommen ohne Schornstein aus, wo aber natürlich das Rohr auch in einem Schornstein verlegt werden kann. Die Rohre bestehen aus verschiedenen Materialien, insbesondere sind dies:

- Edelstahl,
- Kunststoff,
- Aluminium oder
- Glas.

Aluminium und Glas sind teuer und sind deshalb im Fertighausbau meist nicht Bestandteile des Standardangebotes.

Vorteilhaft sind so genannte Luft-Abgas-Systeme (LAS), bei denen die Verbrennungsluft über das Abgasrohr angesaugt und bereits vorgewärmt dem Kessel zugeführt wird. Mit dieser Technik lassen sich ein Teil der noch im Abgas enthaltenen Wärme zurückgewinnen sowie ein raumluftunabhängiger Betrieb realisieren. LAS-Systeme haben aber noch weitere Vorteile: Der Kessel kann in einer beliebig kleinen Kammer aufgestellt werden, ohne dass die Verbrennungsluftzufuhr Probleme bereitet. Er kann auch in einem Wohn-, Haushalts- oder Hobbyraum untergebracht werden, ohne dass Staub und zerstörerische Schadstoffe wie zum Beispiel Lösemittel in sein Inneres gelangen. Nicht zuletzt entfällt das offene Heizraumfenster als Lücke im Luftdichtheitskonzept.

Beim Neubau besteht die Möglichkeit, das Abgasrohr außen an der Fassade entlangzuführen. Wird das Abgasrohr dabei nicht länger als zehn Meter, muss bei Verwendung eines LAS-Systems nicht befürchtet werden, dass das Rohr im Winter zufriert. Das Aufstellen im Dachbereich (zum Beispiel auf dem Spitzboden) spart wegen des kurzen Abgasrohres zusätzlich Kosten. Diese Variante wird heute im Fertighausbau häufig angeboten. In diesem Fall ist unbedingt darauf zu achten, dass das Rohr frostsicher installiert wird.

■ Kondensatabführung

Durch die Brennwertnutzung fällt im Kessel Kondensat an. Bei einem 20-kW-Kessel für ein Einfamilienhaus beträgt die Menge nur zwei bis drei Kubikmeter im Jahr.

Das Kondensat ist bei Gas mit pH-Werten zwischen 3,5 und 4,5 leicht sauer (entspricht Zitronensaft) und wird in das häusliche Abwasserrohrnetz abgeführt. Die Unbedenklichkeit der Kondensateinleitung ist inzwischen nachgewiesen.

Die meisten Kommunen richten sich nach dem Merkblatt 251 der Abwassertechnischen Vereinigung (ATV). Danach ist bei Gasbrennwertkesseln bis 25 kW Leistung eine Neutralisierung nicht erforderlich. Das zuständige Versorgungsunternehmen (zum Beispiel die Stadtwerke) oder örtliche Heizungsfachbetriebe sagen Ihnen, welche Anforderungen in Ihrer Gemeinde gelten.

Sollte eine Neutralisierung des Kondensats erforderlich sein, bieten die Hersteller entsprechende Geräte an, die in der Regel einmal im Jahr gewartet werden müssen. Folgende Werkstoffe des häuslichen Abwassernetzes halten dem Kondensat stand:
- Steinzeug,
- Guss- und Stahlrohre mit Kunststoffbeschichtung sowie Edelstahlrohre,
- PVC,
- Polyäthylen,
- Polypropylen (PP) und
- Glas.

Nach der Neutralisation, das heißt, wenn der pH-Wert über 6,5 liegt, ist eine Ableitung auch in zementgebundenen Rohren möglich.

Heizkörper und Heizsystem

Der Vorteil der Brennwerttechnik liegt in der besseren Ausnutzung des Brennstoffes durch die Kondensation des Wasserdampfes im Abgas. Damit eine Kondensation stattfinden kann, muss das Rücklaufwasser aus den Heizkörpern kälter als 55 °C sein. Dies stellt gewisse Anforderungen an die Größe (Leistung) der Heizkörper und die Auslegung der Umwälzpumpe. Beim Neubau kann das Heizsystem gleich auf 70/50 °C (Vorlauf-/ Rücklauftemperatur) oder 60/40 °C ausgelegt werden. Gleichzeitig sollte außerdem ein Zweirohrsystem gewählt werden (siehe unten die Abschnitte zum Rohrnetz).

Besondere Anforderungen an Niedertemperaturkessel

Auf Grund der höheren Abgastemperaturen sind ein Schornstein aus Aluminium- beziehungsweise Edelstahlrohr oder ein dreischaliger Schornstein nötig. Auch beim Niedertemperaturkessel ist kein separater Heizungsraum im Keller erforderlich.

Außerdem empfiehlt es sich, das Heizsystem gleich auf eine Vor- und Rücklauftemperatur des Heizwassers von 70/50 °C oder wahlweise auch 60/40 °C auszulegen.

Mehrkosten und Wirtschaftlichkeit der Brennwerttechnik

Die Mehrkosten eines Gasbrennwertkessels gegenüber einem Niedertemperaturkessel werden hauptsächlich durch den etwas teureren Kessel verursacht. Die Unterschiede variieren bei den Hausangeboten allerdings erheblich.

Dem stehen jedoch Kostenersparnisse in der Größenordnung von rund 1.000 bis 2.000 DM bei der Schornsteinanlage gegenüber. Bei Brennwertkesseln ist nämlich ein Kunststoffabgasrohr möglich, während beim Niedertemperaturkessel teurere Abgasleitungen oder ein Schornstein eingebaut werden müssen. Wenn dazu Hinweise in den Bauleistungsbeschreibungen fehlen, sollte man auch hier vor Vertragsabschluss nachfragen.

Die Brennstoffeinsparung gegenüber einem Niedertemperaturkessel beträgt im Durchschnitt für ein Einfamilienhaus in Niedrigenergiebauweise mit 130 m² Wohnfläche und einem Jahresheizenergiebedarf von 70 kWh (m²a) (siehe Kapitel 10 auf den Seite 164 ff.) 30 bis 50 DM pro Jahr. Somit ist der Brennwertkessel dem Niedertemperaturkessel ökologisch überlegen und ökonomisch in der Regel mindestens gleichwertig.

Da die Mehr- und Minderkosten bei der Anschaffung von der jeweiligen konkreten Einbausituation abhängen, ist die Wirtschaftlichkeit des Brennwertkessels für Ein- und Zweifamilienhäuser dennoch im Einzelfall zu prüfen. Hierbei sind Fördermittel und Zuschüsse zu berücksichtigen, die es für den Einbau eines Brennwertkessels in vielen Fällen gibt (zum Beispiel durch das CO_2-Minderungsprogramm der Kreditanstalt für Wiederaufbau, Palmengartenstraße 5–9, 60325 Frankfurt/M., Tel. 069/7431-0, Fax -2944, http://www.kfw.de).

Rohrnetz, Pumpen und Heizflächen

Es ist wichtig, dass die einzelnen Komponenten eines Heizsystems aufeinander abgestimmt sind. Nur so können die jeweiligen Vorteile der einzelnen Komponenten zum Tragen kommen und der oft vergessene Stromverbrauch der Heizungsanlage auf das notwendige Maß begrenzt werden. Es ist nicht erforderlich, alle Komponenten einer Heizungsanlage von einem Hersteller zu beziehen. Welche Produkte zusammenpassen und welche nicht, sagt Ihnen der Heizungsinstallateur beziehungsweise Ihr Hausanbieter.

■ **Rohre und Pumpen**

Die folgenden Punkte sollten Sie oder der Installateur beachten:

■ Mit Hilfe einer vorausgehenden Berechnung sollte sichergestellt werden, dass das Rohrnetz für einen möglichst geringen Druckverlust ausgelegt wird. Neben der Verwendung von druckverlustarmen Einzelwiderständen (zum Beispiel Thermostatventilen) sind hierzu ausreichende Rohrdurchmesser erforderlich. Wird zum Beispiel der Druckverlust im Netz eines Einfamilienhauses durch größere Rohrdurchmesser im Kellerbereich von 150 Pa/m (Pascal pro Meter) Rohrnetz auf 50 Pa/m reduziert, erhöhen sich die Investitionskosten um rund 150 bis 200 DM, die jährlichen Stromkosten für die Umwälzpumpe sinken aber um rund 15 bis 30 DM pro Jahr. Bei einer üblichen Lebensdauer der Rohrleitungen von über 30 Jahren ist dies eine wirtschaftliche Maßnahme.

■ Als Rohrnetz sollte ein Zweirohrsystem gewählt werden. Einrohrsysteme haben eine Reihe von Nachteilen:

■ Die Raumtemperatur ist schlechter regelbar (Komforteinbuße).

- Sie benötigen mehr Pumpenstrom.
- Sie sind für Brennwertgeräte weniger geeignet, da die Rücklauftemperaturen in der Regel höher liegen, was die Kondensationsleistung reduziert.
- Die Rohre müssen gut wärmegedämmt werden, da sonst die guten Nutzungsgrade des Kessels an anderer Stelle wieder verschenkt werden. Große Wärmeverluste entstehen an ungedämmten Bereichen wie zum Beispiel Armaturen, Schellen oder Bögen. Durch die gute Wärmeleitfähigkeit des Kupfers ist der Wärmeverlust dieser Fehlstellen weitaus größer, als es die Flächenverhältnisse vermuten lassen. Sind diese Bereiche nicht gedämmt, sollten Sie dies nachträglich tun. Die Heizungsanlagenverordnung fordert für die Dämmschicht eine Dicke, die der Nennweite, das heißt dem Querschnitt der Rohre oder Armaturen entspricht. Dies sind absolute Mindestwerte. Es ist sinnvoll, auch die Verteilleitungen im Fußboden zu den Heizkörpern zu dämmen, damit die Wärmeabgabe nur

am Heizkörper und nicht auch (unfreiwillig) im Fußboden erfolgt.
- Außerdem ist darauf zu achten, dass der Heizungsinstallateur einen hydraulischen Abgleich des Rohrnetzes vornimmt.
- Auch sollten Pumpen, die in Stufen schaltbar sind, nicht zu groß dimensioniert sein, da der Wirkungsgrad auf den kleineren Stufen deutlich schlechter ist.

- **Wärmeabgabe über Heizflächen**

Am gängigsten ist die Beheizung eines Gebäudes über Heizkörper (Radiatoren, Plattenheizkörper). Diese sind gut regelbar, in allen Leistungsgrößen und mittlerweile auch in ansprechendem Design lieferbar. Zu beachten ist:
- Heizkörper sollten nicht direkt vor Fensterflächen angeordnet werden. Eine »freie Aussicht« hat in diesem Fall nur der Heizkörper und nicht der Bewohner. Zudem steigen die Wärmeverluste stark an. Ist keine andere Anordnung möglich, müssen zumindest die

Anforderungen der Wärmeschutzverordnung für diesen Fall genau eingehalten werden.

■ Eine Platzierung der Heizkörper an den Innenwänden ist erst bei Drei-Scheiben-Wärmeschutzverglasung (k-Wert 0,7 W/(m² K)) zu empfehlen. Bei Verglasungen mit einem schlechteren k-Wert sollten die Heizkörper auf jeden Fall noch im Bereich der Brüstung unter den Fenstern aufgestellt werden, um die Gefahr von Zugluft durch Kaltluftabfall zu vermeiden.

■ Auf Verkleidungen vor Heizkörpern sollten Sie verzichten, da sie die Wärmeabgabe behindern und die Wärmeverluste erhöhen. Heizkörper aus mehreren hintereinander angeordneten Platten sind kompakt, haben aber einen geringeren Strahlungsanteil als großflächige einlagige Platten.

■ **Fußbodenheizung**

Viele Fußbodenheizsysteme kommen mit relativ niedrigen Heizwassertemperaturen aus. Ihr hoher Strahlungsanteil ermöglicht eine leichte Absenkung der Raumlufttemperatur. Andererseits ist die Strahlung zu wenig gerichtet, um Strahlungsdefizite von großen kalten Fensterflächen so auszugleichen, wie dies am Fenster montierte Heizkörper können. Ein Nachteil der Fußbodenheizung besteht darin, dass ihre Wärmeabgabe nur mit großer zeitlicher Verzögerung über eine Änderung der Heizwassertemperatur zu regeln ist. Dies liegt an der großen Masse des Estrichs, weshalb die zusätzlich anfallende Sonnenenergie, die durch die Fenster eindringt, weniger wirkungsvoll als bei konventionellen Heizlösungen genutzt werden kann.

Bessere Regeleigenschaften hat der so genannte Klimaboden, der aus wasserdurchströmten Kunststoffplatten besteht. Statt einer trägen Estrichplatte erhält er eine Stahlblechabdeckung. Die große sauerstoffdurchlässige Kunststoffoberfläche erfordert Vorkehrungen gegen Korrosion an Stahlflächen im Heizwasserkreislauf. Am sichersten ist die Trennung vom Kesselkreislauf durch einen Wärmetauscher. Wegen des notwendigen Temperaturgefälles zwischen Kessel- und Klimabodenseite geht ein Vorteil des Klimabodens, die sehr niedrige Heizwassertemperatur, dann allerdings wieder verloren.

Ein weiterer Nachteil der Fußbodenheizung ist der größere Wärmeverlust durch die Kellerdecke. Diesem Effekt kann zum Teil mit einer Wärmedämmung (mindestens 12 bis 16 Zentimeter) vorgebeugt werden. Um den Komfortgewinn der Fußbodenheizung mit den energietechnischen Vorteilen von Heizkörpern zu kombinieren, besteht die Möglichkeit, nur diejenigen Räume mit Fußbodenheizung auszustatten, die mit nackten Füßen betreten werden (Bad, WC) oder in den Aufenthaltsräumen zusätzliche Heizkörper für die Übergangszeit zu installieren. Das erfordert allerdings einen zusätzlichen Heizkreislauf.

Schließlich ist bei der Planung einer Fußbodenheizung zu bedenken, dass nicht alle Fußbodenbeläge gleichermaßen dafür geeignet sind: Aus wärmetechnischer Sicht sind Fliesen- oder Steinfußböden besser geeignet (weil sie die Wärme leicht abgeben) als zum Beispiel Parkett oder gar Teppich-

böden, die die Wärmeabgabe stärker behindern, was zu einem höheren Energieverbrauch führen kann. Die Wahl des Oberbelags hat deshalb auch Einfluss auf die Größe der Rohrabstände und muss mit dem Heizungsbauer abgesprochen werden.

■ Regelung

Die Heizungsanlagenverordnung schreibt vor, dass jede Zentralheizungsanlage mit einer Regelung des Wärmeerzeugers sowie einer raumweisen Temperaturregelung ausgerüstet sein muss. In der Praxis hat die außentemperaturabhängige Regelung der Vorlauftemperatur als Kesselregelung eine weite Verbreitung gefunden. Hier werden die Außentemperatur von der Heizungsregelung gemessen und die Vorlauftemperatur entsprechend variiert. Der Zusammenhang zwischen Außentemperatur und Vorlauftemperatur kann für jedes Gebäude individuell über die Heizkurve eingestellt werden.

Diese Art der Regelung gewährleistet, dass das Heizungswasser immer nur so weit vom Kessel erwärmt wird, wie es zur Beheizung des Gebäudes erforderlich ist. Da sehr tiefe Außentemperaturen selten vorkommen, klettert die Vorlauftemperatur nur an extrem kalten Tagen auf den maximal möglichen Wert von zum Beispiel 70 °C. Das senkt die Bereitschafts-, Abstrahl- und Abgasverluste des Kessels sowie die Verteilverluste im Heizungsnetz.

Ausgehend von diesem Grundprinzip haben die Hersteller unterschiedliche Erweiterungsfunktionen entwickelt:

■ die Regelung der Warmwasserbereitung,

■ die Steuerung der Umwälzpumpe (Leistung, Laufzeit),

■ die Steuerung der Zirkulationspumpe,

■ eine variable Schaltdifferenz, um Brennerstarts zu verringern,

■ eine automatische Berechnung der Heizkennlinie,

■ die Fernbedienung mit Fühler zur Raumtemperaturaufschaltung,

■ die Sommerschaltung, also das Abschalten von Kessel und Pumpen von einer gewissen Außentemperatur an.

Der Nutzen der einzelnen Zusatzoptionen kann nicht allgemein bewertet werden, sondern hängt von den konkreten Verhältnissen ab. So ist zum Beispiel die Aufschaltung der Raumtemperatur sinnvoll, wenn ein eindeutiger »Führungsraum" vorhanden ist. Werden in einem Gebäude aber unterschiedliche Räume zu unterschiedlichen Zeiten intensiv genutzt (zum Beispiel Küche und Wohnzimmer), eignet sich diese Regelung zumindest für den Tagesbetrieb nicht. Ziel bei der Auswahl der Regelung sollte es sein, die Vorlauftemperatur möglichst gut an den tatsächlichen Wärmebedarf anzupassen und die Laufzeiten der Pumpen zu reduzieren.

■ **Thermostatventile**

Die raumweise Temperaturregelung wird in der Praxis durch Thermostatventile an den Heizkörpern erreicht. Sie regeln die Raumtemperaturen auf einen bestimmten Soll-Wert und nehmen damit die »Feinabstimmung« im Raum vor. Bitte beachten Sie:

■ Um die Raumtemperatur regeln zu können, müssen

Thermostatventile frei zugänglich sein, das heißt, sie dürfen nicht von Verkleidungen oder Vorhängen verdeckt werden. Ist dies nicht zu verhindern, sollten Ventile mit Fernfühler verwendet werden. Der Fernfühler kann an einer frei zugänglichen Stelle montiert werden.

■ Wenn die Heizungsregelung richtig eingestellt ist, erübrigt es sich, die Thermostatventile nachts herunterzudrehen. Im Gegenteil, dies behindert sogar das Aufheizen am Morgen.

■ Elektronische Thermostatventile bieten die Möglichkeit, unterschiedliche Absenkzeiten für jeden Heizkörper zu programmieren. Die Kosten für diese Ventile liegen bei rund 150 bis 200 DM. Da diese Ventile im geöffneten Zustand einen Stromverbrauch von drei bis fünf Watt haben, macht ihr Einsatz vor allem in kurzzeitig beheizten Räumen Sinn, wie zum Beispiel im Badezimmer.

Die Warmwasserbereitung mit dem Heizkessel

In einem modernen Niedertemperatur- oder Brennwertkessel wird die Wärme auch im Sommer mit einem hohen Wirkungsgrad, das heißt mit geringem Wärmeverlust, erzeugt. Systeme zur zentralen Warmwasserbereitung, die bei den meisten Fertighäusern im Angebot sind, arbeiten daher in der Regel energietechnisch und ökonomisch günstiger als dezentrale elektrische Geräte. Eine dezentrale Trinkwassererwärmung kann allerdings sinnvoll sein, wenn kleinere Warmwassermengen an weit auseinanderliegenden Standorten eines Hauses benötigt werden.

In der Regel wird mit dem Heizkessel ein Speicher erwärmt, der ständig Warmwasser bereithält. Die Warmwassertemperatur sollte so niedrig wie möglich gehalten werden (45 bis 50 °C). Versorgt die Anlage mehr als zwei Wohneinheiten, muss die Warmwassertemperatur aus hygienischen Gründen (zur Vermeidung von Legionellen) einmal pro Tag im gesamten System auf über 60 °C angehoben werden. Natürlich sollte die Dämmung des Speichers möglichst dick sein (mindestens acht Zentimeter) und – insbesondere an Rohrdurchführungen und Flanschen – keine Lücken aufweisen.

Ohne zusätzlichen Warmwasserspeicher kommen Gas-Kombithermen (Heizung plus Warmwasser) aus, die das Warmwasser ähnlich einem Durchlauferhitzer direkt erwärmen. Die hierfür benötigte Heizleistung ist jedoch recht hoch, sodass diese Geräte vorzugsweise bei geringem Warmwasserbedarf zu empfehlen sind.

Die richtige WarmwasserSpeichergröße

Ausgehend von einem Warmwasserverbrauch von 30 Litern pro Person und pro Tag empfiehlt sich für ein Einfamilienhaus ein zentraler Warmwasserspeicher ab 120 Litern bis etwa 150 Litern. Dies ist allerdings auch abhängig von der Schnelligkeit, mit der das Wasser aufgewärmt wird. Diese Größe entspricht den meisten Hausangaben.

Die Warmwasserbereitung mit Sonnenkollektoren

Eine interessante Ergänzung zur konventionellen Warmwasserbereitung stellen thermische Solaranlagen dar. Abhängig von der örtlichen Sonneneinstrahlung können solche Anlagen 50–60 % des jährlichen Warmwasserbedarfs eines Haushaltes mit Hilfe kostenloser und umweltfreundlicher Sonnenenergie erzeugen. Die Kosten einer Anlage für vier Personen liegen heute bei rund 10.000 DM inklusive Montage.

Auch wenn Sie sich derzeit noch nicht für eine thermische Solaranlage entscheiden können, sollten Sie sich diese Option durch die richtige Wahl des Warmwasserspeichers offen halten. In solch einem Fall ist es sinnvoll, einen Solarspeicher oder einen Speicher mit entsprechender solarer Nachrüstmöglichkeit und ausreichendem Wasserinhalt von 300 bis 500 Litern anzuschaffen.

Tipp

Weitere Informationen zur Heizung und Warmwasserbereitung finden Sie in den Ratgebern »Von der Sonnenwärme zum warmen Wasser« und »Heizung – Planen, Berechnen, Modernisieren« (siehe auch Seite 319 f.).

Der Wärmebedarfsausweis ist vorgeschrieben

Eine sehr gute Wärmedämmung der Außenbauteile – also der Außenwände, der Fenster, des Daches und der Kellerdecke beziehungsweise der Bodenplatte – reduziert die Wärmeverluste und ist deshalb die wichtigste Maßnahme für das energiesparende Bauen. (Die Nutzung besonders sparsamer Heizungen und von Sonnenenergie sind immer weitere Bausteine für ein Hauskonzept mit niedrigen Energiekosten.)

Die wichtigsten Daten des Wärmeschutznachweises sind im Wärmebedarfsausweis enthalten, der für alle Neubauten erstellt werden muss. Zweck dieses Wärmebedarfsausweises ist nicht zuletzt, den Käufer, Mieter und späteren Erwerber über den zu erwartenden Heizwärmebedarf zu informieren, ohne dass der Laie sich in die komplizierte Wärmeschutzberechnung einarbeiten muss.

Gerade für Bauinteressenten wäre der Wärmebedarfsausweis beim Preis- und Leistungsvergleich verschiedener Hausangebote und bei der Hausauswahl von großem Interesse.

Das erste Problem: In der Praxis erhalten Sie als Hauskäufer den Wärmebedarfsausweis nur auf Nachfrage oder – wenn überhaupt – oft erst irgendwann nach Vertragsabschluss – obwohl die Erstellung und Aushändigung des Wärmebedarfsausweises nach der Wärmeschutzverordnung vorgeschrieben sind!

Das zweite Problem: Sie müssen sich sogar darauf gefasst machen, dass
- die Berechnung falsch sein kann,
- ein als Niedrigenergiehaus angepriesenes Gebäude gar keines ist und
- das angebotene Haus vielleicht die maximal zulässigen Energiebedarfs-Grenzwerte nur knapp unterbietet.

Achtung: Ein Haus, das heute den schlechtesten noch zulässigen Wärmeschutz aufweist, ist schon »morgen« energiemäßig gesehen jenseits von gut und böse. Denn nach der geplanten Energiesparverordnung, die die Wärmeschutzverordnung ersetzen wird,

soll der zulässige Heizwärmebedarf dem Vernehmen nach rund
30 % unter dem aktuell zulässigen
Wert liegen.

Es kann – wenn Sie nach dem
Wärmebedarfsausweis fragen –
vorkommen, dass Sie unterschiedliche Argumente hören, warum
dieser in der Angebotsphase noch
nicht vorliege oder eine Aushändigung an potentielle Hausbauer
nicht möglich sei. Bei einem Typenhaus müssen Sie das nicht
gelten lassen!

Denn: Wird das Haus vom Bauträger errichtet und befindet es sich
bereits in fortgeschrittener Planung oder sogar im Bau, dann ist
auch bereits der Wärmeschutz
berechnet. Lassen Sie sich dann
unbedingt den Wärmebedarfsausweis aushändigen. Handelt es sich
um ein Typenhaus, das ohne
Grundstück angeboten wird, dann
können Sie ebenfalls nach dem
Wärmebedarfsausweis fragen,
denn auch für Typenhäuser (in der
Wärmeschutzverordnung als
Fertighäuser bezeichnet) braucht
der Unternehmer die Wärmeschutzberechnung nur einmal zu
erstellen. Er muss den Wärmeschutz nicht für jede Grund-

stückssituation neu berechnen. Da
er nicht wissen kann, wie die
Häuser auf dem jeweiligen Grundstück stehen werden, wird für alle
Fenster die Ost-/West-Ausrichtung
angenommen, und dann werden
in der Berechnung die solaren
Wärmegewinne dieser Ausrich-
tung berücksichtigt.

Da der Wärmeschutz für Typenhäuser also nur einmal grund-
stücksunabhängig berechnet wird,
gibt es keinen Grund, weshalb
Hauskäufer diesen Nachweis nicht
schon vor Vertragsabschluss erhalten können. Er könnte Anlage
jeder Bau- und Leistungsbeschreibung sein, die Bauinteressenten
auf Anfrage erhalten.

**Wie wird der Wärmeschutz
nachgewiesen und berechnet?**

Für jeden Neubau muss der Planer
einen Wärmeschutznachweis
erstellen, das heißt, es muss berechnet werden, wie kompakt
und damit energiesparend die
Gebäudeform ist, wie gut das
Haus gedämmt wird, welche
Wärmeverluste zu erwarten sind
und wie viel Heizwärme das Haus
theoretisch brauchen wird. In der

Wärmeschutzverordnung sind die Berechnungsverfahren und die einzuhaltenden Anforderungen an den baulichen Wärmeschutz vorgegeben. Mit diesen Vorschriften sollen Heizenergie eingespart und die Heizkosten reduziert werden.

Vorgeschrieben ist das Bilanzierungsverfahren. Für kleine Wohngebäude mit bis zu zwei Vollgeschossen und nicht mehr als drei Wohnungen kann wahlweise auch das vereinfachte Nachweisverfahren, das sogenannte Bauteilverfahren, angewendet werden.

Das Bilanzierungsverfahren ist relativ aufwendig, gibt dafür aber Aufschluss über den zu erwartenden Jahresheizwärmebedarf QH. Er wird zum einen für das gesamte Gebäude in kWh/a (Kilowattstunden pro Jahr) errechnet, zum anderen wird er auf die Gebäudenutzfläche umgerechnet und dann – als Q"H auf diese Quadratmeterzahl bezogen – in kWh/m²a (Kilowattstunden pro Quadratmeter und Jahr) angegeben. Dieser Bedarfswert nähert sich dem späteren Verbrauch allerdings nur an. Zur Bestimmung des Verbrauchswertes müssten der Wirkungsgrad der Heizungsanlage

und das Verhalten der Bewohner, zum Beispiel beim Lüften, mit berücksichtigt werden.

Die Gebäudeform bestimmt den Energieverbrauch

Um der Wärmeschutzverordnung zu entsprechen, muss ein gestaffelter Grenzwert eingehalten werden. Dieser Grenzwert ist der maximal zulässige Jahresheizwärmebedarf $Q"H_{zul}$ (Definition siehe unten). Er ist aber nicht für alle Einfamilienhäuser gleich hoch, sondern abhängig von der Gebäudeform.

Einfache kompakte Häuser müssen danach niedrigere Grenzwerte einhalten, Häuser mit einem hohen Anteil an Außenwandflächen, vielen Gauben und Erkern dürfen höhere Grenzwerte erreichen und damit mehr Heizenergie verbrauchen. Auskunft darüber gibt das (Gebäude-)Außenflächen-zu-(Gebäude-)Volumen-Verhältnis, das so genannte A/V-Verhältnis. Danach müssen kompakte Häuser, die ein A/V-Verhältnis von 0,7 aufweisen, einen Jahresheizwärmebedarf von unter 80 kWh/m²a vorweisen. Häuser mit einem A/V-Verhältnis von 1,05 dürfen dagegen einen Jahresheizwärmebedarf bis 100 kWh/m²a haben, um den Anforderungen der Wärmeschutzverordnung zu genügen. Insgesamt gilt trotzdem: Je niedriger der berechnete Jahresheizwärmebedarf, umso besser ist das Haus wärmegedämmt, umso besser nutzt es die Sonneneinstrahlung aus, und umso geringer wird der Heizenergieverbrauch sein.

Für das vereinfachte Nachweisverfahren, das Bauteilverfahren, werden lediglich Höchstgrenzen für die Wärmedurchgangskoeffizienten (sogenannte k-Werte) der Außenbauteile gefordert.

Beide Nachweisverfahren sind nicht miteinander vergleichbar. Für Typenhäuser wird in der Regel das Bilanzierungsverfahren verwendet. Dieses Rechenverfahren ist aussagekräftiger, denn damit erfahren Sie zum Beispiel, ob es sich bei dem Haus um ein Niedrigenergiehaus handelt oder ob sich seine Werte diesem Standard annähern.

Fazit: Es kommt nicht selten vor, dass es in Bau- und Leistungsbeschreibungen heißt, das Gebäude würde unter der Beachtung der geltenden Wärmeschutzver-

Der **Wärmedurchgangskoeffizient, der k-Wert,** ist das Maß für den Wärmestrom, der durch das jeweilige Bauteil von der warmen zur kalten Seite fließt. Er sagt aus, wieviel Watt (W) pro Grad Temperaturunterschied zwischen innen und außen (K=Kelvin) durch eine Bauteilfläche von einem Quadratmeter verloren gehen. Je kleiner der k-Wert, desto besser ist der Wärmeschutz.

ordnung errichtet. Die Konstruktionen der Außenbauteile werden – wenn überhaupt – oft zusammenfassend umschrieben, und von den aussagekräftigen k-Werten wird allenfalls der der Außenwand erwähnt. Das alles ist zu wenig.

Bestehen Sie in der Angebotsphase auf den Wärmeschutznachweis. Und lassen Sie diesen von einen unabhängigen Experten nachrechnen.

Was ist ein Niedrigenergiehaus?

Geworben wird von Anbietern immer häufiger mit dem Attribut »Niedrigenergiehaus«. Doch was ist das eigentlich? Ein Niedrig-

Was zeichnet ein Niedrigenergiehaus aus?

Neun bauliche und haustechnische Anforderungen:

- möglichst kompakte Gebäudeform
- sehr guter Wärmeschutz der Außenbauteile
- sorgfältige Ausführung der Wärmedämmung, insbesondere an den Anschlüssen zur Vermeidung von Wärmebrücken;
- wind- und luftdichte Gebäudehülle. Dazu ist eine Luftdichtigkeitsprüfung durchzuführen (Prüfprotokoll vorlegen lassen!)
- Nutzung der Sonneneinstrahlung durch die Fenster zum Heizen
- effiziente und umweltschonende Wärmeerzeugung (zum Beispiel Brennwerttechnik)
- reaktionsschnelle Heizungsregelung;
- energiesparende, möglichst solargestützte Warmwasserbereitung
- kontrollierte Wohnungslüftung, möglichst bedarfsgesteuert

energiehaus muss einen überdurchschnittlichen baulichen Wärmeschutz aufweisen. Das ist allgemein bekannt und unstrittig. Darüber hinaus ist der Begriff aber weder geschützt noch genau definiert. So gibt es diverse landesweite oder kommunale Förderprogramme mit etwas unterschiedlichen baulichen Anforderungen und Berechnungsvorgaben.

Ein Niedrigenergiehaus muss den maximal zulässigen Jahresheizwärmebedarf um mindestens 25 % unterschreiten, das heißt,

ein Niedrigenergiehaus darf nicht über 75 % des maximal zulässigen Jahresheizwärmebedarfs liegen. Dann erhalten Eigenheimbesitzer vom Finanzamt acht Jahre lang eine Ökozulage von 400 DM pro Jahr.

Natürlich sollte man gerade von den Anbietern von Niedrigenergiehäusern erwarten können, dass sie ihre Definition des Niedrigenergiehaus-Standards erklären und den höherwertigen Wärmeschutz belegen.

Die Realität sieht aber leider oft anders aus: Die Bau- und Leistungsbeschreibungen verzichten entweder ganz auf die Definition, oder sie beschränken sich auf vage Angaben.

Insgesamt zeichnet sich ein Niedrigenergiehaus durch neun bauliche und haustechnische Anforderungen aus (siehe Kasten links). Alle Anforderungen werden wohl die wenigsten Typenhausangebote von vornherein erfüllen. Doch das Verhandeln, vielleicht in diesem Punkt auch ein zähes Ringen, könnte das Angebot vielleicht verbessern. Selbst wenn Sie dafür einen gewissen Aufpreis in Kauf nehmen müssen, rentiert sich diese Investition auf lange Sicht gesehen.

Denn erstens winkt für den Niedrigenergiehaus-Standard ja die Förderung, zweitens wirkt er sich positiv auf die laufenden Verbrauchskosten aus, und drittens bauen Sie ein zeitgemäßes Haus, was sich auf den Objekt- und Wiederverkaufswert niederschlägt.

Der Wärmeschutz der Außenbauteile

Ein Haus ist mehr als die Summe seiner Bauteile. Deshalb ist es wichtig, den Wärmeschutz in Form des Jahresheizwärmebedarfs beurteilen zu können. Im einzelnen können die Außenbauteile und ihre Verbindungteile (die so genannten Anschlüsse) aber unterschiedlich gut sein. Deshalb sollten sie auch im Einzelnen geprüft werden.

Die k-Werte der einzelnen Außenbauteile liefern erste Aufschlüsse über den Wärmeschutz. Begnügen Sie sich aber auf keinen Fall nur mit der Angabe des k-Wertes der Außenwand, denn häufig ist er nur das Aushängeschild für die Werbung. Schwachpunkte finden sich eher bei den Kellerdecken oder den k-Werten der Dächer. Wenn Sie nähere Informationen über die einzelnen Bauteile haben, dann können Sie vielleicht mit den Anbietern über eine bessere Dämmung der »schwächeren« Bauteile verhandeln.

Die Wärmeleitfähigkeit

Wenn die Außenbauteile und die verschiedenen Konstruktionsweisen näher betrachtet und miteinander verglichen werden sollen, dann ist es wichtig, die Wärmeleitfähigkeit der Hauptbau- und der Dämmstoffe zu kennen, denn die kann bei den verschiedenen Baustoffen sehr unterschiedlich sein, zumal ja die Bauteile (wie die Außenwand) aus mehreren sehr verschiedenen Baustoffen bestehen.

Eine hohe Wärmeleitfähigkeit haben Natursteine (Marmor, Basalt, Sandstein), Stahlbeton und Normalbeton. Mit abnehmender Rangfolge setzen Glas, Vollziegel, Lochziegel, Gasbeton und alle anderen extra leichten Mauerwerksstoffe sowie Holz diese Reihe fort. Die geringste Wärmeleitfähigkeit besitzen die verschiedenen Wärmedämmstoffe.

Ein Vergleichswert ist Lambda. Er gibt an, welcher Wärmestrom in Watt (W) durch ein Bauteil von einem Meter Dicke bei einer Temperaturdifferenz von einem Kelvin (K) – ein Grad Kelvin entspricht etwa einem Grad Celsius – übertragen wird. Je niedriger der Lambda-Wert ausfällt, umso besser ist die Wärmedämmfähigkeit des Bau- oder Dämmstoffes.

Zu den Wärmedämmstoffen werden alle Materialien gezählt, deren Lambda-Wert kleiner als 0,1 Watt pro Meter und Grad Kelvin [W/(mK)] ist. Die gebräuchlichsten Dämmstoffe weisen in der Regel einen Lambda-Wert von 0,035 bis 0,05 W/(mK) auf. Angegeben wird die Wärmeleitfähigkeit auch als Wärmeleitgruppe (WLG): Ein Lambda-Wert von 0,040 W/(mK) entspricht dann der Wärmeleitgruppe von 040.

Wärmedämmstoffe einer hohen Wärmeleitgruppe von beispielsweise 050 müssen also entsprechend dicker eingesetzt werden als Wärmedämmstoffe einer niedrigen Wärmeleitgruppe von 030, damit die gleiche Wärmedämmung gegeben ist.

So muss beispielsweise Schilfrohr in einer Schichtdicke von 140 Millimeter vorliegen, damit es dieselbe Wärmedämmung erreicht wie zum Beispiel 100 Millimeter dicke Zellulosedämmstoffplatten der Wärmeleitgruppe 040. Die Angabe des Wärmedämmstoffes und der Schichtdicke allein ist nicht ausreichend zur Beurteilung der wärmedämmenden Wirkung. Die jeweiligen Schichtdicken und die Wärmeleitfähigkeiten aller in einem Bauteil verarbeiteten Baustoffe bestimmen den k-Wert.

Wärmebrücken vermeiden

Wärmebrücken sind Schwachstellen in Außenbauteilen, die eine geringere Wärmedämmung aufweisen als die sie umgebenden Flächen. An diesen Stellen fließt die Wärme dann aus dem beheizten Gebäude schneller ab. Neben solchen erhöhten Wärmeverlusten besteht die Gefahr, dass feuchte Luft an der Innenseite der Außenbauteile kondensiert und dass das Tauwasser zu Feuchteschäden führt. Wärmebrücken sind deshalb eine häufige Ursache von Bauschäden.

Wärmebrückengefährdete Bereiche sind zum Beispiel:
- Anschlüsse der Bodenplatte oder Kellerdecke an die Außenwand;
- Anschlüsse der Außenwand mit den Innenwänden;
- Anschlüsse der Außenwand an die Geschoßdecken;
- Anschlüsse der Außenwand an das Dach;
- Außenwandecken;
- Fugen zwischen der Außenwand und den Fenstern, Türen und Fensternischen;
- Rolladenkästen;
- herausragende Bauteile wie Fensterstürze aus Beton, Balkone oder Vordächer.

Wärmebrücken lassen sich bereits während der Planung zum einen durch eine kompakte Gebäudeform vermeiden oder wenigstens reduzieren, zum anderen durch wärmetechnisch unproblematische Detaillösungen wie etwa die thermische Trennung zwischen Balkonen und Außenwänden. Schließlich gehört zur Verhinderung von Wärmebrücken eine sorgfältig ausgeführte lückenlose Wärmedämmung.

Ähnlich wie die beschriebenen Wärmebrücken wirken sich Luftundichtigkeiten in den Außenbauteilen aus.

Winddichtigkeit prüfen lassen

Eigentlich müssten alle Neubauten ausreichend luftdicht sein; das heißt, warme Luft sollte nicht durch Fugen oder Ritzen nach außen gelangen. Denn Undichtigkeiten bei Häusern mit gutem Wärmeschutz führen einerseits zu erhöhten Lüftungswärmeverlusten und damit zu höheren Energiekosten, andererseits sind sie eine häufige Ursache für Feuchtigkeitsschäden. Durch Tauwasserbildung können Schimmelpilze gedeihen, und feucht werdende Holzbauteile – zum Beispiel im Dach – können anfangen zu faulen.

Die Luftdichtigkeit wird nach der Wärmeschutzverordnung vorausgesetzt, aber es wird kein Nachweis dafür verlangt. In der Praxis sind die meisten Häuser nicht entsprechend luftdicht, da die Lecks in der Regel weder mit bloßem Auge erkennbar sind noch gesucht werden.

Zumindest für Niedrigenergiehäuser sollte die Luftdichtigkeitsprüfung ein selbstverständlicher Standard sein, denn bei hochwärmegedämmten Häusern wirken sich Lecks besonders nachteilig aus. Die Kosten für die Prüfung sollte der Hausanbieter tragen.

Die Luftdichtigkeitsprüfung, der so genannte Blower-Door-Test, kann immer erst nach Fertigstellung des Hauses durchgeführt werden und gilt nur für dieses Haus. Es genügt also nicht die Prüfung eines Musterhauses, denn bei jedem Bauvorhaben können andere Lecks entstehen. Bei Massivhäusern zeigen sich solche Lecks zum Beispiel an den Anschlüssen von Außenwand und Dach, von Fenstern und Außenwänden, an Rolladenkästen oder bei Löchern in der Dampfsperre im Dachbereich.

Zum Erkennen von Undichtigkeiten wird der Luftdruck im Haus gegenüber außen um 50 Pascal verringert. Dann wird die durch Lecks der Außenhülle des Hauses einströmende Luft gemessen. Wird dadurch das Luftvolumen des Hauses weniger als einmal stündlich ausgetauscht, so kann das Haus als ausreichend luftdicht eingestuft werden. Ist dies nicht der Fall, dann müssen die gefundenen Leckstellen abgedichtet werden.

Kapitel 11

Der Schallschutz

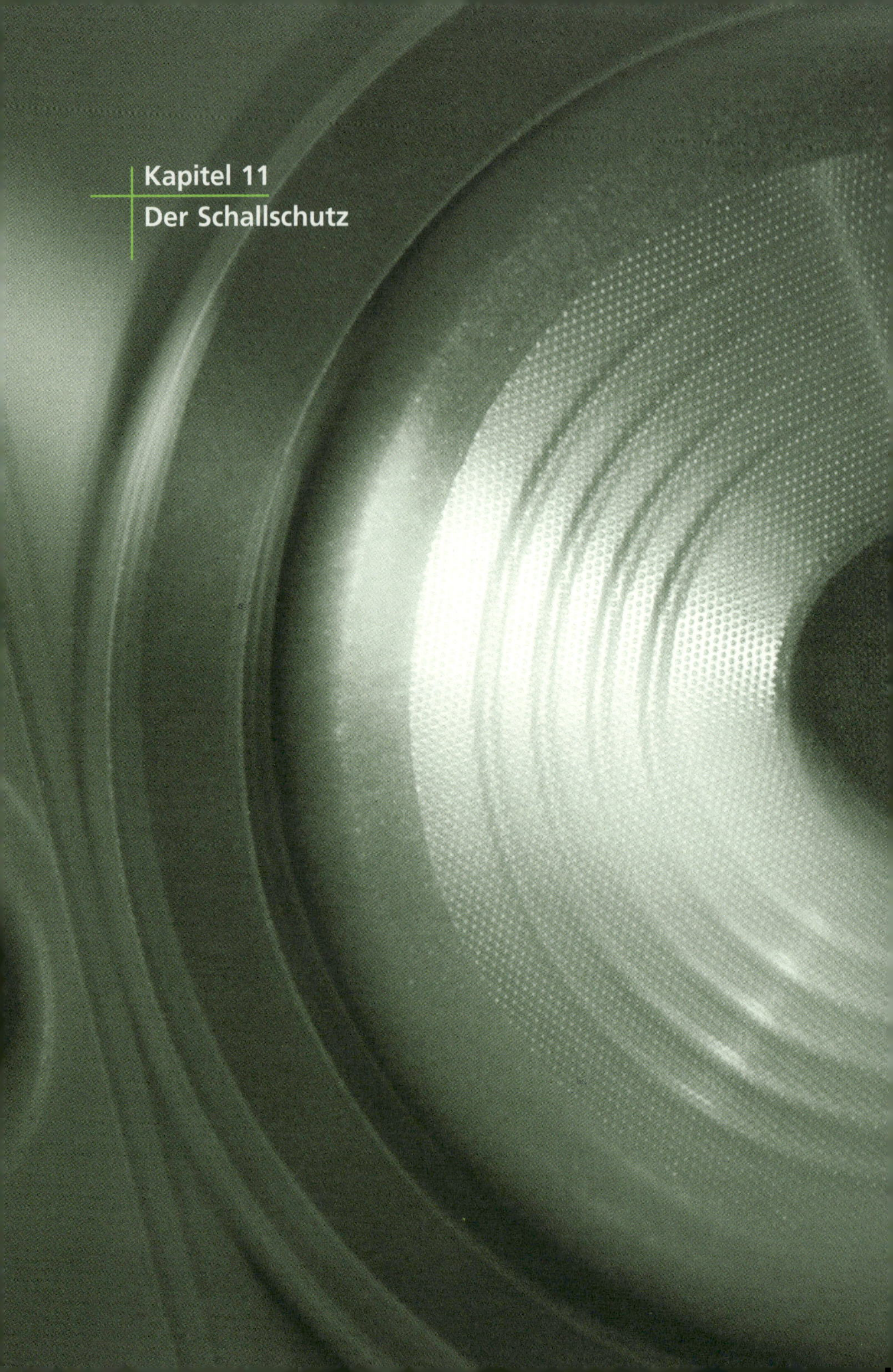

Obwohl heutzutage immer mehr Menschen unter Lärm leiden und manche davon dauerhafte gesundheitliche Schäden davontragen, messen die Fertighausanbieter dem Schallschutz nach wie vor nicht die erforderliche Bedeutung bei. Die Frage ist, mit wie viel Sorgfalt sie den Schallschutz bei der Planung und der Bauausführung berücksichtigen und wie dementsprechend die Werbeaussagen in den Prospekten zu bewerten sind.

Der Schallschutz von Wohnhäusern ist mitbestimmend für das Wohlbefinden und die Gesundheit der Menschen. Er umfasst im Wesentlichen den Schutz gegen Außenlärm, etwa gegen Straßenverkehrslärm, den Schutz gegen Geräusche aus anderen Räumen (zum Beispiel Trittschall, Möbelrücken) oder von Treppen sowie gegen Geräusche haustechnischer Anlagen. Deshalb sollten Sie sich informieren, welcher Schallschutz in den verschiedenen Hausangeboten vorgesehen ist. Genauso wichtig ist es, dass Sie sich darüber klar werden, welches Maß an Lärmschutz Sie persönlich brauchen, denn was für den einen noch eine erträgliche Lärmbelästigung ist, ist für den anderen schon unzumutbar.

Geräusche breiten sich durch Schallwellen in der Luft aus (Luftschall), oder sie werden beispielsweise durch Klopfen, Gehen oder Möbelrücken (Körper- und Trittschall) auf das jeweilige Bauteil übertragen und in ihm weitergeleitet. Treffen die Luftschallwellen auf Wände oder Decken, so versetzen sie diese in Schwingungen – und das umso stärker, je geringer das Gewicht (die Rohdichte) dieser Wände oder Decken ist. Und da dies bei Fertighäusern in Holzleichtbauweise relativ gering ist, hat der übliche Fertigbau beim Schallschutz sozusagen von »Haus aus« auch öfter Probleme. Der auftreffende Luftschall wird dabei in Körperschall umgewandelt und im nächsten Raum teilweise wieder als Luftschall weitergegeben. Der Trittschall wird als Körperschall verursacht, als solcher direkt durch die Decke weitergeleitet und dann in Luftschall umgewandelt. Auch durch Öffnungen und Fugen breitet sich Luftschall ungehindert in andere Räume aus.

Körper- und Trittschall werden über schallleitende Materialien weitergeleitet, sie sollten deshalb beim Bauen möglichst voneinander getrennt werden. Schallbrükken sind demnach bautechnische Mängel, die die Geräuschübertragung in andere Räume erleichtern. Das können zum Beispiel Decken sein, die durch mehrere Räume gehen, direkt auf Deckenbalken verschraubte Dielen oder auch Heizungsrohre und Wasserleitungen, deren Metallrohre direkten Kontakt mit dem Mauerwerk haben.

Solche Schallbrücken können vermieden beziehungsweise verringert werden, wenn die schwingungsfähigen harten Materialien mit Hilfe von Luftschichten oder weichen Materialien voneinander getrennt werden (etwa durch schwimmenden Estrich auf dem Unterboden oder durch Dämmstoffe). Schallschutz ist also nur möglich, wenn sowohl die schalldämmende Eigenschaft des einzelnen Baustoffes als auch die lärmmindernde Wirkung der gesamten Konstruktion beachtet wird.

Was heißt Dezibel?

Schall wird in Dezibel [dB] gemessen. So erzeugt eine mechanische Weckuhr etwa 30 Dezibel, die Lautstärke in einer belebten Wohnstraße beträgt etwa 55 bis 65 Dezibel, die Zimmerlautstärke eines Fernsehers 60 Dezibel, der

Änderung in dB	Ungefährer Lautstärkenunterschied in %
±1	±25
±2	±60
±3	±100 (Verdoppelung bzw. Halbierung der Lautstärke)
±6	±400 (Vervierfachung bzw. Reduzierung auf ein Viertel)
±10	±1.000 (Verzehnfachung bzw. Reduzierung auf ein Zehntel)
±20	±10.000 (Verhundertfachung bzw. Reduzierung auf ein Hundertstel)
±30	±100.000 (Vertausendfachung bzw. Reduzierung auf ein Tausendstel)

Lärm einer Handkreissäge in einem Meter Entfernung etwa 100 Dezibel.

Dezibel ist keine Maßeinheit, sondern eine logarithmische Verhältnisangabe. Damit man sich praktisch vorstellen kann, was eine dB-Änderung an Lautstärkeänderung bringt, enthält die Tabelle auf Seite 179 die ungefähren Relationen zwischen ihnen.

Da Lärmemissionen in der Regel mit wechselnder Intensität auftreten, werden sie über einen mehrstündigen Zeitraum erfasst und rechnerisch über diese Dauer verteilt. Der Durchschnittswert wird als »Mittelungspegel« bezeichnet.

Das bewertete Schalldämm-Maß – der entscheidende Luftschall-Dämmwert eines Bauteils

Das (Luft)Schalldämm-Maß R_w, das man für die verschiedenen Bauteile ermittelt, wird ebenfalls in Dezibel angegeben. Dieses Maß ergibt sich aus der Differenz zwischen dem ankommenden und dem von einer anderen Oberfläche des Bauteils wieder abge-

strahlten Luftschall. In der Praxis brauchbar ist aber nur das bewertete Schalldämm-Maß R'_w, bei dem die schalldämmende Wirkung des Bauteils im eingebauten Zustand ermittelt wird, das heißt es werden dabei die Schallnebenwege durch angrenzende Bauteile berücksichtigt. So kann die Schalldämmung einer Innenwand für sich allein ganz gut sein, aber wesentlich verschlechtert werden durch eine Nebenwegsübertragung über die Außenwand und / oder die Decke und / oder den Fußboden.

Wenn in einem Raum also eine lautstarke Unterhaltung mit etwa 75 Dezibel geführt wird, muss die Wand ein bewertetes Schalldämm-Maß von mindestens 53 Dezibel aufweisen, damit die Unterhaltung die Wand nur noch mit höchstens 22 Dezibel durchdringt und kaum noch zu hören ist. Wichtig ist demnach, das bewertete Schalldämm-Maß der Bauteile zu kennen, um einschätzen zu können, wie viel Lärm damit abgehalten werden kann. (Zum bewerteten Trittschall-Dämmaß $L'_{n,w}$, siehe den Abschnitt Trittschall auf den Seiten 123 ff.).

Schalldämmwerte oft unbekannt

Leider geben nur sehr wenige Fertighausanbieter in ihren Baubeschreibungen die Schalldämmwerte der Bauteile bekannt. Dies liegt unter anderem daran, dass nach der DIN 4109 (Schallschutz im Hochbau) für den Einfamilienhausbau bei freistehenden Häusern gar keine, bei Reihen- und Doppelhäusern nur Anforderungen an die Außenbauteile und Gebäudetrennwände rechtlich verbindlich vorgeschrieben sind. Bei den Fertighausangeboten, die sich ja in der Regel auf freistehende Einfamilienhäuser beziehen, werden deshalb – wenn überhaupt – oft nur Aussagen zum Schallschutz der Außenwände gemacht. Die Branche ist sich wohl bewusst, dass der Schallschutz bei Fertighäusern in Rahmen-/Tafelbauweise generell ein (Akzeptanz)Problem ist, und versucht dies mit der Angabe der Schalldämmwerte der Außenwände (und entsprechenden Konstruktionen) aufzufangen. Es fällt aber auf, dass vom Schallschutz im Innern der Häuser, insbesondere von den Trittschall-Dämmmaßen kaum die Rede ist. Und es ist

deshalb nicht unberechtigt, hierin das eigentlichen Schallschutzproblem des Fertigbaus zu sehen.

Um den Schallschutz eines Fertighauses beurteilen zu können, sind insbesondere die Schalldämmwerte folgender Bauteile wichtig:

- Außenwände inklusive Fenster und Türen (eben nicht nur der meist günstigeren Werte der reinen Außenwände, die Schwachstellen liegen oft gerade bei den Fenstern, daneben auch bei den Rollkästen und den Anschlüssen an den anderen Bauteilen);
- Dach (weil das Dachgeschoss ja bei Fertighäusern häufig als die erste Wohnetage benutzt wird);
- Innenwände;
- Geschossdecke (hier insbesondere die Trittschalldämmung).

Wer also wissen will, wie es mit dem Schallschutz seines Hauses nach außen und innen steht, der muss in der Regel vor Vertragsabschluss die genauen Angaben erst einholen.

Anforderungen an die Außenbauteile und ihr Gesamtschall-Dämmmaß

Die Anforderungen an den Schallschutz der Außenbauteile hängen vom Typ der Straße ab, an der das Haus liegen soll. Es wird also bereits bei der Grundstücksauswahl wesentlich über die zukünftige Beschallung des Hauses von außen sowie die erforderlichen Dämm-Maßnahmen entschieden. Die Skala reicht von der ruhigen Wohnstraße bis zur lärmerfüllten Hauptverkehrsstraße. Entsprechend dem jeweiligen Verkehrsaufkommen wird die Straße einem bestimmten Lärmpegelbereich zugeordnet. Dieser muss dann bei der Hausplanung berücksichtigt werden. Für freistehende Einfamilienhäuser müssen in der Regel die Lärmpegelbereiche I bis IV eingehalten werden. Den einzelnen Lärmpegelbereichen liegen die maßgeblichen Außenlärmpegel, gemessen in Dezibel, zu Grunde. Diese bestimmen schließlich, was für ein bewertetes (also im eingebauten Zustand der Bauteile) Gesamtschall-Dämmmaß $R'_{w, res}$ für das Haus erforderlich wird. Dieses Maß ergibt sich aus dem Durchschnitt der Dämmmaße für die einzelnen Außenbauteile.

Zum Beispiel darf das erforderliche Gesamtschall-Dämmmaß $R'_{w, res}$ für ein Haus an einer Landstraße mit einem Verkehrsaufkommen von bis zu 1.000 Autos pro Stunde nicht unter 40 Dezibel liegen. Diesem Wert müssen alle Außenbauteile (Wände, Fenster, Türen und Dach) in der Summe entsprechen, denn der beste Außenwand-Schalldämmwert ist nur so gut wie die Schalldämmung der Fenster.

Fertighäuser haben, so wie sie angeboten werden, also zu einem bestimmten Festpreis und mit einer bestimmten Standardkonstruktion und -ausstattung ein bestimmtes Gesamtschall-Dämmmaß ihrer Außenbauteile. Nur wer dieses Maß kennt, kann abschätzen, ob sich sein Haus, so wie es angeboten wird (und das heißt eben nicht mit zusätzlichem Dämmschutz gegen Aufpreis) zum Beispiel für die Lage an einer Hauptverkehrsstraße eignet oder »nur« für eine Wohnstraße. Sie sollten daher prüfen, ob das bewertete Gesamtschall-Dämmmaß der Außenbauteile des von Ihnen favorisierten Hauses für den

Lärmpegelbereich Ihres Baugrundstücks ausreicht.

Überlegungen zum Schallschutz sollte man sinnvollerweise bereits vor dem Grundstückskauf anstellen. Denn schon der Bebauungsplan kann Forderungen an den Schallschutz des geplanten Wohngebäudes enthalten. Überhaupt sollte – zum eigenen Gesundheitsschutz und Wohlbefinden – bekannt sein, mit welchen Lärmbelastungen auf dem jeweiligen Grundstück – etwa durch Straßen, Bahn- oder Flugverkehr, Gewerbe oder Industrie – zu rechnen ist. Die Schallschutzanforderungen, die die Bauinteressenten an ihr erwartetes Wohnhaus stellen, sollten dann der Umgebung entsprechen.

Zu bedenken ist auch, dass man zwar ein gut schallgeschütztes Haus in einer lauten Umgebung bauen kann, wenn man aber auf Grund des Lärms der Straße zum Beispiel nur nach hinten lüften kann – ist dann nicht gleich die ganze vordere Seite des Hauses in seinem Wohnwert abgewertet?

Die Innenbauteile werden vernachlässigt

Für die Innenbauteile von freistehenden Einfamilienhäusern müssen keine Vorschriften für besondere Schallschutzmaßnahmen eingehalten werden. In der DIN 4109, Beiblatt 2, werden aber Empfehlungen ausgesprochen, die man der Beurteilung seines Hauses zugrunde legen kann – insbesondere dann, wenn einem an einem möglichst ungestörten Wohnen gelegen ist.

Ansonsten ist der innere (wie der äußere) Schallschutz wesentlich auch durch die Planung zu berücksichtigen: So reduziert zum Beispiel die Großzügigkeit offener Wohnbereiche oder Galerien natürlich den Schallschutz zwischen den einzelnen Räumen, und Sanitärräume sollten immer übereinander angeordnet werden.

Geräusche aus der Haustechnik

Für die haustechnischen Anlagen wie Wasser- und Abwasserinstallation, Heizung oder Lüftung sind 35 Dezibel vorgeschrieben. Wichtig ist, dass die Leitungen durch

Dämmung oder Hohlräume und gedämmte Verbindungsstücke nicht mit den Wänden in Verbindung kommen, auch nicht über Mörtelkleckse, sonst hört man es rauschen. Vorwandinstallationen haben sich hierfür bewährt.

Unbedingt sollten Sie bereits bei der Planung darauf achten, dass die Installationswand des Badezimmers nicht direkt an eine Schlafzimmerwand grenzt. Denn das Rauschen der Wasser- und Abwasserleitungen wird dann im Schlafzimmer zu hören sein, insbesondere natürlich bei schlechter Bauausführung und Schalldämmung.

Die Küche und alle sanitären Räume sollten an einen gemeinsamen Installationsschacht angeschlossen sein, um längere Wege der Frisch- und Abwasserleitungen zu vermeiden. Um den Wärme- und Schallschutz der Wände nicht zu beeinträchtigen, sollten alle Leitungen in Steigschächten oder Vorsatzwänden geführt und für die Sanitäreinrichtungen Vorwandinstallationen, vorgefertigte Installationsschächte, -wände oder Sanitärzellen eingebaut werden. In diesen Schächten lassen sich mit

einer effizienten Planung auch die Steigleitungen der Heizung und die vertikal verlaufenden Elektroleitungen unterbringen. Für Nachinstallationen sollten Leerrohre vorhanden sein. Die horizontal verlaufenden Heizungsrohre werden in der Regel auf der Rohdecke verteilt.

Fragen Sie auf jeden Fall in den Referenzhäusern nach dem Schallschutz im Hausinnern, und testen Sie ihn wenn möglich selbst, indem Sie Geräuschen aus anderen Räumen nachhorchen, im Dachgeschoss hervorgerufenen Trittschall wahrnehmen und prüfen, ob Sie die Wasser- und Abwasserleitungen in den angrenzenden Räumen rauschen hören.

Die Erfahrungen der Hausbewohner mit dem äußeren Schallschutz sind dagegen für Sie nur nützlich, wenn Sie Ihr Baugrundstück an einem ähnlichen Straßentyp planen.

Tipp

IM BRAND

SCHEIBE EINSC

ALARM

LL

AGEN

Der Brandschutz

In den Landesbauordnungen (LBO) der einzelnen Bundesländer und in den dazugehörigen Durchführungsverordnungen sind die Bestimmungen über den vorbeugenden Brandschutz festgelegt. Im Detail gibt es von Bundesland zu Bundesland unterschiedliche Anforderungen. Für Einfamilienhäuser sind die Bestimmungen allerdings in allen Bundesländern eher gering, weil man davon ausgeht, dass die Bewohner das Haus im Brandfall schnell verlassen können.

In den Landesbauordnungen ist festgelegt, welche Bauteile nach Gebäudetypen sortiert (zum Beispiel freistehende Wohngebäude mit geringer Höhe) welchen Feuerwiderstandsklassen entsprechen müssen. In der DIN 4102 »Brandverhalten von Baustoffen und Bauteilen« ist dann nachzuschlagen, wie die Feuerwiderstandklassen definiert sind und welche Wand-, Decken- oder Dachkonstruktionen diesen F-Klassen entsprechen. Es bedeuten:

- F 30: Widerstand gegen Feuer für mindestens 30 Minuten,
- F 90: Widerstand gegen Feuer für mindestens 90 Minuten,
- F 120: Widerstand gegen Feuer für mindestens 120 Minuten.

In der Hessischen Landesbauordnung gibt es beispielsweise für tragende Wände von freistehenden Wohnhäusern mit höchstens zwei Wohnungen keine Anforderungen an das Brandverhalten. Dagegen müssen so genannte **Brandwände** einem Feuer mindestens 90 Minuten lang (F 90) widerstehen. Dies sind zum Beispiel die Gebäudetrennwände von Reihen- oder Doppelhäusern, die die Ausbreitung von Feuer auf andere Gebäude verhindern sollen.

Holz ist ein guter Brennstoff. Da aber ausgebaute Fertighäuser in Leichtbauweise meist kein oder nur wenig Holz beziehungsweise Holzwerkstoffe offen zeigen, sondern in der Regel hinter einer Bekleidung »verstecken«, ist dies kein brandschutztechnischer Nachteil der Fertigbauweise. Denn für die Brandschutzqualität eines Bauteils zählt vor allem diese äußere Bekleidung (also nicht nur zum Beispiel die Dicke der Holzbalken einer Holzbalkendecke). Da sie häufig aus Gipsbauplatten besteht (zum Beispiel Wand- und Deckenbekleidung) und solche

Platten sehr gute Brandschützer sind, lassen sich auch in Holzleichtbauweise gute bis sehr gute Brandschutzwerte erzielen. Sie sollten darauf achten, dass die Außen- und Innenwände sowie die Geschossdecke Ihres Hauses mindestens den Anforderungen der Widerstandsklasse »F 30« gerecht werden, und dies im Vertrag festlegen, also einen Nachweis mit Hinweis auf die DIN 4102 oder ein Gutachten beziehungsweise Prüfzeugnis verlangen.

Nicht nur die Bauteile werden nach ihrem Feuerwiderstand klassifiziert. Auch die Baustoffe werden nach der DIN 4102 in folgende Brandschutz-Baustoffklassen eingeteilt: Schnittholz wird in die Klasse B 2, Holzwerkstoffe und Dämmstoffe werden in die Klasse B 2 oder auch B 1 ein-

gestuft. Gipskartonplatten erfüllen sogar die Anforderungen der Klasse A 2. Viele Landesbauordnungen (zum Beispiel die von Baden-Württemberg) verbieten den Einbau von Baustoffen der Klasse B 3.

Allerdings ist bei der Bewertung zu bedenken, dass beispielsweise eine dicke Holzstütze länger dem Feuer widerstehen kann als eine Stahlstütze ohne Schutzbekleidung oder -anstrich. Der Grund: Obwohl Stahl zwar nicht brennbar ist, kann es durch die hohen Temperaturen bei einem Brand dennoch eher zum Versagen seiner Tragfähigkeit kommen. Der brennbare Baustoff Holz wird je nach Querschnitt bis »B 1« eingestuft. Eine Einstufung von Baustoffen gibt es natürlich auch für Dämmstoffe, Fußbodenbeläge oder Wandbekleidungen, die

Baustoffklasse		Benennung
A		nicht brennbar
	A 1	nicht brennbar
	A 2	nicht brennbar mit brennbaren Bestandteilen
B		brennbar
	B 1	schwer entflammbar
	B 2	normal entflammbar
	B 3	leicht entflammbar

beim Wohnungsbrand eine wichtige Rolle spielen.

Für Menschen gehen bei einem Brand die größten Gefahren immer von den entstehenden Gasen aus, die durch das Brennen von Ausstattungsgegenständen und -materialien verursacht werden. Gemeint sind besonders die häufig anzutreffenden Wandbeschichtungen aus Kunststoffen wie Polystyrol, PVC oder Polyurethan. Die im Brandfall entstehenden schädlichen Gase können tödlich sein! Daran sollte man bei der Möblierung und Dekoration der Innenräume denken.

Bei einem Fortschritt des Brandes entstehen solche Gase aber auch durch das Verbrennen von Baustoffen aus solchen oder ähnlichen Kunststoffen (zum Beispiel Dämmstoffen, Installationsrohren, Abdichtungsfolien) sowie gerade beim Verbrennen von Flammschutzmitteln, mit denen sie häufig vor Brand geschützt werden sollen. Ebenso entweichen gefährliche Gase aber beim Verbrennen natürlicher Baustoffe, da sollte sich auch der ökologisch bewusst Bauende keiner Illusion hingeben. Das in jedem Fall größte Problem ist das bei einem Brand entstehende gefährliche Atemgift Kohlenmonoxid.

Bricht ein Brand aus, dann sollte er natürlich möglichst im Frühstadium gelöscht werden. Deshalb ist es zum Beispiel sinnvoll, einen Feuerlöscher in besonders gefährdeten Räumen (wie zum Beispiel im Dachgeschoss) bereitzustellen (oder auch bloß einen Wassereimer an einem Waschbecken und eine Wolldecke, um die Flammen sofort zu ersticken). Sinnvoll ist es auch, nicht nur im Keller oder zum Garten hin, sondern auch an einer Stelle im Erd- oder Dachgeschoss einen Wasserhahn mit Schraubverschluss zu installieren sowie dort einen genügend langen Schlauch zu deponieren. Denn dies erlaubt eine schnelle und effektive Reaktion auf ein ausbrechendes Feuer. Wenn aber der Brand nicht mehr selbst unter Kontrolle gebracht werden kann, müssen sofort die Feuerwehr benachrichtigt werden und die Bewohner das Haus so schnell wie möglich verlassen.

Feuerversicherung und Fertighaus

Bei Fertighäusern in Holzleicht-bauweise war früher und ist wohl zum Teil heute noch ein Aufschlag (eine besonders hohe Versiche-rungsprämie) bei der Feuer-/ Brand(schaden)versicherung üblich mit der Begründung, die Häuser seien besonders brandge-fährdet. Mittlerweile haben eini-ge große Wohngebäudeversiche-rer diese Benachteiligung von

Fertighäusern gegenüber üblichen Massivhäusern (jedoch nicht Holzblockhäuser, siehe unten) aufgegeben und stufen sie günsti-ger ein.

Bei der Hausversicherung handelt es sich oft um so genannte »ver-bundene« Wohngebäudeversiche-rungen, die zum Beispiel neben Feuer- auch Leitungswasser- und Sturmversicherung umfassen. Die Feuerversicherung, die heute nicht mehr obligatorisch ist, versi-

Brand-schutz-Gruppe	Beschreibung	Dach
1	in allen Teilen – einschließlich der tragenden Konstruktion – aus feuerbeständigen Bauteilen	»harte« Bedachung: zum Beispiel Bachziegel oder Betondachsteine
2	Fundament massiv, Umfassungs-wände und tragende Konstruk-tion nach innen und außen mit feuerhemmenden, nicht brenn-baren Baustoffen verkleidet (zum Beispiel Putz, Klinker, Gipsbauplatten, nicht jedoch Metall oder Metallfolien)	»harte« Bedachung
3	wie Gruppe 2, jedoch ohne feuerhemmende Verkleidung (zum Beispiel bei einer Voll-verkleidung der Außenwand – und zum Beispiel nicht bloß des Giebels – durch eine vorgehängte Holzfassade)	»harte« Bedachung

chert dabei in der Regel gegen
Feuer durch Blitzschlag, Explosion,
Flugzeugabsturz und Kurzschluss,
nicht jedoch durch Fahrlässigkeit,
zum Beispiel beim Bügeln.

Die Gebäudeversicherer stufen
ganze Holzrahmen-Tafelfertig-
häuser (und nicht bloß Bauteile)
in verschiedene Brandschutz-
Gruppen mit jeweils unterschiedlichen Prämien ein. Die LMV-
Versicherungen benutzen zum
Beispiel die Einteilung in der
Tabelle auf Seite 191, und ähnlich
verfahren auch andere Gebäudeversicherer.

Einige große Wohngebäudeversi-
cherungen stufen Fertighäuser
mittlerweile »normal« ein (zum
Beispiel die Häuser des BDF in
Klasse 2, nicht jedoch solche mit
vollflächiger Holzfassade).

Dagegen werden Fertighäuser in
Holzblockbau auf Grund der
vielen offenen Holzflächen generell niedriger, das heißt als brand-
gefährdeter eingestuft. Hier sind
um 30 bis 50 % höhere Versicherungsprämien fällig.

Kapitel 13

Die Bau- und Leistungsbeschreibungen

Anhand der Bau- und Leistungs- beschreibungen, die Ihnen in standardisierter Form auf Anfrage oder bei Musterhausbesichtigun- gen ausgehändigt werden, muss festzustellen sein, welche Liefe- rungen und Leistungen für den Festpreis zu erwarten sind. Leider sind sie nicht alle einheitlich systematisch aufgebaut, überdies ungenau und unvollständig: Es kommt auch immer wieder vor, dass Leistungen, die für den Hausbau notwendig sind, nicht in der Grundausstattung und damit im Festpreis enthalten sind und deshalb auch nicht ausgewiesen werden.

Jeder Anbieter kann diejenigen Angaben in der Bau- und Lei- stungsbeschreibung unterbringen, die er für notwendig erachtet. Es gibt Bau- und Leistungsbeschrei- bungen, die nur zwei DIN A4 Seiten umfassen, während andere das Typenhaus auf mindestens zehn Seiten beschreiben.

Typische Schwachpunkte von standardisierten Bau- und Leistungsbeschreibungen:
■ Angaben wie zum Beispiel »zwölf Zentimeter Wärme- dämmung« geben weder

Auskunft über den verwende- ten Wärmedämmstoff und dessen Wärmeleitfähigkeit, noch lassen sie eine ökologi- sche Bewertung des Wärme- dämmstoffes zu. Der Hinweis, dass nur »umweltfreundliche Holzschutzmittel« zum Einsatz kommen, ist so verharmlosend wie nichts sagend. Blumige Attribute wie »schönes WC« oder »exklusive Markenflie- sen« sagen nichts über Quali- tät und Preisniveau der Pro- dukte aus, selbst die Angabe »Sanitärausstattung der Firma XY« ist keine Grundlage zur Qualitätsbeurteilung, da diese Firma sowohl Luxus-Badezim- merausstattungen anbieten kann als auch preiswerte Serien oder Zweite-Wahl- Produkte. Wenn nicht preis- werte No-Name-Produkte verwendet werden, sollten die Angaben so präzise sein, dass Kunden sie im Fachhandel wieder erkennen können. Ebenso unzureichend sind Formulierungen wie »hoch- wertige Fenster« oder »deut- sche Markenprodukte«.
■ Fertighäuser werden häufig mit der Möglichkeit zu Eigen- leistungen in unterschiedli-

chem Umfang angeboten. Das ist zwar positiv, doch oft sind die Beschreibungen leider zu wenig konkret. Damit wird dem Interessenten der Vergleich schwer gemacht. Wenn er zum Beispiel die Qualität und den Wert der Teppichböden nicht beurteilen und auch nicht erkennen kann, wieweit die Vorarbeiten und Zuarbeiten der Firma gehen, kann er letztendlich auch nicht beurteilen, ob sich diese Eigenleistung lohnt.

- Die Darstellungen der Konstruktion von Außenwand, Decken, Dach und der Übergänge beziehungsweise Anschlüsse beschränken sich in den meisten Fällen auf eine Abbildung einer Zeichnung eines Außenwandschnitts. In den meisten Bau- und Leistungsbeschreibungen sind die Angaben zum Wärmeschutz unzulänglich, häufig wird in der Bau- und Leistungsbeschreibung nur mit dem k-Wert der reinen Außenwand (also ohne Fenster und Türen), geworben, der bei den meisten Holzhäusern vergleichsweise günstig ausfällt. Verlangen Sie aber schon vor Vertragsabschluss den Wärmebedarfsausweis.

- Angaben zum Schallschutz fehlen meistens ganz. Wenn sie gemacht werden, dann vornehmlich zum äußeren Schallschutz, nicht jedoch zum Schallschutz im Innern des Hauses.

Am Fehlen oder an der Unklarheit solcher wesentlichen Angaben erkennt man ein generelles Manko von Bau- und Leistungsbeschreibungen: Sie dienen nicht nur der reinen Information, sondern sind auch Werbeinstrumente. Mit anderen Worten, sie streichen das heraus, was für die Fertighäuser spricht, verschweigen aber die ungünstigen Seiten der Häuser oder drücken sich in diesen Punkten unklar aus. Wer diese Vorgehensweise berücksichtigt, kann umgekehrt aus den Bau- und Leistungsbeschreibungen herauslesen, wo die eher problematischen Seiten des Hauses stecken, und hier gezielt weiter nachfragen.

Wenn Sie also zusätzliche Kosten nach Vertragsabschluss vermeiden wollen, müssen Sie selbst ermitteln, ob alle notwendigen und für

Sie wichtigen Bauleistungen vertraglich vereinbart und dann in der Bau- und Leistungsbeschreibung aufgeführt sind oder ob Sie weitere Leistungen vereinbaren sollten.

Die Bau- und Leistungsbeschreibung wird Vertragsbestandteil

Die Bau- und Leistungsbeschreibung ist sehr wichtig für Käufer und Verkäufer, wird sie doch bei Abschluss des Vertrages Vertragsbestandteil und damit rechtsverbindlich. Im Streitfall wird sie Grundlage für die juristische Urteilsfindung. Das heißt, je konkreter die Bau- und Leistungsbeschreibung, umso besser können Sie den Leistungsumfang und die Qualität der Bauleistungen überprüfen und Preisvergleiche durchführen.

Fragen Sie die Verkäufer deshalb auch nach Details. Verlangen Sie – soweit möglich – genaue Material-, Mengen und Qualitätsangaben, die Bezeichnung der Inhaltsstoffe der verwendeten Materialien und Bauteile sowie Preise für die Bauteile oder Bauleistungen. Lassen Sie sich wichtige Angaben und Leistungen ausführlich benennen und diese in die standardisierte Bau- und Leistungsbeschreibung aufnehmen.

Und seien Sie da hartnäckig! Die Auskunftsbereitschaft und Kooperationsbereitschaft bei der Konkretisierung der standardisierten Bau- und Leistungsbeschreibung ist eine sicheres Zeichen für die Seriosität des Anbieters. Umgekehrt können Sie davon ausgehen, dass der Hausanbieter etwas zu verbergen hat, wenn er hier seine Karten nicht offen legen will. Eine »Kurzbeschreibung« reicht auf keinen Fall als Vertragsgrundlage. Und die Seriosität des Anbieters ist gerade im Rahmen-Tafelfertighausbau ein wesentlicher Punkt, da man hier in gewisser Weise immer schon die »Katze im Sack« kauft, weil man zum Beispiel auf der Baustelle nicht mehr feststellen kann, was in den zugeplankten Fertigelementen steckt.

Ideal wäre es, wenn das Unternehmen nicht nur das auflisten würde, was es leistet, sondern auch was es **nicht** leistet, also all die Dinge aufführen würde, die darüber hinaus noch getan – und bezahlt werden müssen. Angefangen von den Erdarbeiten bis zu den Versicherungen.

Zur Vollständigkeit der Angebotsinformationen gehört auch, dass wirklich alles **schriftlich** fixiert wird, zum Beispiel als Ergänzung zur standardisierten Bau- und Leistungsbeschreibung. Mündliche Erläuterungen und Darstellungen des Anbieters reichen keinesfalls aus. Oder anders ausgedrückt: Weil sich der Kunde im Streitfall darauf nicht berufen kann, bieten sie keinerlei Sicherheit. Und wenn es noch während der Bauphase zu Leistungs- oder Ausstattungsdiskussionen kommt, kann das viel Ärger verursachen und letzten Endes für den Bauherren teuer werden. Falls Lücken gesehen werden oder in irgendeinem Punkt Unsicherheit besteht, ist beim Unternehmer unbedingt auf Klärung und schriftliche Fixierung zu drängen.

Die Bau- und Leistungsbeschreibung sollte schließlich von beiden Seiten, also von Auftraggeber beziehungsweise Käufer und Auftragnehmer beziehungsweise Verkäufer im Original unterzeichnet werden – und nicht, wie von einzelnen Anbietern vorgesehen, nur vom Auftraggeber.

Die Bemusterung

Beim Fertighauskauf ist es gängige Praxis, erst den Vertrag über die Grundausstattung abzuschließen und dann einige Monate vor Errichtung des Hauses die endgültige Ausstattung detailliert festzulegen. Im firmeneigenen Ausstattungszentrum werden Ihnen bei dieser so genannten Bemusterung die zur Grundausstattung gehörenden Ausstattungsleistungen (zum Beispiel Heizkörper, Steckdosen, Türen und Fußbodenbeläge) mit allen lieferbaren Varianten, beispielsweise mit einer Farb- oder Musterpalette, vorgeführt sowie qualitativ hochwertigere Alternativen, die Sie gegen Aufpreis erhalten können.

Änderungswünsche und neue Vereinbarungen werden in einem Protokoll festgehalten, dem Vertrag beigefügt und berechnet. Bei diesen Bemusterungsgesprächen besteht oft auch die Möglichkeit, bestimmte Innenausbau-Leistungen aus dem Grundpaket herauszunehmen und dadurch den Festpreis zu reduzieren. Erfahrungsgemäß zahlen die meisten Hauskäufer aber nach der Bemusterung mehr, nämlich nicht nur den ursprünglich vereinbarten Festpreis, sondern einen Aufpreis für die Sonderausstattungen.

Tipp

Wenn Sie kostensparend bauen wollen, sollten Sie vor Vertragsabschluss »bemustern«, das heißt die Grundausstattung ansehen und genau überlegen, was Sie brauchen und was nicht. Zu diesem Zeitpunkt haben Sie bessere Verhandlungschancen als nach Vertragsabschluss.

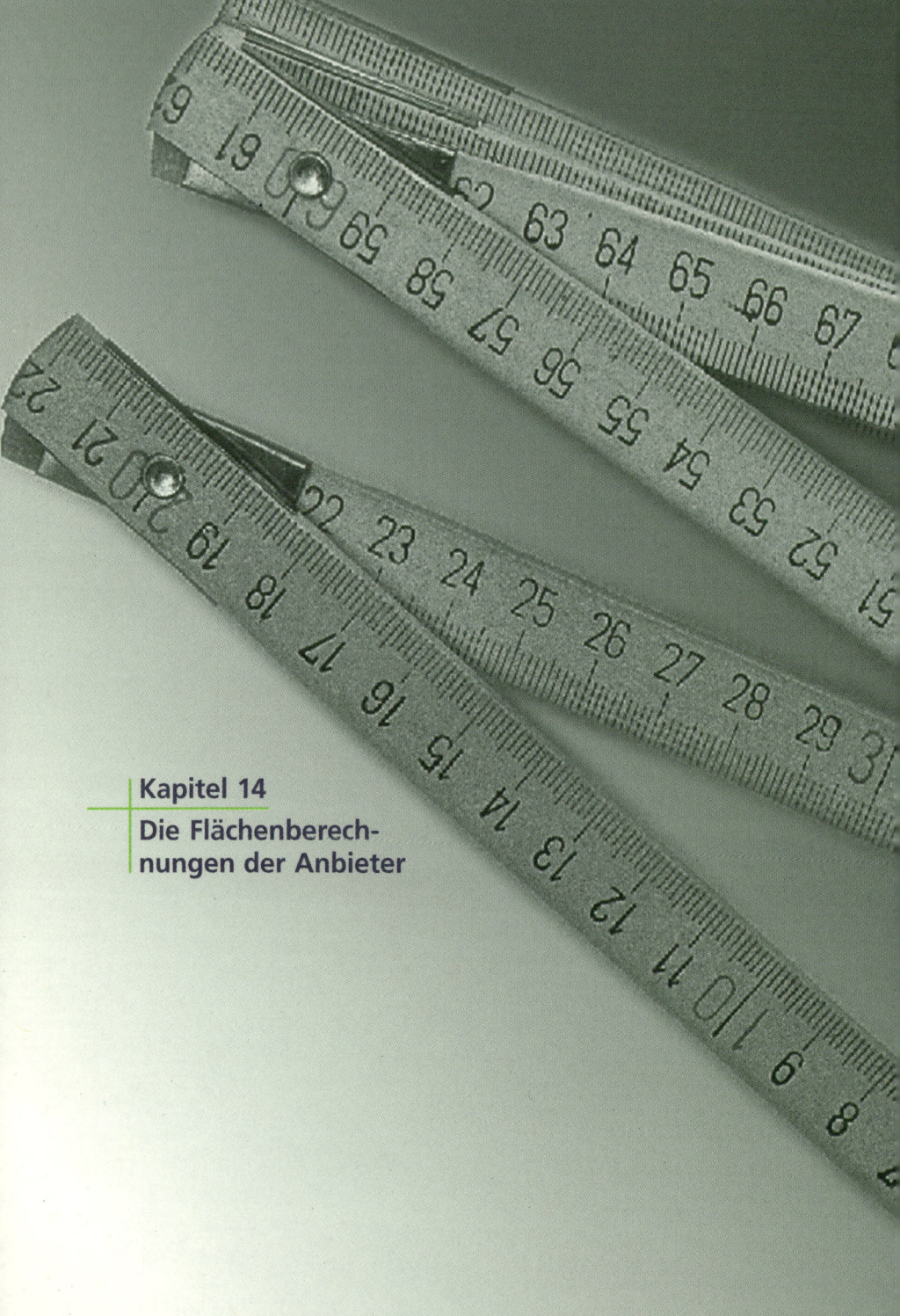

Kapitel 14
**Die Flächenberech-
nungen der Anbieter**

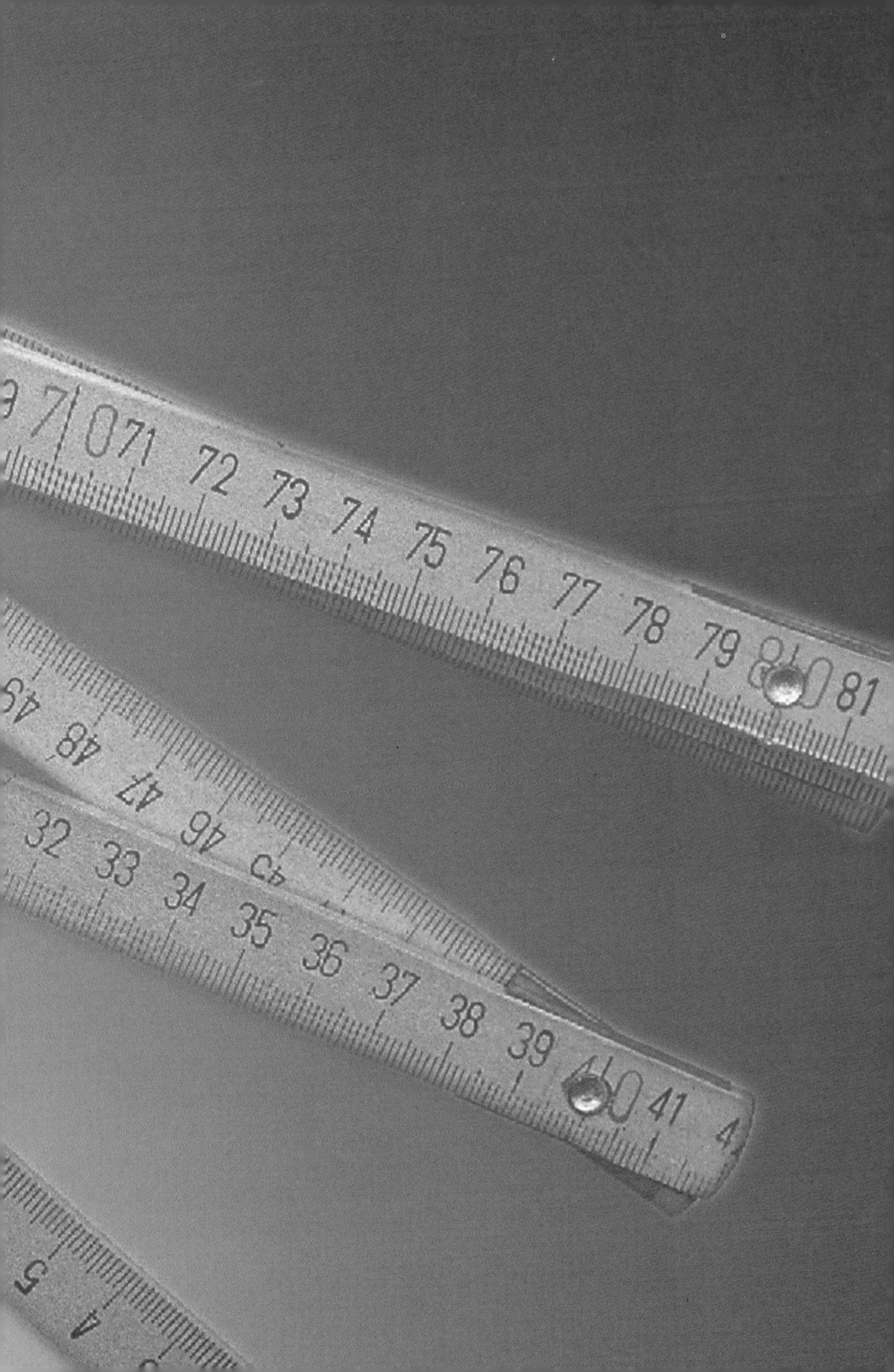

71 72 73 74 75 76 77 78 79 81
48 47 46
32 33 34 35 36 37 38 39 41

Verschiedene Berechnungsmethoden

Die Nutz- und Wohnflächenberechnungen haben insbesondere vier Funktionen:

- Die Größe der Nutz- und Wohnfläche ist ein wichtiges Kriterium der Wohnqualität.
- Der Wärmebedarf eines Hauses wird sinnvollerweise auf die gesamte Nutz- beziehungsweise Wohnfläche bezogen (siehe Kapitel 10 auf den Seiten 164 ff.).
- Für die Bewertung von Wohngebäuden ist die Wohnfläche wichtig. Die Wohnflächenberechnung gehört deshalb zu den Unterlagen, die der Darlehensgeber eines Baudarlehens benötigt. Die Wohnfläche ist außerdem wesentlich mitentscheidend über den Beleihungs-/Hypotheken- sowie den Wiederverkaufswert Ihres Hauses sowie über die Höhe der Prämien bei den Gebäudeversicherungen.
- Angebotsvergleiche sind nur sinnvoll, wenn die Wohnflächen gleich berechnet sind beziehungsweise umgerechnet werden auf vergleichbare Größen.

Die Wohnfläche ist also einer der wichtigsten Eckdaten Ihres Hauses. Umso mehr verwundert es, wie komplex und unterschiedlich es zum Teil bei der Wohnflächenberechnung zugeht, sodass der Baulaie unvermittelt vor Rätseln steht. Im Wesentlichen tauchen bei den Fertighausanbietern mindestens vier verschiedene Berechnungsmethoden auf. Wohnflächen werden berechnet nach:

- der »Zweiten Berechnungsverordnung« (Verordnung über wohnungswirtschaftliche Berechnungen, BV) von 1990;
- DIN 277 (Grundflächen und Rauminhalte von Bauwerken im Hochbau);
- DIN 283 (unterscheidet zwischen Wohn- und Nutzflächen, zwar ist sie nicht mehr gültig, wird aber von den Hausanbietern teilweise noch angewandt);
- eigenen »selbst geschneiderten« Regeln der Anbieter.

Die Wohnflächenberechnung nach der Zweiten Berechnungsverordnung und die Nutzflächenberechnung nach DIN 277 basieren auf der Grundfläche, die aber jeweils etwas anders definiert und berechnet wird. Da beide Berechnungsarten, auf dasselbe Haus angewendet, andere Quadratmeter-Angaben ergeben, ist es wichtig, die Unterschiede zu kennen.

Die DIN 277 unterscheidet sich von der Wohnflächenberechnung der II. BV im Einzelnen dadurch, dass bei der DIN 277

■ Nutzflächen außerhalb der Wohnung (wie zum Beispiel der Keller, Trocken- und Abstellräume) hinzuzurechnen sind;

■ Treppen und Flure innerhalb der Wohnung nicht zur Nutzfläche, sondern zur Verkehrsfläche gehören, es sei denn, es handelt sich um Wohndielen;

■ bis zum Fußboden reichende Fenster- und Wandnischen, auch wenn sie tiefer als 0,13 m sind, nicht zur Nutzfläche, sondern zur Grundfläche zu rechnen sind;

■ die Grundflächen von Erkern, Wandschränken und anderen festeingebauten Gegenständen unabhängig von ihrer Größe zur Nutzfläche gehören;

■ die Grundfläche unter Treppen, auch wenn die lichte Raumhöhe niedriger als zwei

Meter ist, zur Nettogrundfläche und, soweit sie mit einer Nutzfläche in Verbindung steht, auch zu dieser gehört;

■ eine Bestimmung über die verminderte Anrechnung von Raumteilen mit lichten Höhen unter zwei Metern (zum Beispiel Dachschrägen) in der DIN 277 nicht existiert; dort wird nur verlangt, dass Grundflächen von Raumteilen mit Höhen kleiner als 1,5 m getrennt ermittelt werden;

■ auch die Möglichkeit zur halben Anrechnung von Balkonen, Loggien und Freisitzen in DIN 277 nicht gegeben ist; dort müssen die entsprechenden Flächenbereiche nur getrennt ermittelt werden.

Dagegen ist es bei beiden Verfahren üblich, die Grundflächen, die aus den Rohbaumaßen ermittelt werden, um 3 % für den Putzanteil zu kürzen.

Die DIN 277 dient streng genommen nur der Berechnung von Nutzflächen sowie Verkehrs- und Funktionsflächen, sie wird aber zur Wohnflächenberechnung benutzt, indem zum Beispiel von der Grundfläche die Verkehrs-

Die Flächenberechnungen der Anbieter

Welche Räume und Flächen eines Einfamilienhauses sind bei der Wohnflächenberechnung zu berücksichtigen?		
Räume	**II. BV**	**DIN 277**
Kellergeschoss		
Vorratsräume	–	Nutzfläche
Öllagerraum	–	Funktionsfläche
Flur	–	Verkehrsfläche
Treppenraum	–	gesamte Grundfläche wird der Verkehrsfläche zugerechnet
Erdgeschoss		
Küche	Wohnfläche	Nutzfläche
Hauswirtschafts-raum	Wohnfläche	Nutzfläche
Wohn-/Essraum	Wohnfläche	Nutzfläche
Gäste-WC	Wohnfläche	Nutzfläche
Windfang + Flur	Wohnfläche	Verkehrsfläche; eine Wohn-diele gehört zur Nutzfläche
Treppenraum	Raum unter der Treppe ab 2 m lichte Höhe darf der Wohnfläche zugeordnet werden	gesamte Treppengrundfläche gehört zur Verkehrsfläche; wenn sich die Treppe im Wohnraum befindet, wird die Treppengrundfläche der Nutzfläche zugerechnet
unbeheizter Wintergarten	Grundfläche darf ab 2 m Höhe zur Hälfte zur Wohn-fläche gerechnet werden	gesamte Grundfläche ist Nutzfläche
überdachte Terrasse, Loggia	Grundfläche darf bis zur Hälfte zur Wohnfläche gerechnet werden	gesamte Grundfläche ist Nutzfläche, muss aber separat ausgewiesen werden
nicht überdachte Terrasse	keine Anrechnung als Wohnfläche	Grundfläche muss separat ausgewiesen werden

Welche Räume und Flächen eines Einfamilienhauses sind bei der Wohnflächenberechnung zu berücksichtigen? (Fortsetzung)

Räume	II. BV	DIN 277
Ober-/Dachgeschoss		
Schlaf-, Kinder-, Arbeitszimmer etc.	Wohnfläche; Grundflächen unter Dachschrägen von 1–2 m Höhe sind zur Hälfte anzurechnen; Flächen <1 m Höhe dürfen nicht mit angerechnet werden	Nutzfläche; Grundflächen unter Dachschrägen <1,5 m Höhe sind separat auszuweisen
Badezimmer	Wohnfläche; Dachschräge s. o.	Nutzfläche; Dachschräge s. o.
Flur	Wohnfläche; Dachschräge s. o.	Nutzfläche; Dachschräge s. o.
Treppenraum	–	siehe Treppenraum EG
Balkon, Dachterrasse	Grundfläche darf bis zur Hälfte zur Wohnfläche gerechnet werden	gesamte Grundfläche ist Nutzfläche, muss aber separat ausgewiesen werden
Besonderheiten	Nischen größer als 0,13 m Tiefe sind mitzurechnen; Erker und Wandschränke sind ab > 0,5 m² mitzurechnen; 10 % der errechneten Grundfläche der Wohnung kann abge zogen werden; wird der Grundflächenberechnung das Rohbaumaß zugrunde gelegt, dann sind 3 % für Putz abzuziehen	Grundflächen von Erkern, Wandschränken und anderen fest eingebauten Gegenständen gehören zur Nutzfläche; bis zum Fußboden reichende Fenster- und Wandnischen, auch wenn sie tiefer als 0,13 m sind, sind nicht zur Nutz- oder Verkehrsfläche zu rechnen; wird der Grundflächenberechnung das Rohbaumaß zugrunde gelegt, dann sind 3 % für Putz abzuziehen

und Funktionsflächen (sowie der dreiprozentige Putzanteil) abgezogen werden. Wie hier jeweils verfahren wird, müssen Sie erfragen, um überprüfen zu können und sicher zu gehen.

Welche Räume eines Einfamilienhauses in welchem Umfang bei den beiden Berechnungsverfahren jeweils berücksichtigt werden, gibt Tabelle auf den Vorseiten wieder.

Faustregeln für Fertighausangebote

Zu bedenken ist, dass es sich bei den Angeboten von freistehenden Einfamilienhäusern in Fertigbauweise in der Regel um schlüsselfertige Angebote ab Oberkante Kellerdecke beziehungsweise Bodenplatte handelt sowie um ein Erd- und ein (ausgebautes) Dachgeschoss. Dies vereinfacht die Flächenberechnung insofern, als der Keller dabei unberücksichtigt bleibt. Beim Dachgeschoss ist meist mit einer Dachschräge zu rechnen, das heißt hier wird sowohl nach der Verordnung über wohnungswirtschaftliche Berechnungen (BV) als auch nach der DIN 277 nicht die ganze Grundflä-

che als Wohnfläche angesetzt – und die Abweichungen sind hier nicht allzu groß. Größer werden die Abweichungen eigentlich nur
- bei Balkonen, unbeheizten Wintergärten, überdachten Terrassen oder Loggien: Hier rechnet die BV die Grundflächen zur Hälfte, die DIN 277 aber letztlich ganz zur Wohnfläche;
- bei Fluren, dann rechnet die BV sie hinzu, die DIN 277 nicht. Wenn es sich allerdings um Wohndielen handelt, rechnen beide Verfahren sie hinzu.

Außerdem kommen vielfach im Fertighausangebot »hausgemachte« Berechnungen zur Anwendung, dabei wird zum Beispiel nicht zwischen Wohn-, Verkehrs- und Funktionsflächen unterschieden, sondern es ist nur die Rede von **einer** »Wohnfläche« oder »Wohn- und Nutzfläche«, die die Nutz- und Funktionsflächen (zum Beispiel einen Flur und einen Heizungsraum im Dachgeschoss) bereits enthält. Das Ganze wird dann häufig auch noch »Wohnflächenberechnung nach DIN« genannt. Korrekt nach DIN 277 scheint dabei einzig der Abzug für die Dachschräge zu sein. Das dahinter stehende Kalkül ist klar:

Je größer die »Wohnfläche«, desto günstiger erscheint bei gegebenem Festpreis der Quadratmeterpreis – ein wichtiges Werbeargument von vielen Firmen, die diesen Preis möglichst unter 2000 DM pro m² »Wohnfläche« drücken wollen. Die Berechnung »nach DIN« kann aber auch nach der alten DIN 283 erfolgt sein, die zwischen Wohn- und Nutzfläche unterscheidet und zum Beispiel Balkone nur zu einem Viertel als Wohnfläche berücksichtigt. Diese mittlerweile nicht mehr gültige Norm wird zwar noch häufig angewandt, aber in den »hausgemachten« Versionen oft nicht konsequent, zum Beispiel werden dort Balkone ganz angerechnet. Es kommt auch vor, dass die DIN 283 mit der II. BV verwechselt wird.

In der Regel scheinen Fertighausanbieter mit »Wohnfläche« oder »Wohn-Nutzfläche« für das Erdgeschoss und das Dachgeschoss alle verfügbaren Flächen voll zu addieren und nur beim Dachgeschoss die Grundfläche wegen der Dachschräge zu reduzieren sowie die Fläche für Treppen nicht mitzuzählen.

Selbst wenn die Fertighausanbieter ihr Berechnungsverfahren offen legen und damit überprüfbar machen, so können sie aber immer noch unkorrekt oder falsch sein: So fehlt manchmal der Abzug von 3 % der Fläche für den Putzauftrag, wenn die Grundfläche sich auf das Rohbaumaß bezieht. Bei der DIN 277 werden häufig nicht die Flächen mit Raumhöhen unter 1,50 Meter und solchen über 1,50 Meter separat aufgeführt. Auch wenn die Flure, das Treppenhaus und der Windfang pauschal der Nutzfläche zugerechnet werden, ist die Berechnung nach DIN 277 unkorrekt. Treppenhäuser, Flure und Windfänge sind den Verkehrsflächen zuzuordnen.

Fazit: Zwei nicht miteinander vergleichbare offizielle Berechnungsarten sowie zusätzlich solche der »Marke Eigenbau« für den Einfamilienhausbau verunsichern die Verbraucher und führen zu Falschaussagen und Fehlinterpretationen. Das DIN und der Verordnungsgeber (Bund und Länder) sollten sich deshalb auf eine Wohnflächenberechnung auch für den Einfamilienhausbau verständigen. Dies würde auch

Fertighausanbietern die Berechnung erleichtern.

Sie sollten sich nicht einfach auf
die Prospektangaben verlassen.
Für den Preis-Leistungsvergleich
sollten Sie sich stattdessen vor
Vertragsabschluss den detaillier-
ten Berechnungsnachweis vorlegen lassen, diesen überprüfen und
das Haus bei Fertigstellung nach-
messen. Verlangen Sie die Wohnflächenberechnung nach der
II. Berechnungsverordnung, denn
sie ist zurzeit die einzige amtlich
gültige Art der Wohnflächenberechnung, und sie beruht deshalb
auf einem für alle gleichen und
nachvollziehbarem Verfahren.

Kapitel 15

Der Festpreis ist kein Endpreis

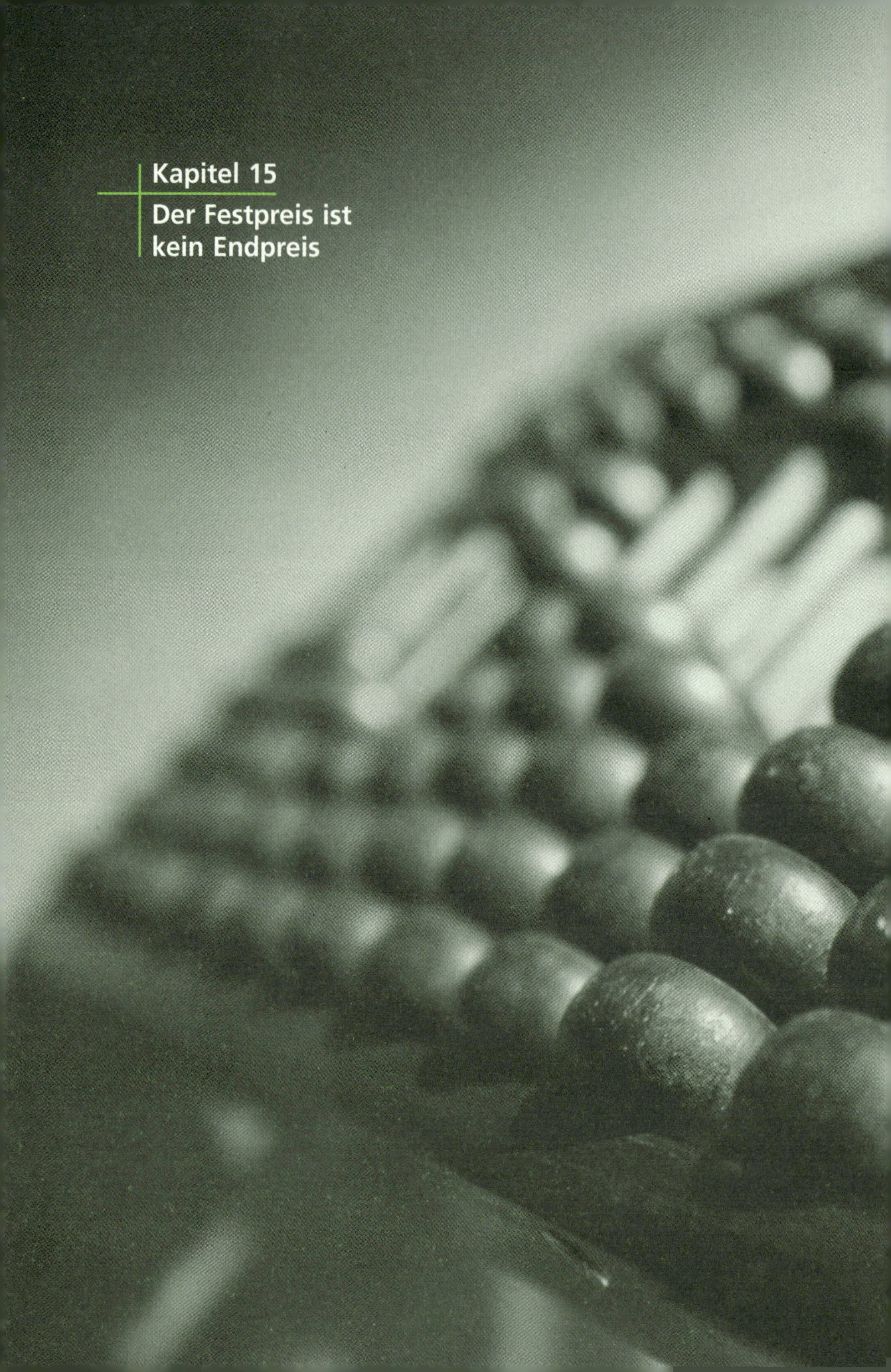

Was beinhaltet der Festpreis – was nicht?

Fertighausanbieter locken mit Festpreisen. Diese sollen es dem Bauinteressenten möglich machen, einen realistischen Finanzierungsplan zu erstellen und – so die Verkaufswerbung – genauer zu kalkulieren als beim Hausbau zum Beispiel mit einem freien Architekten. Der Festpreis ist auch als Preisgarantie für einen bestimmten Zeitraum gedacht.

Doch der Festpreis hält nicht immer das, was er verspricht, und nirgendwo ist verbindlich definiert, was Festpreis heißt und welche Kosten darin enthalten sind. Weil in den einzelnen Angeboten einmal diese und einmal jene Kostenpositionen fehlen, ist es nicht möglich, einen direkten (Fest-)Preisvergleich anzustellen.

Für Baufachleute gibt es die DIN 276 »Kosten im Hochbau«, mit deren Hilfe die Kosten ermittelt und Preisvergleiche angestellt werden können. Sie gliedert das Gesamtbauvorhaben »Einfamilienhaus« in folgende Kostengruppen:

- Grundstück,
- öffentliche Erschließung und Herrichten der Baustelle,
- Gebäude,
- Baunebenkosten,
- Außenanlagen.

Außerdem erläutert sie, welche Kostenpositionen im Einzelnen zu welcher Kostengruppe gehören, und enthält damit eine Art Checkliste, aus der Fachleute ersehen können, was zum Beispiel alles den Gebäudekosten zuzurechnen ist. Berechnet nach der DIN 276, können Baukosten miteinander verglichen werden. Für den Laien ist die DIN 276 allerdings schwer verständlich, da sie sich auf alle Bauvorhaben und nicht nur den Bau von Einfamilienhäusern bezieht.

Die Gesamtbaukosten und der Festpreis

Die Gesamtbaukosten teilen sich in der Regel etwa wie folgt auf:

- Gebäudekosten (50 %)
- Grundstückskosten (25 %),
- Baunebenkosten (13 %),
- Kosten für das Herrichten der Baustelle und die öffentliche Erschließung (zusammen 6 %) sowie
- für Außenanlagen (6 %).

Diese Kostengruppen sind jeweils nochmals unterteilt in eine ganze Reihe von Einzelpositionen. Je mehr von diesen Neben- und sonstigen Kosten nicht im Festpreis enthalten sind, desto größer und überraschender ist die Menge der zusätzlichen Rechnungen, die später vom Hausbauer beglichen werden müssen.

Wer nun annimmt, dass im Festpreis wenigstens regelmäßig alle Gebäudekosten enthalten sind, der kann arg enttäuscht werden und plötzlich mit großen zusätzlichen »Kostenbrocken« konfrontiert sein. Um sich vor unangenehmen Überraschungen zu schützen, sollten Sie deshalb das Angebot genau prüfen.

Dass bei den grundstücksfreien Hausangeboten der Generalübernehmer (und als solche treten Fertighausanbieter ja meist auf) das Grundstück zusätzlich zum Festpreis bezahlt werden muss, liegt auf der Hand. Unübersichtlich aber wird es bei den Baunebenkosten, den Kosten für das Herrichten der Baustelle und der Erschließung des Grundstücks. Und auch die Gebäudekosten sind nicht mit dem Festpreis für ein schlüsselfertiges Typenhaus identisch. Es gibt Leistungen, die im Angebot einiger Generalübernehmer enthalten sind, bei einem anderen Teil aber fehlen sie. Der Leistungsumfang fällt deshalb sehr unterschiedlich aus.

Die Grundstückskosten

Die Grundstückskosten, aufgeführt als Kostengruppe 100 in der DIN 276, machen im Schnitt ein Viertel der Gesamtbaukosten aus. In Süddeutschland können sie erheblich darüber liegen, in Mecklenburg-Vorpommern zum Beispiel auch weit darunter. Zu den Grundstückskosten gehören auch die Grundstücksnebenkosten. Hier werden unter anderem fällig:

- Gebühren für die Bauvoranfrage,
- Maklerprovision,
- Notargebühren,
- Gebühren für die Grundbucheintragung,
- Grunderwerbssteuer.

Die Erschließungskosten

Die Kosten für das Herrichten und Erschließen des Baugrundstücks fallen in DIN 276 unter die Kostengruppen 200. Jeder Bauplatz muss für das Bauvorhaben vorbereitet werden. Abhängig von den örtlichen Gegebenheiten sind dafür eine ganze Reihe von Maßnahmen notwendig. Das kann der Abbruch vorhandener Gebäude sein, das Roden von Bäumen und Sträuchern, im Extremfall sind vorher sogar Altlasten zu beseitigen.

Darüber hinaus muss ein Baugrundstück erschlossen werden. Zur vollständigen Erschließung gehört die kostenpflichtige öffentliche Erschließung unter der Regie der Kommune, also das Anlegen von Straßen, Wegen oder Grünflächen sowie das Verlegen der Hauptkanäle für Wasser und Abwasser, der Hauptleitungen für Gas, Strom und Telefon bis zum Grundstück hin.

Das Weiterführen der Wasser-, Abwasser-, Strom- und Gasleitungen vom Hauptkanal ins Haus, also die Hausanschlüsse, gehört zur Kostengruppe 540, Unterpunkt Außenanlage. Sie sind separat vom Grundstückseigentümer bei den Versorgungsunternehmen zu beantragen und zu bezahlen.

Die Kosten für die öffentliche Erschließung sollten möglichst im Grundstückspreis enthalten sein. Sicherheitshalber sollten Sie sich beim Grundstücksverkäufer und gegebenenfalls bei der Kommune als dem so genannten Erschließungsträger erkundigen, ob die vollständige Erschließung im Grundstückspreis enthalten ist oder ob noch Erschließungskosten zu erwarten sind. Es kommt vor, dass die Kommune diese Kosten dem Grundstückseigentümer erst Jahre nach dem Kauf in Rechnung stellt oder auch erst zu einem späteren Zeitpunkt einen Teil der Arbeiten durchführt.

Was gehört zu den Gebäudekosten?

Bei schlüsselfertiger Ausführung des Hauses sollten im Festpreis eigentlich die gesamten Gebäudekosten nach den Kostengruppen 300 und 400 der DIN 276 enthalten sein. Dazu gehören die Kosten für die Baustelleneinrichtung, die Herstellung der Baugrube, die Gründung (also die Erstellung der Fundamente und die Bauwerksabdichtung), sämtliche Roh- und Ausbauarbeiten für Haus und Keller beziehungsweise Bodenplatte – einschließlich der Malerarbeiten, der Fliesen- und sonstigen Bodenbeläge – und natürlich die Haustechnik. Das heißt, im Festpreisangebot für ein schlüsselfertiges Haus sollten die gesamten Kosten für alle Bauleistungen enthalten sein, damit der Hauseigentümer in ein wirklich fertiges Haus einziehen kann – so jedenfalls stellt man sich normalerweise als Hauskäufer ein »schlüsselfertiges« Angebot vor. Die Realität der Angebote sieht jedoch anders aus. In vielen Fällen sind eben nicht alle Gebäudekosten im Festpreis enthalten:

- Es beginnt beim Baugrund. Beim Hausbau durch den Generalübernehmer gehen die Angebote der Generalübernehmer eigentlich immer von den für den Käufer günstigsten Baugrundverhältnissen aus: von einem tragfähigen Untergrund und einem ebenen Gelände ohne Grund- oder Schichtenwasser. Deshalb wird zum Beispiel die Drainage in vielen Angeboten als Zusatzleistung behandelt, die gesondert berechnet wird.

- Beispiel Erdaushub: Es ist zwar erfreulich, dass bei vielen Angeboten das Abschieben des Mutterbodens sowie der Aushub der Baugrube als Leistungen im Festpreis enthalten sind. Problematisch ist aber, dass die Abfuhr überflüssiger Erdmassen – und diese fallen in der Regel an – extra bezahlt werden muss. Darüber hinaus fallen auch noch die Deponiegebühren für die abtransportierte Erde an. Und oft hat der Hauskäufer auch das Verfüllen des Arbeitsraums – also des Raumes zwischen Kelleraußenwand und Böschung der Baugrube – nach dem Hausbau zusätzlich zu bezahlen.

- Zum Hausbau gehört auch das Bereitstellen von Baustrom und Bauwasser. Beides muss beim jeweiligen Versorger beantragt werden. Oft sind diese Kosten nicht im Festpreis enthalten, was sich oft erst auf Nachfrage herausstellt.

■ Falls es sich um Angebote inklusive Keller oder Bodenplatte handelt, ist nicht immer davon auszugehen, dass erforderliche oder gewünschte Kelleraußentreppen, -außentüren, Lichtschächte oder Eingangspodeste im Angebot mit dabei sind.

Ein Problem ist die Kostentransparenz oft auch bei kleineren Positionen, die unvermeidbar anfallen, deren Fehlen im Angebot aber nicht so leicht auffällt, wie zum Beispiel der Fundamenterder, oder wenn es um Dinge geht, an die der Laie nicht unbedingt gleich denkt, wie zum Beispiel

■ die Kosten für die Bauheizung, falls erforderlich;

■ die Kosten für die Wand- und Bodenbeläge sowie Malerarbeiten: Die Angebote vieler Typenhäuser enthalten diese notwendigen Endarbeiten nicht. Hier fallen nicht nur die Arbeitskosten, sondern häufig auch die Material- und Materialtransportkosten an.

Die Kosten für diese Arbeiten summieren sich leicht zu jeweils fünfstelligen Summen! Kaufinteressenten, die von der Höhe dieser zusätzlichen Kosten keine realistische Vorstellung haben und sie nicht zum Festpreis hinzurechnen, riskieren eine erhebliche Fehlkalkulation ihres Bauvorhabens.

Üblicherweise ist es möglich, noch nach Vertragsabschluss Leistungsveränderungen vorzunehmen. Es lassen sich vor, unter Umständen auch noch während der Bauzeit bauliche Veränderungen im Innenausbau festlegen. Auch bei der Ausstattung können entsprechend dem Baufortschritt höherwertige Objekte und zusätzliche Gegenstände – wie zum Beispiel ein Waschbecken und anderes mehr – ausgesucht werden.

Auf der einen Seite kommt diese Flexibilität den Interessen der Hauskäufer entgegen, denn kaum jemand wird sich vor Vertragsabschluss bereits mit allen Details des Hauses befassen wollen. Und manche Idee kommt einfach erst mit dem allmählich »wachsenden« Haus. Auf der anderen Seite gilt es jedoch zu bedenken, dass dem Festpreisangebot üblicherweise eine Grundausstattung zugrunde liegt und Sonderausstattungen und »Zusatzleistungen« mit erheblichen Mehrkosten verbunden sein können – besonders nach Vertragsabschluss, wenn Bauinteressenten kaum noch Verhandlungsspielraum haben.

Deshalb ist es wichtig, sich über seine Zusatzwünsche möglichst schon bei einer Bemusterung vor Vertragsabschluss und damit vor Fixierung des Festpreises klar zu werden. Achten Sie bei der Beurteilung eines Angebotes darauf, dass zur Grundausstattung nicht nur das »Billigste«, also zum Beispiel die nach den Investitionskosten günstigste Heizungsart angeboten wird. Auf diese Weise halten zwar manche Hausanbieter ihr Angebot für Preisvergleiche niedrig. Als Käufer aber sollten Sie bei Ihrer Entscheidung unbedingt auch die späteren Verbrauchskosten berücksichtigen (siehe Kapitel 9 auf den Seiten 146 ff.).

Die Kosten für die Außenanlagen

Kostenträchtig sind bei den Außenanlagen (Kostengruppe 500 nach DIN 276) vor allem die folgenden, im Festpreis von Fertighausangeboten üblicherweise nicht enthaltenen, also zusätzlich zu bezahlenden Posten:

- Die Verlegung der Hausanschlüsse (Strom, Wasser, Gas, Fernwärme, Telefon, TV-Erdkabel), die vom Abzweig des Hauptkanals beziehungsweise der Hauptleitung oder von der Grundstücksgrenze bis hinein ins Haus reichen, beim örtlichen Versorgungsunternehmen und den Anbietern von Telekommunikation und Kabelfernsehen beantragt und dem ausführenden Unternehmen separat bezahlt werden.
- Die Anlage des Gartens, der Zufahrt und Wege sowie eines Pkw-Stellplatzes, Carports oder einer Garage sind meist nicht im Festpreis enthalten. Ein Carport oder eine Garage sind aber des Öfteren gegen Aufpreis vom Fertighausanbieter zu haben.

Die Baunebenkosten

Zu den Baunebenkosten (Kostengruppe 700 nach DIN 276) zählen Honorare für den Planer und Statiker, Gebühren, Finanzierungs- und gegebenenfalls Gutachterkosten. Während in der Regel beim Bauträger alle Planungsleistungen im Festpreis enthalten sind, ist dies beim Hausbau mit dem Generalübernehmer nicht selbstverständlich.

Einige Fertighausanbieter lassen sich zum Beispiel

- die Anpassung des Typenhauses an das Grundstück oder weit reichende individuelle Änderungen an der Typenhausplanung separat bezahlen.
- Während die Erstellung des Bauantrags bei einigen Anbietern im Festpreis enthalten ist, stellen andere Firmen nur den planerischen Entwurf des Typenhauses, die statische Berechnung und den Wärmeschutznachweis zur Verfügung, die dann von einem bauvorlageberechtigten Architekten oder Bauingenieur in einen Bauantrag um- und eingearbeitet werden müssen.

Auf solche kostenträchtigen Unterschiede sollten Sie vor Vertragsabschluss achten.

Zu den Baunebenkosten können die Kosten für ein Baugrundgutachten und eine Bodenanalyse hinzu kommen, falls diese Untersuchungen nicht schon im Zusammenhang mit dem Grundstückskauf anfallen. Damit würden sie nämlich den Grundstücksnebenkosten zugerechnet werden. Diese Gutachten werden immer dann notwendig, wenn die Tragfähigkeit des Baugrundes unklar ist oder wenn festgestellt werden muss, ob bestimmte Schadstoffe im Boden sind, weil früher auf dem Grundstück beispielsweise eine Mülldeponie oder eine Industrieanlage angesiedelt waren.

Die überwiegende Mehrheit der Generalübernehmer zahlt weder die vergleichsweise geringen Kosten für Kataster- und Lagepläne noch die Gebühren für die Baugenehmigung. Auch die öffentliche Vermessung muss, genauso wie anfallende Prüfgebühren, separat bezahlt werden. Die notwendigen Versicherungsbeiträge (zum Beispiel die Feuerversicherung für die Bauzeit) sind manchmal im Festpreis enthalten, manchmal nicht.

Fazit: Wenn Ihnen nicht alle für das gesamte Bauvorhaben notwendigen Leistungen und Kosten bekannt sind, sondern diese erst »plötzlich« nach Vertragsabschluss oder erst während des Bauens anfallen, dann kann eine Fehlkalkulation entstehen, die Sie zu teuren Nachfinanzierungen zwingen kann. Im schlimmsten Fall führen finanzielle Irrtümer und Fehlplanungen dazu, dass Bauverträge platzen. Um solche Katastrophen zu vermeiden, sollten die Käufer eines schlüsselfertigen Fertighauses darauf bestehen, dass der Festpreis für ein schlüsselfertiges Haus den Gebäudekosten nach DIN 276 entspricht und dass weitere im Festpreis enthaltene Leistungen entsprechend den DIN-Kostengruppen aufgeführt werden. Wichtig wäre auch, dass der Generalübernehmer mitteilt, welche Leistungen, die für die Fertigstellung des Hauses notwendig sind, in seinem Festpreisangebot fehlen. Um diese Forderung erfüllen zu können, muss der Hausanbieter das Baugrundstück allerdings genau kennen und sein Angebot daraufhin »zuschnei-

den«. Erst dann sollten Sie den Bauvertrag unterschreiben.

Sparen durch Eigenleistungen?

Wer handwerkliches Geschick und praktische Erfahrungen mitbringt, kann durch Eigenleistungen am Bau oft eine Menge Geld sparen. Wer umfangreichere Arbeiten selbst in die Hand nehmen möchte und nicht unbegrenzt Zeit hat, sollte allerdings überlegen, ob er zusätzlich auf ein paar tüchtige Helfer – am besten mit Fachwissen – bauen kann.

Bevor Sie jedoch Eigenleistungen im Vertrag festschreiben, sollten Sie genau nachrechnen, ob sie sich tatsächlich lohnen. Außerdem dürfen Sie es nicht versäumen, sich bei Eigenleistungen mit dem Problem der Gewährleistung vertraut zu machen. Außerdem heißt Eigenleistung nicht nur die Arbeitskraft zu stellen, sondern auch das Material zu bezahlen und oft auch zu besorgen.

Bei fast allen Hausanbietern sind Eigenleistungen möglich. Dabei werden bei einigen Firmen gewünschte Leistungen aus dem Hausangebot herausgenommen, und der Anbieter zieht diesen Anteil vom Festpreis ab. Während manche Unternehmen detaillierte Listen herausgeben, in denen jeder Eigenleistung ein bestimmter Rechnungsbetrag zugewiesen ist, der dem Hausbauer gutgeschrieben werden kann, heißt es bei anderen Firmen lediglich: »Eigenleistungen sind möglich und werden in der Schlussrechnung vergütet«.

Auf einen solchen Hinweis sollten Sie sich auf gar keinen Fall verlassen, sondern darauf bestehen, dass Ihnen der Preisnachlass in Geld schriftlich vor Vertragsabschluss bestätigt wird. Erfahrungsgemäß setzen die Firmen den »Wert« für Eigenleistungen nämlich höchst unterschiedlich an. Die Käufer müssen sich aber auf die zugesicherten Preisermäßigungen, die natürlich von der Hausgröße und den unterschiedlichen Qualitätsstandards abhängen, verlassen können.

Die Vergütungsspannen für Eigenleistungen sind jedenfalls sehr groß, sie können zum Beispiel für Fliesenarbeiten zwischen 3.000 und 14.000 DM, für Bodenbelagsarbeiten zwischen 2.000 bis 7.000, für Malerarbeiten zwischen 2.000 und 13.000 DM liegen. Allerdings: Den Malerquast selbst zu schwingen, wenn dafür beim ganzen Haus gerade einmal 2.000 DM eingespart werden, wird sich hier wohl kaum lohnen. So viel muss man wahrscheinlich allein für das Material ausgeben. Geld wird auch nicht gespart, wenn für die Bodenbeläge 2.000 DM vergütet werden. Im Gegenteil, die Eigenleistung wird den Hausbauer sehr wahrscheinlich teurer zu stehen kommen.

Natürlich können Sie über die Höhe der Vergütungen mit dem Verkäufer verhandeln. Aber wie auch immer Sie sich entscheiden – bei der eigenen Kalkulation müssen Sie genau prüfen, ob es sich lohnt, ein bestimmtes Gewerk aus dem Angebot des Herstellers herauszunehmen. Manche Positionen bieten Hersteller so günstig an, dass der Eigenleister weder beim Materialeinkauf und -transport, geschweige denn durch den Einsatz eigener Zeit und Arbeitskraft, etwas spart. Um hierbei Fehleinschätzungen zu vermeiden, sollten Sie sich vor dem

Entschluss zu Eigenleistungen über die ortsüblichen Preise bei Handwerkern und Baustoffhändlern informieren. Manche Fertighausanbieter bieten aber auch in Menge und Art passende Materialpakete für Eigenleister an, sodass es hierbei zumindest nicht zu Fehlkäufen und zeitaufwändiger Materialsuche kommt.

Bei manchen »schlüsselfertigen« Angeboten werden Eigenleistungen allerdings nicht als Möglichkeit, sondern sogar als »Muss« vorausgesetzt. Meistens handelt es sich dabei um die so genannten »Finish«-Arbeiten, also die abschließenden Arbeiten wie Tapezieren und Streichen, Verlegen der Fliesen und der Bodenbeläge. Bei der Ermittlung der Gebäudekosten müssen zumindest die Materialkosten für diese Leistungen zum Festpreis addiert werden.

Einige Firmen bieten die Typenhäuser sowohl schlüsselfertig als auch in vordefinierten Ausbaustufen an. In den Unterlagen eines Anbieters heißt es sogar: »Sobald der Rohbau geschlossen, die Dacheindeckung hergestellt und die Fensteranlage eingebaut ist, können Sie bei unserem Bauvorhaben jede Art der Eigenleistung erbringen«. Mit anderen Worten: Hier könnte sich der Käufer ein so genanntes Rohbauhaus, also gewissermaßen nur die wetterfeste Gebäudehülle, erstellen lassen, um dann den gesamten Innenausbau in Eigenleistung und Eigenregie zu bewerkstelligen.

In solch einem Fall stellt sich die höchst wichtige Frage: Wer übernimmt die Bauleitung, und was kostet das? Aus den Angeboten einschließlich der zusätzlichen Unterlagen ist nämlich häufig der jeweils geltende Leistungsumfang nicht eindeutig erkennbar. Hier sollten Sie darauf dringen, dass bis ins Detail festgeschrieben wird, was genau der Unternehmer ausführt und was der Eigenleister zu tun hat.

Prüfen Sie, ob Eigenleistungen unter den jeweiligen Umständen und zu den gegebenen Bedingungen sinnvoll sind. Dazu einige wichtige Hinweise aus den Unterlagen der Anbieter:

- Von vielen Anbietern wird verständlicherweise darauf hingewiesen, dass für die in Eigenleistung durchgeführten

Arbeiten keine Gewährleistung übernommen wird. In Unterlagen liest sich das beispielsweise so: »Eigenleistungen durch den Vertragspartner / die Vertragspartnerin sind nach schriftlicher Vereinbarung mit der Firma XY möglich. Gewährleistungsansprüche gegenüber der Firma XY sind insoweit ausgeschlossen«.

■ »Eventuelle Eigenleistungen dürfen den Baufortschritt nicht beeinträchtigen«, lautet eine andere Forderung eines Unternehmers, die im Interesse des Gesamtprojektes mit Recht aufgestellt wird. Das kann problematisch werden! Denn beispielsweise ist, wenn die Fliesenarbeiten in Eigenleistung erbracht werden, die Anbringung des Waschbeckens im Bad erst möglich, wenn der Eigenleister mit seiner Arbeit fertig ist.

■ Um solche Probleme auszuschließen, lassen einzelne Unternehmer nur Eigenleistungen in bestimmten Kombinationen zu. Dazu ein konkretes Beispiel: »… wenn Sie Ihre Fliesenarbeiten in Eigenleistung erbringen, (müssen Sie) auch die Sanitärfertiginstallation in den Nasszellen (Gäste-WC – Badezimmer – Küche) erbringen. Das heißt, wir haben in diesem Fall sämtliche Ver- und Entsorgungsleitungen in die Räume gelegt. Da der Einbau der Sanitärgegenstände erst nach den Fliesenarbeiten erfolgt, gehört es bei diesem Vergütungspaket zu Ihren Leistungen, diese Gegenstände zu besorgen und einzubauen«. Solche Verknüpfungen können durchaus sinnvoll sein, doch der Eigenleister muss sich dessen auch bewusst sein – und genau überlegen, welche Leistungen er übernehmen kann, ohne den Bauablauf zu behindern.

■ Wenn der Hausanbieter keine »Materialpakete« für Eigenleister mitliefert, wäre es – gerade bei niedriger Ausbaustufe des Hauses – empfehlenswert, dass Sie vom Unternehmen eine Aufstellung der notwendigen Materialien und Mengen an die Hand bekommen.

■ Eigenleistungen müssen Hand in Hand mit Handwerkerarbeiten gehen, genaue Absprachen getroffen und am besten bereits im Vertrag festgelegt werden. Zum Beispiel beim

Verlegen der Bodenbeläge: Da die Estrichhöhe von der Dicke des Bodenbelages abhängt, sollte festgelegt werden, welche Bodenbeläge mit welchen Höhen in den einzelnen Räumen in Eigenleistung selbst verlegt werden – und damit, wie hoch jeweils der Estrichleger den Estrich einbauen muss. Denn sonst können die Räume entweder nicht schwellenlos begangen werden, oder ein zu hoher Estrich muss später wieder entfernt oder auf einen zu niedrigen muss sehr viel aufgespachtelt werden.

Fazit: Baulaien dürfen ihre eigene Leistungsfähigkeit im Hinblick auf Zeitaufwand und Know-how nicht überschätzen. Über den Daumen gepeilt, können sie davon ausgehen, dass sie etwa das Dreifache der Zeit eines Handwerkers brauchen. Bei Arbeiten, die nach der Übergabe des Hauses erbracht werden können, dürfte das nur ein Problem für den Käufer sein. Vor der Übergabe kann dies zu großen Problemen mit dem Lieferanten führen. Eigenleistungen können sehr sinnvoll sein, setzen aber neben handwerklichem

Können eine genaue Vergleichsrechnung, eine detaillierte Planung und konkrete Absprachen mit dem Hersteller voraus.

Wie lange gilt der Festpreis?

Je nach Fertighausanbieter enthalten die Verträge Festpreisgarantien mit sehr unterschiedlicher Dauer. Manche Anbieter sichern den Festpreis für sechs Monate zu, andere für neun, zwölf, dreizehn oder auch sechzehn Monate. Nur wenige garantieren den Festpreis ohne zeitliche Begrenzung, also bis zur Fertigstellung.

Über den Beginn und das Ende der Frist finden sich in den Verträgen zum Teil recht unpräzise Aussagen. Genannt werden zum Beispiel Bestimmungen wie »ab Vertragsunterzeichnung«, »ab Baubeginn«, »bis Bauende«, »für die Bauzeit«, »bis Übergabe«, »bis Fertigstellung«, »bis Einzug«. Dessen ungeachtet finden sich in anderen Klauseln der Vertragsformulare so genannte Preiserhöhungsvorbehalte. Diese sehen vor, dass der Hausanbieter trotz Festpreisbindung unter bestimmten Voraussetzungen – wie zum Beispiel der gesetzlichen Anhebung der Mehrwertsteuer – den Hauspreis erhöhen kann. Einige Firmen knüpfen die Festpreisbindung auch an Vorleistungen der Käufer, das heißt sie bieten, unter der Voraussetzung, dass beispielsweise der Bauantrag innerhalb einer bestimmten Frist vorliegt und die Baustelle entsprechend vorbereitet ist, einen Festpreis von zwölf Monaten an.

Angesichts dieser unterschiedlichen Bindungsfristen und Vorbehalte ist der Sinn und Zweck des Festpreises nicht mehr ersichtlich. Eigentlich soll er die Käufer vor dem Risiko der Preiserhöhung schützen. In den durchgesehenen Angebotsunterlagen scheint er nicht selten als »Hintertürchen« für unerwartete Preiserhöhungen gedacht zu sein. Angemessen ist aber nur eine Festpreisdauer, die bis zur Abnahme des Hauses gilt. Falls sich diese Regelung nicht durchsetzen lässt, sollten als Mindestfrist fünfzehn Monate vereinbart werden.

Im Vertrag sollte auch festgelegt werden, wie viel mehr der Käufer maximal zahlen muss, falls die Festpreisdauer überschritten wird, und ob er von einer definierten, unzumutbaren Preiserhöhung an ein Rücktrittsrecht hat. Klauseln mit Preiserhöhungsvorbehalten werden im folgenden Kapitel ausführlicher behandelt.

Kapitel 16
Der Bauvertrag

Vor Abschluss des Bauvertrages

Abgesehen davon, dass die Finanzierung gesichert sein muss und die Baugenehmigung (falls noch nicht vorhanden) mit einer hohen Wahrscheinlichkeit erwartet werden kann – unterschreiben sollten Sie den Bauvertrag für ein Fertighaus erst, wenn Sie

- das Baugrundstück erworben,
- die Seriosität des Hausanbieters geprüft,
- die einzelnen Vertragsklauseln gründlich studiert und – wenn nötig – verändert haben.

Denn eins sollte Ihnen klar sein: Es gibt kein generelles Rücktrittsrecht.

Ihre Trümpfe liegen deshalb immer vor Vertragsabschluss. Zugeständnisse in Preis, Gewährleistung, Lieferzeit, Ausführung und dergleichen können Sie nur erwarten, solange Sie den Vertrag noch nicht unterzeichnet haben.

Unterschreiben Sie den Bauvertrag für das Haus daher nicht vorschnell. Sollten Sie später vom Vertrag zurücktreten wollen oder müssen (zum Beispiel wegen Nichterteilung der Baugenehmigung), können hohe Rücktrittskosten (zum Beispiel die Erstellung der Baugenehmigungsunterlagen, Schadensersatzansprüche) anfallen.

Wenn der Grundstückskauf notariell beurkundet, die Auflassungsvormerkung ins Grundbuch eingetragen und die Finanzierung gesichert sind, steht das »Fundament« für den Hauskauf. Für den Fall, dass Sie den Grundstückskauf nicht ganz unter Dach und Fach bekommen oder die beantragte Förderung nicht genehmigt wird, sollten Sie zumindest ein kostenloses Rücktrittsrecht im Bauvertrag vereinbaren.

Die Absicherung des Grundstückskaufs

Ehe Sie einen Grundstückskaufvertrag abschließen, sollten Sie folgende Fragen beantworten können:

- Ist die Bebaubarkeit geklärt, also die Beschaffenheit und Tragfähigkeit des Bodens? Informieren Sie sich beim Verkäufer, bei Ämtern, die über Bodenkarten verfügen, gegebenenfalls bei Baufirmen und Statikern, die im Umfeld gearbeitet haben. Bleiben die Bodenverhältnisse unklar, müssen Probebohrungen durchgeführt werden. Dazu müssen Sie einen Architekten hinzuziehen.

■ Haben Sie sich bei der Gemeinde erkundigt, ob und wie gebaut werden darf (dies steht im Bebauungsplan)? Kennen Sie das Grundbuchblatt?

■ Liegen auf dem Grundstück keine Baulasten oder Vorkaufsrechte (Eintragungen dazu finden Sie im Bebauungsplan und Grundbuchblatt), und wissen Sie, ob das Baugrundstück voll erschlossen ist?

Auch hier gilt: Erst wenn alle wichtigen Fragen und Probleme geklärt sind, sollten Sie den Grundstückskaufvertrag beim Notar unterzeichnen. Lassen Sie im Gundstückskaufvertrag eintragen, ob das Grundstück voll erschlossen ist oder welche Erschließungsmaßnahmen und -kosten noch anfallen werden. Halten Sie vertraglich fest, dass es frei ist von rückständigen öffentlich-rechtlichen Lasten und Abgaben. Ist dies nicht der Fall, dann sollten Sie vereinbaren, wer

nach der endgültigen Abrechnung der Erschließungskosten eventuell Erstattungen erhalten soll oder Nachforderungen zu entrichten hat.

Erkundigungen über den Hausanbieter

Versuchen Sie sich über den Hausanbieter zu erkundigen: Verlangen Sie Adressen von Referenzhäusern, besuchen Sie diese, und erkundigen Sie sich bei den Hauskäufern über die Firma. Besuchen Sie derzeitige Baustellen der Firma, und sprechen Sie mit den Baufamilien über deren Bauerfahrungen. Besichtigen Sie – wenn möglich – auch die Firma und die Fabrikationsstätte. Erkundigen Sie sich, ob der Anbieter im Handelsregister (beim Amtsgericht) eingetragen ist. Fragen Sie bei der zuständigen Industrie- und Handelskammer nach, ob es Beschwerden über ihn gibt.

Der Bauvertrag selbst

Die Vertragsbestandteile

Der Bauvertrag für ein Fertighaus (ohne Grundstück) wird dem Käufer in der Regel vom Anbieter vorformuliert vorgelegt und muss – anders als der Grundstückskaufvertrag – nicht von einem Notar beglaubigt werden. Nur in dem Ausnahmefall, dass Sie Grundstück und Fertighaus von **einem** bestimmten Anbieter kaufen können, müssen Grundstücks- und Hauskauf in einer notariellen Urkunde zusammengefasst werden.

Der Bauvertrag besteht in der Regel aus folgenden Bestandteilen:

1. der Kauf, Bau- und Liefervereinbarung (Formularvertrag) mit den zuvor ausgehandelten Zusatzvereinbarungen,
2. den Allgemeinen Geschäftsbedingungen des Anbieters oder der Verdingungsordnung für Bauleistungen VOB (Teil B),
3. der Bau- und Leistungsbeschreibung,
4. dem Protokoll mit den Sonderwünschen des Käufers (zum Beispiel aus der Bemusterung),
5. technischen Merkblättern.

Für den Kellerbau beziehungsweise den Bau der Bodenplatte muss ein separater Vertrag abgeschlossen werden, wenn dieser von einem anderen Anbieter errichtet wird. Dem Keller- oder Bodenplatten-Bauvertrag sind unbedingt genaue Anleitungen des Hausanbieters zu Grunde zu legen, also Ausführungspläne und technische Merkblätter.

Mündliche Absprachen sollten immer schriftlich in den Vertrag aufgenommen werden.

Achten Sie unbedingt darauf, dass die Vertragsgestaltung für Sie übersichtlich bleibt. Verwendet der Anbieter Standardformulare mit diversen Anlagen (wie Merkblätter für die Herrichtung der Baustelle oder für den Kellerbau, die ebenfalls vertragliche Verpflichtungen enthalten können), so können sich durch die Vielzahl unterschiedlicher Anlagen Widersprüche in den Vertragsklauseln ergeben.

Durch das Zusammentreffen von formularmäßigen Vertragsteilen mit individuellen Vereinbarungen entstehen hin und wieder Unvereinbarkeiten zwischen einzelnen Bestimmungen desselben Vertrags. Oft auch kann der Kunde vor lauter Dokumenten nicht mehr erkennen, was eigentlich gelten soll. Einzelne Regelungsbereiche können nämlich auf verschiedene Vertragsunterlagen verstreut sein und sich an Stellen finden, an denen man sie gar nicht erwartet.

Solche Überraschungen können vor allem in den Bau- und Leistungsbeschreibungen lauern. Obwohl sie eigentlich nur die Benennung der Bauleistungen, Bauprodukte und Ausstattungen zum Inhalt haben sollten, finden sich unter Überschriften wie »Allgemeines«, »Schlussbestimmungen« oder »Sonstiges« tatsächlich fast immer Vertragsklauseln, die hier genau genommen nicht hingehören.

Welche Bestimmung gilt?

Wenn Sie in Ihrem Vertrag verschiedene, von einander abweichende Bestimmungen finden, stellt sich die Frage, welche denn nun gelten soll. Juristisch betrachtet haben grundsätzlich spezielle Regelungen Vorrang vor den allgemeinen. Das bedeutet, dass die verschiedenen Vertragsunterlagen zueinander in einem hierarchischen Verhältnis stehen und deshalb nicht – wie oft zu beobachten – zufällig aneinander gereiht sein dürfen.

Die Anbieter versuchen deshalb, mögliche Widersprüche in ihren Verträgen durch so genannte Vorrangklauseln aufzulösen. Diese Klauseln lauten üblicherweise: »Bestandteile dieses Vertrages sind in der nachstehenden Reihenfolge ...«, oder es wird einfach den Baubeschreibungen der Vorrang gegenüber Zeichnungen eingeräumt.

Doch Vorsicht, solche Vorrangklauseln bergen Tücken in sich, wenn sie zum Beispiel Ihren Sonderwünschen oder anderen individuell ausgehandelten Vereinbarungen nicht den ersten Rang einräumen. Gerade Zeichnungen spiegeln Ihre Wünsche oftmals besser wider als die anderen Vertragsteile, obwohl ihnen in den Verträgen in aller Regel nur eine nachrangige Verbindlichkeit zugestanden wird.

Vorrangklauseln sind gewissermaßen der rechtliche »Grundriss« des Bauvertrags. Sehen Sie deshalb immer zuerst nach, ob Ihr Bauvertrag eine Vorrangklausel hat, und behalten Sie diese bei der Beurteilung jeder anderen Vertragsbestimmung stets im Auge.

Übrigens: Selbst wenn in Ihrem Bauvertrag keine Vorrangklauseln stehen, kann trotzdem eine gelten. Und zwar dann, wenn der Vertrag die Verdingungsordnung für Bauleistungen (VOB/Teil B) einbezieht, in der generell eine Vorrangklausel festgeschrieben ist.

Die rechtlichen Grundlagen des Bauvertrags

Als rechtliche Grundlagen für einen Bauvertrag kommen im Wesentlichen in Frage: das Bürgerliche Gesetzbuch (BGB), das Gesetz zur Regelung des Rechts der Allgemeinen Geschäftsbedingungen (AGBG), die Verdingungsordnung für Bauleistungen, Teil B, (VOB/B) und die Makler- und Bauträgerverordnung (MaBV). Während das BGB grundsätzlich auf alle Verträge Anwendung findet – die allerdings von Unternehmern häufig durch ihre Allgemeinen Geschäftsbedingungen ergänzt werden –, gilt die VOB/B

als Sonderfall Allgemeiner Geschäftsbedingungen nur, wenn sie vereinbart worden ist. Damit Verbraucher nun nicht vollends dem Wohl und Wehe unternehmerischer Vertragsgestaltung ausgesetzt sind, gibt es das AGB-Gesetz, mit dessen Hilfe geprüft werden kann, ob Klauseln in Verbraucherverträgen unwirksam sind. Für Bauträgerverträge ist des Weiteren noch die Makler- und Bauträgerverordnung wichtig.

Das Bürgerliche Gesetzbuch (BGB)

Soweit im Bauvertrag nichts anderes vereinbart ist, bestimmen sich die Rechte und Pflichten der Bauparteien nach dem Bürgerlichen Gesetzbuch (BGB), genauer nach den Bestimmungen über den Werkvertrag, die ergänzt werden durch das allgemeine Vertragsrecht.

Danach ist der Bauunternehmer verpflichtet, das Haus so herzustellen, dass es die im Vertrag vereinbarten, zugesicherten Eigenschaften hat und nicht mit Fehlern behaftet ist, die den Wert oder die Tauglichkeit vermindern oder aufheben (§§ 631, 633 BGB).

Das heißt, der Unternehmer schuldet die einwandfreie Fertigstellung des Hauses nach den anerkannten Regeln der Technik. Der Hausbauer ist verpflichtet, das vertragsgemäß hergestellte Bauwerk abzunehmen und dann den vereinbarten Preis zu bezahlen. Der Unternehmer ist zur Vorleistung verpflichtet – erst das Werk, dann das Geld. Der Hausbauer muss demnach auch nur die bereits geleisteten Arbeiten der Firma bezahlen. Damit wird sichergestellt, dass er für sein Geld tatsächlich einen Gegenwert bekommt, auch wenn der Anbieter zum Beispiel während der Bauzeit Konkurs macht.

Ist das Haus nicht mängelfrei, können Sie die Beseitigung vorhandener Mängel verlangen, gegebenenfalls den Preis mindern oder den Vertrag rückgängig machen (Wandlung) und unter bestimmten Voraussetzungen Schadensersatz verlangen. Die Verjährungsfrist für Mängel am Bauwerk beträgt nach dem BGB fünf Jahre, für mangelhafte Arbeiten am Grundstück ein Jahr, im Übrigen sechs Monate nach der Abnahme.

Das Gesetz zur Regelung des Rechts der Allgemeinen Geschäftsbedingungen (AGBG)

Das Werkvertragsrecht des BGB ist nicht nur die rechtliche Grundlage für Bauverträge, sondern gilt grundsätzlich für alle »Werke«, also beispielsweise auch für Autoreparaturen, Wartungen, Taxifahrten und Softwareentwicklungen. Deshalb ist es allgemein gehalten und nicht speziell auf die Besonderheiten und Gebräuche beim Bauen zugeschnitten. Konkrete Regelungen zur Art und Weise der Bezahlung, zur Bauausführung, zum Bauablauf und anderes mehr fehlen und werden dann in den Bauverträgen ergänzt. Allerdings werden solche Ergänzungen und Änderungen praktisch nie unter den Vertragspartnern individuell »ausgehandelt«. Vielmehr legt der Unternehmer dem Bauinteressenten Vertragsformulare mit viel »Kleingedrucktem« vor, nämlich mit seinen Allgemeinen Geschäftsbedingungen. Bei diesen Allgemeinen Geschäftsbedingungen handelt es sich um vorformulierte Klauseln, die ein Unternehmer immer wieder verwendet und die auch, ohne dass ausdrücklich über die einzelnen Bestimmungen gesprochen wird, zum Vertrag gehören können.

Neben der Konkretisierung des Auftrages, ein Haus zu bauen, und der genauen Festlegung der Rechte und Pflichten der Vertragspartner wollen sich die Hausanbieter mit ihren Verträgen gegen wirtschaftliche Risiken wie beispielsweise nicht fristgerechte Einhaltung des Fertigstellungstermins, Rücktritt oder Zahlungsverzug des Käufers absichern.

Die gesetzlichen Regelungen werden also fast immer abgewandelt. Dies ist zulässig, solange die Käufer dabei nicht unangemessen benachteiligt werden – womit aber leider immer wieder zu rechnen ist.

Da es Unternehmen gibt, die versuchen, Risiken, die sie selbst tragen müssen, auf die Verbraucher abzuwälzen, können die Klauseln ihrer Vertragsformulare und Allgemeinen Geschäftsbedingungen (AGB) mit Hilfe des Gesetzes zur Regelung des Rechts der Allgemeinen Geschäftsbedingungen überprüft werden. Mit diesem Verbraucherschutzgesetz kann geklärt werden, ob Baukun-

den in einzelnen Klauseln unangemessen benachteiligt werden. Ist dies der Fall, dann ist die geprüfte Klausel unwirksam. Das AGB-Gesetz liefert die Grundlagen und Beurteilungsmaßstäbe für diese Prüfung einzelner Vertragsregelungen. Dies sind zum einen formale Kriterien wie die Klärung, ob die AGB überhaupt wirksam in den Vertrag einbezogen worden sind oder zum Beispiel erst der »Auftragsbestätigung« oder einer Rechnung des Unternehmens beiliegen. Zum anderen werden aber auch die Inhalte der Regelungen geprüft.

Allgemeine Geschäftsbedingungen werden wirksam in einen Vertrag einbezogen, wenn Sie vor Vertragsschluss deutlich darauf hingewiesen wurden, dass die Geschäftsbedingungen des Unternehmens gelten sollen und Ihnen in zumutbarer Weise die Möglichkeit eingeräumt wurde, von ihrem Inhalt Kenntnis zu nehmen. Das heißt, Sie müssen zumindest die Gelegenheit erhalten, die Bedingungen in Ruhe lesen zu können. Besser wäre es natürlich, Sie bekämen sie rechtzeitig vor Vertragsunterzeichnung ausgehändigt. Wird Ihnen die Möglichkeit, die Geschäftsbedingungen zu lesen, nicht geboten, dann werden die Klauseln der Allgemeinen Geschäftsbedingungen nicht wirksam. Dann gilt nur das, was ohne die Allgemeinen Geschäftsbedingungen vertraglich vereinbart wurde. Ergeben sich im Vertrag Regelungslücken, dann gelten gemäß § 6 Abs. 2 AGBG die gesetzlichen Vorschriften, also das BGB.

Außerdem können nach dem AGB-Gesetz Klauseln unwirksam sein, wenn sie den Umständen nach »überraschend« sind, also zum Beispiel in der Baubeschreibung »versteckt« und dort nicht als vertragliche Regelung erkennbar sind.

Neben diesen formalen Gründen gibt es im AGB-Gesetz auch eine Reihe von Kriterien für eine inhaltliche Beurteilung von Vertragsklauseln. In den Paragrafen 10 und 11 finden sich Beispiele für unwirksame Regelungen. Wenn in den folgenden Abschnitten typische Vertragsregelungen in Bauverträgen behandelt werden, dann bezieht sich die Analyse (sofern nicht die VOB/B gilt) auf diesen so genannten Klauselkata-

log des AGB-Gesetzes. Aber auch, wenn sich kein konkretes passendes Beispiel findet, kann eine Klausel trotzdem unwirksam sein – und zwar dann, wenn sie gegen einen wichtigen Grundgedanken der gesetzlichen Regelung verstößt, von der sie abweicht. Dies ist die so genannte Generalklausel in § 9 Abs. 2 Nr. 1 des AGB-Gesetzes.

Werden keine Allgemeinen Geschäftsbedingungen vereinbart, gilt das BGB »pur«. Klauseln sind unwirksam, die den Vertragspartner des »Verwenders« – der Verwender ist der Hausverkäufer – unangemessen benachteiligen. So erklärte der Bundesgerichtshof 1991 eine Klausel für unzulässig, nach der ein Anbieter 60 % des Kaufpreises für ein Fertighaus am zweiten Aufstellungstag, weitere 30 % bei Inbetriebnahme der Heizungsanlage und die restlichen 10 % nach Fertigstellung des Hauses verlangte. Dies wertete das höchste Gericht als eine 100 %ige Vorauszahlung des Kaufpreises vor der Abnahme.

Die Verdingungsordnung für Bauleistungen (VOB)

Ein Sonderfall Allgemeiner Geschäftsbedingungen ist die Verdingungsordnung für Bauleistungen, Teil B (VOB/B). Sie besteht aus drei Teilen. Teil A betrifft die Vergabe von Bauaufträgen durch öffentliche Auftraggeber, er ist für den privaten Hausbau nicht relevant. Im Teil B sind die rechtlichen Vertragsbedingungen geregelt. Wird im Bauvertrag die »VOB« vereinbart, dann ist immer der Teil B gemeint, wobei in § 1 Nr. 1 S. 2 VOB/ B wiederum auf Teil C verwiesen wird, sodass dessen Inhalt vertraglich einbezogen wird. Teil C enthält die technischen Vertragsbestimmungen, sprich DIN-Normen, für die Bauausführung.

Die VOB ist ursprünglich geschaffen worden, um die Vergabe und Durchführung öffentlicher Bauvorhaben zu regeln, also die Geschäftsbeziehungen zwischen Bauunternehmern und dem Staat (Bund, Ländern, Gemeinden). Sie regelt das Bauen detaillierter und teilweise auch anders als das BGB. Da ihre Anwendung etwas kompliziert ist und Hintergrundwissen verlangt, ist sie für Baufachleute und fachkundige Vertragspartner gedacht. Inzwischen wird sie aber immer mehr Verträgen mit Verbrauchern zu Grunde gelegt.

Die VOB gilt für Verträge mit Verbrauchern nicht automatisch, sondern nur dann, wenn sie wirksam vereinbart worden ist. Als wirksam vereinbart gilt die VOB gemäß § 2 Abs. 1 AGBG dann, wenn im Bauvertrag ausdrücklich auf sie hingewiesen wird und wenn die Baufirma dem Bauinteressenten »die Möglichkeit verschafft, in zumutbarer Weise von ihrem Inhalt Kenntnis zu nehmen«. Dazu ist es erforderlich, dass der Unternehmer dem Auftraggeber die VOB unaufgefordert vorlegt. Der bloße Hinweis im Vertrag, dem Vertragspartner werde der Text der VOB/B auf Wunsch kostenlos zur Verfügung gestellt, genügt diesen Erfordernissen nicht (Urteil des Bundesgerichtshofs vom 10.6.99, AZ: VII ZR 170/98).

Die VOB – ein ausgewogenes Regelwerk auch für Verträge mit Verbrauchern?

Leider ist die VOB ziemlich unübersichtlich aufgebaut und deshalb selbst für ausgebildete Juristen oft erst auf den zweiten Blick verständlich. Und: Nicht wenige Bestimmungen verstoßen im Grunde gegen das AGB-Gesetz, weil sie den Hauskäufer unangemessen benachteiligen. Die inhaltlichen Kontrollvorschriften des AGB-Gesetzes finden jedoch auf die VOB keine Anwendung, sofern die VOB als Ganzes in den Vertrag einbezogen wurde. Die VOB stellt in anderen Bereichen den Hauskäufer gegenüber dem allgemeinen Werksvertragsrecht besser und gilt deshalb insgesamt als fair und ausgewogen.

Die folgenden Regelungen sind nachteilig für Hauskäufer:
- Fiktive Abnahmeformen sind möglich, § 12 Nr. 5 (1) und (2) VOB/B.
- Der Kunde darf die Abnahme und damit die Zahlung der Vergütung nur bei Vorliegen wesentlicher Mängel verweigern, § 12 Nr. 3 VOB/B.
- Der Bauinteressent hat im Falle von Mängeln und soweit eine Nachbesserung nicht möglich ist, kein Recht, die Wandlung des Vertrages zu verlangen, das heißt, ihn rückgängig zu machen. Sein Recht auf einen finanziellen Ausgleich durch entsprechende Kürzung der Zahlungen (Minderung) ist ebenfalls eingeschränkt, § 13 Nr. 6 VOB/B.
- Schadensersatz wegen Nichterfüllung kommt nur in Betracht, wenn ein wesentlicher Mangel vorliegt, der die Gebrauchsfähigkeit erheblich beeinträchtigt § 13 Nr. 7 (1) VOB/B.
- Der Anspruch auf Schadensersatz ist grundsätzlich auf den Ersatz der Schäden am Bauwerk begrenzt, es sei denn, der Mangel beruht auf vorsätzlichem oder grob fahrlässigem Verhalten des Unternehmers, auf einem Verstoß gegen die anerkannten Regeln der Technik oder dem Fehlen vertraglich zugesicherter Eigenschaften. Weiter gehende Schäden sind durch eine Haftpflichtversicherung des Unternehmers gedeckt oder hätten durch eine solche zu zumutbaren Kosten versichert sein können, § 13 Nr. 7 (2) VOB/B.

■ Die Verjährungsfrist für Mängel am Bauwerk und Holzerkrankungen ist auf zwei Jahre verkürzt, für Mängel an Teilen von Feuerungsanlagen, die vom Feuer berührt werden, beträgt sie lediglich ein Jahr, sofern dies vertraglich nicht anders geregelt ist, § 13 Nr. 4 VOB/B.

Von Vorteil sind dagegen die folgenden Regelungen:

■ Der Unternehmer ist verpflichtet, Baubehinderungen schriftlich anzuzeigen, wenn er hieraus eine Verlängerung der Bauzeit herleiten will, § 6 Nr. 1 VOB/B.

■ Der Hauskäufer hat das Recht, dem Unternehmer bereits während der Ausführung der Leistungen eine Frist zur Beseitigung erkennbarer Mängel zu setzen und ihm bei Nichtbeseitigung den Auftrag zu entziehen, § 4 Nr. 7 VOB/B).

■ Die vorbehaltlose Annahme der Schlusszahlung durch den Unternehmer schließt Nachforderungen aus, wenn der Unternehmer über die Schlusszahlung schriftlich unterrichtet und auf die Ausschlusswirkung hingewiesen wurde, § 16 Nr. 3 (2–6) VOB/B.

■ Bei wirtschaftlichen Schwierigkeiten des Unternehmers kann der Kunde auch direkt an die Subunternehmer zahlen, um den Fortgang des Baus nicht zu gefährden, § 16 Nr. 6 VOB/B.

Ist die VOB »als Ganzes« vereinbart, dann ist die Rechtsprechung der Ansicht, dass die jeweiligen Vor- und Nachteile, welche die VOB für die Vertragsparteien mit sich bringt, sich insgesamt die Waage halten.

Diese Auffassung, die VOB/B sei im Ganzen ausgewogen, mag bei öffentlichen Bauvorhaben zutreffen, da sich dort gleichermaßen sachverständige und im Umgang mit der VOB/B erfahrene Vertragspartner gegenüberstehen. Bei Verwendung der VOB/B für Verträge mit Verbrauchern erscheint sie dagegen problematisch. Denn der private Fertighauskäufer verfügt in der Regel weder über den notwendigen Sachverstand noch die notwendige Erfahrung, um mit den nachteiligen Regelungen interessengerecht umzugehen und die Vorteile der VOB/B für sich zu nutzen. Und wenn er einen Sachverständigen hinzuziehen muss, um die VOB auch in seinem Sinne nutzen zu können, so kann das mit zusätzlichen Kosten verbunden sein.

Darüber hinaus ist zu beachten, dass Regelungen über fiktive Erklärungen und Verkürzungen gesetzlicher Gewährleistungsfristen auch Gegenstand der EG-Richtlinie 93/13/EWG vom 5. 4. 1993 über missbräuchliche Klauseln in Verbraucherverträgen sind. Offen ist die Frage, ob die Ausnahme der VOB/B aus dem Anwendungsbereich des AGB-Gesetzes mit EG-Recht vereinbar ist. Wird dies verneint, wäre das AGB-Gesetz auf die Vorschriften der VOB/B in vollem Umfang anzuwenden. Im Ergebnis würde dies dazu führen, dass die VOB/B – jedenfalls bei Geschäften mit privaten Bauinteressenten – in der jetzigen Form nicht mehr angewendet werden dürfte. Darüber hat die EU aber noch nicht abschließend beraten. Bis dahin muss der Bauinteressent die in der VOB/B enthaltenen Nachteile in Kauf nehmen – wenn er sich denn auf einen Vertrag nach der VOB einlässt.

Denn eins sollte klar sein: Die VOB ist keinesfalls ein zwingendes Sonderrecht für den Bau, auch wenn manche Bauunternehmer dies nicht selten behaupten.

Wenn der Fertighausanbieter aber unbedingt auf der VOB besteht, dann sollten Sie Ihrerseits auf der Vereinbarung einer längeren Gewährleistungsfrist bestehen und statt der in der VOB üblichen zwei Jahre am besten fünf Jahre vereinbaren – genau wie bei Verträgen nach dem BGB.

Nicht immer gilt die VOB – selbst wenn sie vereinbart wird!

Es kommt allerdings vor, dass Vertragsformulare der Anbieter nicht nur Erläuterungen oder Konkretisierungen der VOB/B-Regelungen enthalten, sondern statt der gesamten VOB/B nur einzelne Klauseln beziehungsweise Teilbereiche. Es kommt auch vor, dass im Anbietervertrag Regelungen der VOB durch zusätzliche eigene Bestimmungen verändert worden sind. Diese Änderungen können einen Eingriff in den Kernbereich der VOB/B bedeuten, nämlich dann, wenn das in der VOB/B festgelegte ausgewogene Verhältnis von Vor- und Nachteilen durch zusätzliche Regelungen erheblich zu Lasten der Verbraucher verändert wird. Um dies zu verhindern, darf die VOB/B ja immer nur als Ganzes vereinbart werden.

Wann dies der Fall ist, kann nur im Einzelfall entschieden werden und ist in der Rechtsprechung noch nicht abschließend geklärt. Nach jetzigem Kenntnisstand ist unter anderem in folgenden Fällen ein Eingriff in den Kernbereich der VOB/B in Betracht zu ziehen:

- bei Abänderung der Gewährleistungsfrist des § 13 Nr. 5 (1) VOB/B,
- bei Abänderung der Abnahmeregelungen des § 12 Nr. 1 und Nr. 5 VOB/B,
- bei Abweichen der Verzugszinsregelung von § 16 Nr. 5 (3) VOB/B,
- bei isolierter Vereinbarung der Gewährleistungsvorschriften des § 13 VOB/B.

Wenn ein solcher Eingriff in den Kernbereich der VOB/B festgestellt werden kann, dann hat dies nicht zur Folge, dass die einzelne Klausel anhand des AGB-Gesetzes inhaltlich kontrolliert wird, sondern auch, dass die VOB/ B insgesamt »aufbricht« und alle Regelungen, die sie enthält, isoliert

nach dem AGB-Gesetz geprüft und für unwirksam erklärt werden können. Alle Klauseln, die den Verbraucher unangemessen benachteiligen, sind dann unwirksam – so zum Beispiel die Abnahmefiktion oder die kürzere Gewährleistungsfrist.

Fazit: Bei umfassenden zusätzlichen Regelungen rund um die VOB entsteht ein »Flickwerk« aus Allgemeinen Geschäftsbedingungen, VOB/B und BGB, das der Bauinteressent ohne fachkundige Beratung kaum überschauen kann. Aber auch eine fachkundige Beratung wird angesichts der Tatsache, dass die Rechtsprechung sich an Einzelfällen orientiert und noch in der Entwicklung ist, nicht ohne weiteres eine eindeutige Antwort liefern können, ob und mit welchen Konsequenzen im Einzelnen der Bauunternehmer zu Lasten des Kunden in den Kernbereich der VOB/B eingegriffen hat.

Wichtige Vertragsinhalte

Im Bauvertrag einigen sich Anbieter und Bauinteressent verbindlich über ihre jeweiligen Rechte und Pflichten und treffen Vorkehrungen für den Fall, dass später

Probleme auftreten oder etwas schief gehen sollte. Grundvoraussetzung für eine Absicherung des Hauskäufers ist in jedem Fall eine detaillierte, auf sein Haus zugeschnittene Bau- und Leistungsbescheibung, auf der Sie also unbedingt bestehen sollten (siehe Kapitel 13 auf den Seiten 194 ff.).

Die Hauptpflichten der beiden Parteien: Der Unternehmer errichtet das Haus, und der Kunde zahlt dafür den vereinbarten Preis. Im Folgenden werden die wichtigsten Vereinbarungen beschrieben.

Änderungen des Leistungsumfangs

Es kann viele Gründe dafür geben, von der angebotenen Leistung oder von der bereits vereinbarten Bauausführung im Einzelfall abzuweichen. Zum einen kann dies auf Wunsch des Kunden geschehen, der eigene Vorstellungen verwirklichen will, zum anderen behalten sich die meisten Baufirmen Änderungen ihrer Leistungen vor.

Änderungswünsche der Hauskäufer

Werden Fertighäuser an spezielle Wünsche des Bauinteressenten angepasst, dann geschieht dies entweder durch Änderungen an den Planungsleistungen oder in der Bauausführung oder – insbesondere um Kosten einzusparen – durch Eigenleistungen des Erwerbers.

Änderungswünsche an der Bauausführung oder an der Grundausstattung sollten Sie unbedingt rechtzeitig in den Bauvertrag aufnehmen. Hier gilt: Erst regeln, dann bauen.

Häufig wird dem Bauinteressenten zwar nahe gelegt, zunächst den Bauvertrag zu unterzeichnen und Änderungen später festzulegen. Dann aber läuft er Gefahr, ein Haus bauen zu lassen, das er so eigentlich gar nicht wollte. Denn ist der Bauvertrag erst einmal abgeschlossen, muss die Baufirma nachträglichen Änderungen grundsätzlich nicht zustimmen. Der Hauskäufer bleibt aber an den Vertrag gebunden oder zahlt einen hohen Preis für die Kündigung. Daran ändern auch solche Vertragsklauseln nichts, nach denen Änderungen »mit Zustimmung des Unternehmers« möglich sein sollen; denn die braucht der Hauskäufer sowieso.

Wenn Sie sich anfangs noch nicht über alle Änderungswünsche im Klaren sind, dann sollten Sie im Bauvertrag konkret festlegen, unter welchen Voraussetzungen nachträgliche Änderungen am Standardangebot möglich sind; zum Beispiel »soweit Bautenstand, statische Konstruktion und geordnete Baudurchführung dies zulassen«, »die Sonderwünsche baurechtlich nicht unzulässig oder mit dem Baufortschritt nicht unvereinbar sind«, die Änderungen »im Hinblick auf den Baufortschritt technisch noch realisierbar sind«.

Wenn dann diese Voraussetzungen gegeben sind, hat der Kunde einen Rechtsanspruch darauf, und der Bauunternehmer muss den Änderungswünschen des Kunden zustimmen. Allerdings bleibt dann immer noch die Frage offen, zu welchem Preis dies geleistet wird. Änderungswünsche nach Vertragsabschluss werden garantiert teurer als vor Vertragsabschluss, wenn darüber noch verhandelt werden kann.

Ganz anders sieht es bei Eigenleistungen aus. Diese müssen deshalb nicht vorher vertraglich vereinbart werden, weil der Kunde grundsätzlich jederzeit einzelne Teile des Bauvertrags einseitig kündigen kann (§ 649 S. 1 BGB beziehungsweise § 8 Nr. 1 Abs. 1 VOB/B). Die vereinbarte Vergütung des Unternehmers verringert sich dadurch um die entfallenden Kosten, wie es im Gesetz heißt. Voraussetzungen für eine solche Teilkündigung ist, dass es sich um in sich geschlossene Gewerke oder Teile davon handelt. Um keinen Streit über die Höhe des Preisnachlasses zu entfachen – die Preisnachlässe fallen enorm unterschiedlich aus –, sollte aber auch in diesem Fall der Wert der Eigenleistung vor Vertragsabschluss festgelegt werden.

Schwierigkeiten gibt es jedoch immer dann, wenn durch Eigenleistungen des Kunden der Bauablauf zeitlich oder organisatorisch gestört wird. Denn damit kann man sich im Einzelfall schadenersatzpflichtig machen und darüber hinaus sogar dem Unternehmer einen Grund zur Kündigung des Bauvertrags nach § 643 BGB liefern.

Änderungsvorbehalte der Hausanbieter

In nahezu allen Verträgen behalten sich die Hausanbieter vor, dass sie Änderungen an der vertraglich vereinbarten Bauausführung vornehmen dürfen. Und der Hausbauer soll diese möglichen Veränderungen hinnehmen müssen, ohne deshalb seine Rechte hinsichtlich der Gewährleistung oder Nichterfüllung des Vertrages geltend machen zu können.

Solche Änderungsvorbehalte müssen Sie nur dann hinnehmen, wenn ein triftiger Grund vorliegt und wenn auf die Zumutbarkeit für den Vertragspartner Rücksicht genommen wird. Dies ist nicht der Fall, wenn Änderungen »wirtschaftlich zweckmäßig oder notwendig« sind oder »aus Gründen des wirtschaftlichen Bauablaufes« erfolgen sollen, wie es in einigen Verträgen heißt. Die wirtschaftliche Situation des Bauunternehmers braucht den Hausbauer hier

nicht zu interessieren. Nach § 10 Nr. 4 AGBG sind deshalb solche Regelungen unzulässig.

Entsprechendes gilt für die Regelung, wonach »Änderungen vorbehalten bleiben, soweit sie zumutbar sind«. Hier ist in keiner Weise erkennbar, welche Änderungen auf die Baufamilien zukommen können. Auch die Angabe, dass »statisch oder technisch bedingte Änderungen« oder »Änderungen auf Grund behördlicher Auflagen« möglich sein sollen, enthält zwar gewichtige Gründe, lässt aber nicht ausreichend erkennen, dass diese für den Kunden zumutbar sein müssen.

Auch eine Regelung, wonach eine »Änderung als einvernehmlich vereinbart gilt, wenn einer Änderungserklärung des Unternehmers nicht innerhalb Wochenfrist widersprochen wird«, muss nicht akzeptiert werden und ist nach dem AGB-Gesetz unwirksam. Im nichtkaufmännischen Verkehr – hier geht es um Verbraucher – darf ein bloßes Nichtreagieren nicht schon als Zustimmung gewertet werden.

Sehr oft behalten sich die Unternehmen Änderungen vor, wenn diese preislich und qualitativ »gleichwertig« mit den Ausführungen in der Bau- und Leistungsbeschreibung sind oder wenn sie »nicht qualitätsmindernd« oder »nicht wertmindernd«, »den Wert verbessern oder nicht beeinträchtigen« beziehungsweise »ohne Einfluss auf den Preis« sind. Solche Klauseln verstoßen gegen § 10 Nr. 4 AGB-Gesetz, denn bei der Frage der Zumutbarkeit kommt es nicht allein auf den Preis, den Wert oder die Qualität an. Gerade hierbei spielen subjektive Vorstellungen und persönlicher Geschmack auch eine Rolle.

Grundsätzlich muss sich die Baufirma an die vertragliche Bauausführung halten, und zwar auch dann, wenn diese – zum Beispiel bedingt durch Preissteigerungen – für das Unternehmen nicht profitabel wird. Der Hausbauer muss Änderungen nur dann akzeptieren, wenn sie für ihn zumutbar sind und wenn ein triftiger Grund für sie vorliegt. Das kann beispielsweise bei späteren behördlichen Auflagen der Fall sein.

Wenn der Unternehmer also Änderungen vornimmt beziehungsweise vornehmen möchte, können Sie die Leistung entweder zurückweisen oder sich Schadensersatz- und Gewährleistungsansprüche vorbehalten – allerdings nur dann, wenn der vertragliche Änderungsvorbehalt unwirksam ist.

Die Bauzeit reicht vom Baubeginn bis zur Fertigstellung

Während der Bauzeit sind die Baufamilien finanziell doppelt belastet. Neben Kreditzinsen für die nach Bauabschnitten gestaffelten Zahlungen an den Unternehmer muss normalerweise noch die Miete für die alte Wohnung gezahlt werden. Vom Fertigstellungstermin beziehungsweise der Bezugsfertigkeit hängt außerdem die rechtzeitige Kündigung der bisherigen Wohnung oder ihr Verkauf und die Organisation des Umzugs ab.

Deshalb sind die Dauer der Bauzeit und die Einhaltung des Fertigstellungstermins für die Hauskäufer entscheidend für die Einhaltung ihrer Finanzplanung.

Ist ein konkreter Bezugstermin vereinbart, kann man bei einer Fristüberschreitung – dem so genannten Verzug – des Unternehmers den Bauvertrag nach § 636 BGB und § 5 Nr. 4 VOB/B kündigen oder Schadensersatz verlangen.

Dieses Kundenrecht ist wahrscheinlich eine Erklärung dafür, dass sich in vielen Verträgen überhaupt keine zeitlichen Angaben finden. Nur in wenigen Bauverträgen ist die Festlegung konkreter Termine für den Baubeginn oder die Fertigstellung vorgesehen. In anderen gibt es immer wieder Klauseln, nach denen die Bauzeit »zwischen 5–8 Monate« betragen soll oder dass »festgelegte Termine ungefähre Zeitangaben« seien. Solche Formulierungen sind zu unkonkret und deshalb nach § 10 Nr. 1 AGBG unwirksam.

Zulässig ist es, den Zeitpunkt des Baubeginns vom Eintritt bestimmter Ereignisse abhängig zu machen, zum Beispiel von den Mitwirkungspflichten des Hauskäufers – etwa dem Herrichten der Baustelle – oder dem Vorliegen der Baugenehmigung beziehungsweise der Baufreigabe. Wenn zudem eine Zeitspanne für die Fertigstellung ab Baubeginn festgelegt wird, dann ist die Bauzeit insgesamt bei Vertragsabschluss zwar noch nicht genau datiert, für den Hausbauer jedoch wenigstens eingrenzbar.

Unwirksam sind hingegen Vertragsklauseln, nach denen der Unternehmer den Baubeginn einseitig bestimmt. Hier weiß der Bauinteressent nicht, woran er ist, und der Unternehmer hat dann natürlich einen enormen Spielraum. Zu unbestimmt ist auch die Regelung, dass der Baubeginn »nach Eingang der Baugenehmigung« oder »innerhalb von ca. acht Wochen« nach Vorliegen der Bauvoraussetzungen durch den Unternehmer festgelegt wird.

Sind Baubeginn und / oder Fertigstellung nicht oder nicht konkret genug festgelegt, dann kann der Hauskäufer gemäß § 271 Abs. 1 BGB nach der Erteilung der Baugenehmigung oder Baufreigabe – und gegebenenfalls der Erfüllung seiner weiteren Mitwirkungspflichten – den Baubeginn verlangen. Der Anbieter schuldet dann die Fertigstellung des Hauses gemäß § 6 Abs. 2 AGBG in Verbindung mit §§ 242, 271 Abs. 1 BGB innerhalb der Zeit, in der normalerweise solch ein Einfamilienhaus erstellt wird.

In manchen Vertragsmustern soll die Bauzeit dadurch rechnerisch verkürzt werden, dass zum Beispiel als Baubeginn erst der Zeitpunkt gelten soll, »zu dem der Sohlebeton eingebracht wird«. Dies ist ein Zeitpunkt, an dem mit dem Bau bereits begonnen wurde. Mit dieser Regelung soll dem Hausbauer die Möglichkeit genommen werden, sich bei Verzögerung des tatsächlichen Baubeginns auf den Leistungsverzug des Unternehmers zu berufen, zu kündigen und Schadensersatz wegen Nichterfüllung des Vertrages zu verlangen.

Das gleiche Ziel verfolgen Klauseln, die den Zeitpunkt der Bezugsfertigkeit bereits als das Ende der Bauzeit definieren. Werden Arbeiten zwischen der Bezugsfertigkeit und der Fertigstellung des Hauses verspätet durchgeführt, zum Beispiel das Verputzen oder Verklinkern der Fassade, dann sollen mit dieser Regelung die Rechte der Baufamilie ebenfalls ausgeschlossen werden. Beide

Male sollen also die Verzugsrechte des Hauskäufers unzulässig beschnitten werden (vergleiche § 11 Nr. 8 AGBG). Solche Klauseln sind außerdem überraschend und auch deswegen nach § 3 AGBG unwirksam.

Der Anbieter »gerät in Verzug« – was dann?

In den Verträgen finden sich auch häufig Regelungen, die vorsehen, unter welchen Umständen sich der Baubeginn verzögern beziehungsweise die Bauzeit sich verlängern darf. Soweit die Fristverlängerungen Umstände betreffen, die der Unternehmer nicht zu vertreten hat, zum Beispiel die Erteilung der Baugenehmigung, müssen sie vom Hausbauer akzeptiert werden.

Jedoch finden sich in einigen Verträgen auch Regelungen, die die Verantwortung des Unternehmers bei »Betriebsstörungen«, »Zulieferschwierigkeiten« oder »Verspätung bei der Materialanlieferung« reduzieren sollen. Diese Umstände sind aber nicht zwangsläufig Gründe, die der Unternehmer nicht zu verantworten hat. Es kann ja sein, dass sie auf Grund einer nachlässigen Betriebsführung eingetreten sind. Dann hat der Hausanbieter sie sehr wohl zu verantworten. In solch einem Fall kann der Hausbauer mahnen, also eine angemessene Frist zur Fertigstellung setzen, Zahlungen zuerst zurückhalten, dann gegebenenfalls reduzieren oder kündigen und Schadensersatz wegen Nichterfüllung verlangen. Dies muss von Fall zu Fall erwogen werden.

Es kommt auch vor, dass Unternehmen sich selbst sehr lange Nachfristen setzen für den Fall, dass sie in Verzug kommen. Dies ist nach § 10 Nr. 2 AGB-Gesetz unzulässig. Nach einer Entscheidung des Bundesgerichtshofes vom Juni 1984 (AZ: VII ZR 276/83) ist eine Klausel unwirksam, nach der sich der Unternehmer die Verschiebung eines Liefertermins um sechs Wochen vorbehält. Nach diesem Urteil ist es dem Hersteller nicht gestattet, einen Liefertermin zu nennen und von der Verbindlichkeit der Zusage wieder abzurücken.

Was sollen Hauskäufer tun?

Wenn Sie pünktlich einziehen wollen, sollten Sie einen verbindlichen Fertigstellungstermin ausdrücklich vertraglich vereinbaren. Am sichersten ist es, wenn ein konkreter Termin wie 1. Juli 2000 benannt wird. Da der Liefertermin allerdings von verschiedenen Faktoren abhängt, etwa der Baugenehmigung oder dem Herrichten der Baustelle, können Sie den Baubeginn daran binden – zum Beispiel vier Wochen nach Erhalt der Baugenehmigung –, den Fertigstellungstermin daraufhin abstimmen und im Auge behalten, dass der Hausanbieter den Baugenehmigungsantrag zügig und korrekt erstellt.

Lassen Sie sich beim Baubeginn und der Baufertigstellung nicht auf »Circa-Angaben« ein, und gewähren Sie dem Anbieter nicht bereits im Vertrag Nachfristen von sechs bis acht Wochen – solche Nachfristen sollten bei Vertragsabschluss gestrichen werden.

Überzieht der Bauunternehmer die vereinbarten Fristen, dann sollten Sie ihm eine angemessene Nachfrist setzen. Reagiert das Unternehmen in dieser Frist nicht, können Sie kündigen. Die bis dahin geleisteten Arbeiten können Sie dann abrechnen. Unter Umständen kann auch Schadensersatz verlangt werden. Hierbei müssen Sie sich natürlich von einem im Baurecht kundigen Juristen beraten lassen.

Sie können natürlich auch bereits bei Vertragsabschluss für Fristüberschreitungen eine Vertragsstrafe festlegen, üblich sind täglich 0,1 bis 0,25 % der vereinbarten Vergütung oder ein pauschaler Betrag etwa in Höhe von 200 bis 400 DM pro Tag. Dies ist nur ein leichtes Druckmittel, um die Baufirma zur Pünktlichkeit anzuregen. Denn zu diesem Zeitpunkt können Sie natürlich noch nicht das Ausmaß späterer möglicher Verzugsschäden beurteilen, sodass dieser Betrag dann erheblich unter dem realen Verspätungsschaden liegen kann. Haben Sie solch eine Vertragsstrafe vereinbart, dann können Sie natürlich trotzdem die oben genannten Verzugsschadensansprüche nach dem BGB oder der VOB geltend machen.

Der Preis und die Bezahlung

Der Festpreis besteht aus einem pauschalen Baupreis und der Mehrwertsteuer. Er wird vom Anbieter in der Regel zeitlich begrenzt garantiert, meist zehn bis fünfzehn Monate lang. Ob sich nach Ablauf dieser Frist der Preis erhöht und wenn ja, um wie viel, wird bei den meisten nicht ausdrücklich angesprochen.

Preiserhöhungen durch Änderung der Mehrwertsteuer

In manchen Verträgen ist eine Nachberechnung des Festpreises vorgesehen, wenn sich die »Mehrwertsteuer ändert«, in anderen Verträgen nur, wenn dies »nach Vertragsschluss« geschieht oder immer dann, wenn sich die Mehrwertsteuer »während der Vertragszeit« erhöht. Das gleiche Ziel verfolgen Klauseln, nach denen der »Steuersatz zum Zeitpunkt der Fertigstellung maßgeblich ist« oder nach denen »der Steuersatz am Tage der Entstehung der Umsatzsteuerschuld« gelten soll beziehungsweise denen zufolge »Veränderungen des Steuersatzes vor Übergabe des Hauses den gesamten Verkaufspreis betreffen«.

Für solche Regelungen ist §11 Nr. 1 des AGB-Gesetzes zu beachten. Danach kann für Waren und Leistungen, die innerhalb von vier Monaten geliefert oder erbracht werden, kein höherer Preis, also auch keine Mehrwertsteuererhöhung, verlangt werden. Nun dauert ein Bauvorhaben vom Vertragsabschluss bis zur Fertigstellung aber in der Regel länger als vier Monate. Dies bedeutet nicht, dass dann § 11 Nr. 1 überhaupt keine Anwendung findet. Vielmehr kommt es darauf an, ob Zahlungen nach Baufortschritt vereinbart sind und ob einzelne Teilleistungen innerhalb von vier Monaten nach Vertragsabschluss erbracht und bezahlt werden sollen oder üblicherweise werden. Dann kann nämlich der § 11 Nr. 1 AGBG auf diese Teilleistung bezogen werden, und eine Preiserhöhung dieser Leistungen ist nicht möglich. Eine Klausel, die eine Preiserhöhung auch für diese Teilleistung vorsieht, verstößt gegen § 11 Nr. 1 AGBG und ist unwirksam. Dann gilt gemäß § 6 Abs. 2 AGBG, dass auch für spätere Teilleistungen – also solche, die nach vier Monaten nach Vertragsabschluss folgen –, keine Preiserhöhung zulässig ist, denn das wäre eine so genannte »geltungs-erhaltende Reduktion«, die nach dem AGB-Gesetz grundsätzlich nicht vorgenommen werden darf. Wird der Hauspreis dagegen erst nach Fertigstellung des Hauses in zwölf Monaten fällig, kann § 11 Nr. 1 nicht angewendet werden, und eine Mehrwertsteuererhöhung ist möglich. Mit anderen Worten: Teilzahlungen sind bezüglich einer Mehrwertsteuererhöhung während der Bauzeit günstiger als die Einmalzahlung nach der Abnahme.

Preiserhöhungen nach Ablauf der Festpreisbindung

Andere Bestimmungen betreffen die Erhöhung des Baupreises nach Ablauf der Preisbindungsfrist. Beispielsweise können Verträge eine »Anpassung des Preises an die dann gültige Preisliste« oder »den dann gültigen Preis« vorsehen. Oder es sollen »die Preisliste bei Fertigstellung«, der »einschlägige Preisindex für Bauleistungen« oder »aktuelle Preise im Baugewerbe« maßgeblich sein.

Eine andere Gruppe von Verträgen zielt darauf ab, einen »konkreten pro Monat Zeitüberschreitung zu zahlenden Erhöhungsbetrag« festzulegen, zum Beispiel »0,5 % der Bausumme pro Monat zusätzlich«, oder sie schreiben vor, dass der Preis »der allgemeinen Preisentwicklung mit 0,3 % pro Monat Fristüberschreitung« angepasst werden soll.

Die Rechtsprechung lässt solche einseitigen Preiserhöhungen beim Hausbau grundsätzlich zu, vorausgesetzt, sie umfassen nur die tatsächlichen Kostensteigerungen und ermöglichen dem Unternehmer keinen zusätzlichen Gewinn. Außerdem muss die mögliche Preiserhöhung insgesamt begrenzt sein, zum Beispiel durch ein Rücktrittsrecht des Erwerbers von einer bestimmten Preissteigerung an.

Eine Begrenzung der möglichen Preissteigerung wird in den Verträgen selten angesprochen. Es gibt die Regelung, dass eine Preiserhöhung sich an der »Veränderung der Lebenshaltungskosten für private Vier-Personen-Haushalte« orientiert. Dies ist an sich ein »baufremder« Maßstab. Er garantiert jedoch, dass die Kostensteigerung für den Hauskäufer tragbar bleibt, und ist deshalb unseres Erachtens zulässig. Im dritten

Vertrag ist vorgesehen, dass der Hausbauer »bei Preiserhöhungen von mehr als 5 % ein Recht zum Rücktritt« vom Vertrag hat. Diese Grenze erscheint uns angesichts der Summe, die dann zwischen 10.000 und 20.000 DM liegen wird, zu hoch.

Um solche Preiserhöhungen zu vermeiden, wäre es das Beste, wenn der Hausbauer eine Festpreisbindung bis zur Fertigstellung des Hauses im Vertrag vereinbart.

Zahlen in Raten – der Zahlungsplan

In keinem Vertrag ist nur eine einmalige Zahlung nach Fertigstellung und Abnahme des Hauses vorgesehen. Vielmehr werden in den Vertragsformularen mindestens drei bis manchmal auch sieben Abschlagszahlungen nach Baufortschritt verlangt. Das ist grundsätzlich zulässig, solange die Raten im Einklang mit den erbrachten Bauleistungen stehen und der Kunde nicht vorauszahlen soll, also »in Vorleistung gehen muss«.

In vielen Generalübernehmerverträgen finden sich Zahlungspläne, die den Grundsatz der Vorleistungspflicht des Unternehmers umkehren zu Gunsten einer Vorleistungspflicht des Bauherren, was für diesen mit einem erheblichen wirtschaftlichen Risiko verbunden ist.

Häufig verlangen die Firmen für die Vorbereitung und Planung des Bauvorhabens bereits nach Vertragsabschluss Anzahlungen zwischen 5–15 % des Gesamtpreises. Hier soll der Hauskäufer schon zahlen, obwohl zum Zeitpunkt der Auftragsbestätigung der Unternehmer noch keine Leistung erbracht hat. In anderen Verträgen sollen Raten bei Einreichen oder nach Fertigstellung der Bauantragsunterlagen gezahlt werden.

Für die Fälligkeit dieser vereinbarten Abschlagzahlung kommt es grundsätzlich nur darauf an, dass die Leistung des Unternehmers erbracht ist, also der Bauantrag ausgefüllt und die dafür erforderlichen Unterlagen erstellt sind; das positive Ergebnis des behördlichen Prüf- und Genehmigungsverfahrens ist nicht Vorausset-

zung. Insofern handelt es sich hier um keine Vorleistung des Hausbauers. Besser ist es, Zahlungen erst nach Vorliegen der Baugenehmigung zu vereinbaren.

Hausbauer treten auch in Vorleistung, wenn die Ratenzahlungen im Verhältnis zum Wert der bis dahin erbrachten Bauleistung überhöht sind. So können zum Beispiel für die Schreiner- und Glaserarbeiten 15 % verlangt werden, obwohl sie vielleicht gerade einmal 9 % der Gebäudekosten ausmachen. Der Nachweis, dass diese Rate zu hoch ist, ist allerdings vom Hauskäufer kaum zu erbringen, denn er müsste dazu den genauen Wert der einzelnen Bauleistungen ermitteln können. Und das kann er natürlich nicht.

In anderen Verträgen wird verlangt, dass »bei«, »nach Beginn« oder »bei Arbeiten« gezahlt werden soll und nicht erst nach Fertigstellung der jeweiligen Teilleistung.

Nach der Rechtsprechung ist die Vereinbarung von Vorleistungen des Baukunden wegen des oben beschriebenen Risikos nur sehr eingeschränkt zulässig. Erlaubt sind Anzahlungen bis zu 5 % des Gesamtpreises vor dem eigentlichen Baubeginn. Bei höheren Vorleistungen kommt es auf den Einzelfall an. Übersteigen sie 8 % des Gesamtpreises, muss der Kunde in der Regel nach § 6 Abs. 2 AGBG erst nach vollständiger Fertigstellung und Abnahme des Hauses zahlen.

Mahngebühren beim Hausbau – der pauschalierte Verzugsschaden

Wenn der Hauskäufer unentschuldigt zu spät zahlt, dann muss er dem Unternehmer den durch Verzug entstandenen Schaden ersetzen. Nahezu alle Verträge sehen für diesen Fall vor, dass der Erwerber einen pauschalierten Zinsschaden zu ersetzen hat, der über dem gesetzlichen Zinssatz von 4 % pro Jahr für Verzug liegt (vgl. § 288 Abs. 1 BGB). Ziel der Pauschalierung ist es, dass der Unternehmer seinen Schaden nicht im Einzelnen nachweisen muss.

Der Kunde hat immer das Recht, den Beweis zu erbringen, dass gar kein Schaden oder nur ein wesentlich geringerer als der pau-

schal geforderte entstanden ist. Dieses Recht muss aber in der Klausel klipp und klar formuliert sein. Ansonsten ist die ganze Pauschalierung nach § 11 Nr. 5 b AGBG unwirksam. Eine Regelung, verspätete Zahlungen seien mit »X % über dem jeweiligen Bundesbankdiskontsatz« zu verzinsen, ist nicht ausreichend. Das heißt, der Kunde muss auch dann nur die 4 % bezahlen. Will der Unternehmer mehr, muss er entsprechend § 288 Abs. 2 BGB einen höheren Schaden nachweisen.

Ist die VOB Vertragsbestandteil, dann muss der Unternehmer dem Kunden, wenn dieser nicht zahlt, zunächst eine angemessene Nachfrist setzen. Das gilt auch bei Verträgen nach BGB. Eine Mahnung ist erforderlich, der Verzug beginnt nach Ablauf einer angemessenen Nachfrist. Allerdings tritt der Verzug ohne Mahnung ein, wenn die Zahlung zu einem bestimmten Termin erfolgen sollte. Erst danach kann er Verzugszinsen in Höhe von 1 % über dem Lombardsatz der Deutschen Bundesbank verlangen, sofern er nicht einen höheren Schaden nachweist. Außerdem darf er dann die Arbeiten bis zur Zahlung einstellen. Häufig schließen die

Verträge Nachfristen aus und erhöhen die von der VOB vorgesehene Schadenspauschale. Diese Klauseln verstoßen gegen das AGB-Gesetz und sind deshalb unwirksam.

Sehr wichtig – die Abnahme des Hauses

Die Übergabe des erstellten Hauses ist der vom Hauskäufer lang ersehnte Moment. Sie bedeutet zunächst einmal, dass er einziehen und das Haus nutzen kann. Mit ihr ist zugleich aber auch die Abnahme der vom Unternehmer erbrachten Bauleistung verknüpft.

Die Abnahme bedeutet, dass der Hauskäufer die Bauleistung des Unternehmers prüft, als »im Wesentlichen« vertragsgerecht, das heißt mängelfrei anerkennt und entgegennimmt. Bei schlüsselfertiger Errichtung muss das Haus bezugsfertig sein, sodass die vom Hauskäufer gewünschte dauerhafte Benutzungsfähigkeit besteht. Einzelne geringfügige Mängel oder fehlende, unwesentliche Teile stehen der Abnahmereife nicht entgegen.

Sie können das Haus auch unbesehen entgegennehmen, einziehen und nutzen – das gilt ebenso als Abnahme, kann aber von Nachteil sein. Ist das Haus abnahmereif, so sind Sie zur Abnahme rechtlich verpflichtet (§ 640 Absatz 1 BGB), und der Unternehmer hat – nach der Abnahme – Anspruch auf Zahlung des vereinbarten Preises (§ 641 Absatz 1 Satz 1 BGB). Sind noch Mängel vorhanden, so können Sie die Abnahme und die Zahlung des Preises verweigern, bis ein abnahmereifer Zustand hergestellt ist. Eine Übergabe des Hauses findet dann zunächst nicht statt.

Sind die Mängel nicht gravierend und / oder müssen Sie schnell umziehen, weil die Mietwohnung gekündigt ist und geräumt werden muss, dann kann das Haus ungeachtet der Mängel abgenommen werden. Die erkennbaren Mängel sind schriftlich in einem Abnahmeprotokoll festzuhalten und unverzüglich zu beseitigen. Abhängig von der Art des Mangels ist ein Fertigstellungstermin festzulegen.

Werden bekannte oder erkennbare Mängel nicht gerügt, dann gelten sie als akzeptiert und abgenommen. Das heißt, die Gewährleistungsrechte auf Nachbesserung, Minderung (des Kaufpreises) und Wandlung (des Vertrages) für die bestehenden Mängel gehen dem Hauserwerber verloren. Er kann nicht ein halbes Jahr später die Beseitigung eines Mangels verlangen, der ihm schon bei der Hausübergabe bekannt war. Wenn er diesen aber ins Abnahmeprotokoll aufgenommen hat, bleibt sein Recht auf Schadensersatz wegen Nichterfüllung des Vertrages bestehen (§ 640 Abs. 2 BGB).

Nach der Abnahme sind Sie zur Zahlung verpflichtet. Hinsichtlich der Mängel darf man die Zahlung in bis zu dreifacher Höhe der voraussichtlichen Beseitigungs- und Fertigstellungskosten verweigern, sagt die Rechtssprechung (Oberlandesgericht Düsseldorf vom 10.6.1997, Aktenzeichen 21 U 188/96, NJW-RR 97, 1450 und BauR 98, 126). Dieser so genannte Druckzuschlag soll den Unternehmer zu einer zügigen Durchführung der noch notwendigen Arbeiten anspornen.

Neben der Bezahlung des Unternehmers kommen mit der Abnahme eine Reihe weiterer Pflichten und Rechtsfolgen auf den Hauserwerber zu. Sie tun deshalb gut daran, die Leistungen des Unternehmers sorgfältig zu kontrollieren, beziehungsweise von einem Sachverständigen Ihres Vertrauens kontrollieren zu lassen und ein schriftliches Abnahmeprotokoll verfassen zu lassen. Nehmen Sie in das Abnahmeprotokoll all das hinein, was Ihnen auffällt, missfällt und noch nachgebessert werden muss, auch Bagatell-Beanstandungen. Das Abnahmeprotokoll muss dann von allen Beteiligten unterschrieben werden.

Teilabnahmen oder Schlussabnahme?

Normalerweise gibt es beim Hausbau eine einzige Abnahme des gesamten Bauwerkes zum Zeitpunkt der schlüsselfertigen Fertigstellung und Übergabe an den Kunden.

Es ist aber auch möglich, einzelne Fertigstellungsabschnitte getrennt abzunehmen, weil sie in der Praxis an Zahlungsraten geknüpft sind (vergleiche § 12 Nr. 2 VOB/B). Vor derartigen Teilabnahmen sollte man sich jedoch hüten. In solch einem Fall beginnen nämlich die Gewährleistungsfristen für die bereits abgenommen Bereiche (Gewerke) bereits vor der Fertigstellung des Hauses zu laufen. Außerdem wird das Risiko einer zufälligen Zerstörung oder Beschädigung genauso wie die Beweislast für Baumängel auf den Kunden abgewälzt. Teilabnahmen können die Durchsetzung von Gewährleistungsansprüchen erheblich erschweren, da zuerst festgestellt werden muss, zu welchem Bauabschnitt der Mangel gehört, und dann zu prüfen ist, ob für diesen noch Gewährleistung besteht. Besser und günstiger ist es also, wenn Sie im Bauvertrag eine einzige Schlussabnahme vereinbaren.

Trotzdem sollten Sie natürlich die Bauleistungen kontrollieren, besonders die, die man bei der Schlussabnahme nicht mehr sieht, weil sie zum Beispiel hinter der Dachverkleidung verschwunden ist. Regelmäßige Baustellenbesichtigungen sollten selbstverständlich sein. Werden die Kontrollen – möglichst mit sachverständiger Unterstützung – an die im Zahlungsplan angegebenen Bauabschnitte geknüpft, dann können sie in Verbindung mit der nachfolgenden Ratenzahlung vom Anbieter als schlüssige Teilabnahme gedeutet werden. Es sei denn, Sie haben lediglich eine Schluss- oder Endabnahme im Vertrag vereinbart. Dann können Ihre Baustellenkontrollen unseres Erachtens nicht so ohne weiteres als Teilabnahmen behandelt werden.

■ **Besonderheiten bei VOB-Verträgen**

In der VOB ist die Abnahme viel facettenreicher geregelt und für den Bauinteressenten mit zum Teil sehr kurzen Fristen verbunden. Auf diese Weise soll der »Schwebezustand« zwischen Fertigstellung und Abnahme verkürzt werden, damit vor allem der Bauunternehmer rasch weiß, woran er ist.

Wenn der Unternehmer nach der Fertigstellung des Hauses die Abnahme verlangt, dann muss der Kunde sie gemäß § 12 Nr. 1 VOB/B binnen zwölf Werktagen durchführen. Verweigern darf er sie nur bei wesentlichen Mängeln, § 12 Nr. 3 VOB/B, also wenn zum Beispiel die Heizung nicht funktioniert oder die Sanitärobjekte noch nicht angebracht sind.

Jede Partei kann darauf bestehen, dass eine förmliche Abnahme (§ 12 Nr. 4 S. 1 VOB/B) durchgeführt wird. Die Übergabe des Hauses hat dann vor Ort stattzufinden, und die Vertragsparteien müssen »den Befund« »in gemeinsamer Verhandlung schriftlich niederlegen«. Das bedeutet, dass ein Protokoll über alle Mängel, Fertigstellungsfristen, Vertragsstrafen und über die Einwendungen des Unternehmers angefertigt werden muss.

Neben dieser ausdrücklichen Abnahme kennt die VOB auch die so genannte »fiktive Abnahme«. Wenn der Unternehmer dem Kunden die Fertigstellung des Hauses nur schriftlich mitteilt oder die Schlussrechnung vorlegt und der Kunde nicht reagiert, also weder die Abnahme verweigert noch eine förmliche Abnahme verlangt, dann gilt die Bauleistung nach zwölf Werktagen als abgenommen – egal, ob der Kunde dies nun wollte oder nicht, vgl. § 12 Nr. 5 Abs. 1 VOB/B.

Wenn Sie das Haus in Gebrauch nehmen, also einziehen, dann gilt die Abnahme – nach § 12 Nr. 5 Abs. 2 VOB/B – sogar bereits nach Ablauf von sechs Werktagen als

erfolgt. Wenn Sie Ihre Rechte auf Nachbesserung und Minderung nicht verlieren wollen, müssen Sie also innerhalb dieser Fristen die Leistungen des Unternehmers prüfen und Ihre Vorbehalte wegen der festgestellten Mängel anmelden, § 12 Nr. 5 Abs. VOB/B.

■ **Abnahmeregelungen in BGB-Verträgen mit Allgemeinen Geschäftsbedingungen**

In BGB-Verträgen sind fiktive Abnahmen nur zulässig, wenn dem Bauinteressenten eine angemessene Frist für die ausdrückliche Abnahme eingeräumt wird und wenn die Baufirma sich zugleich verpflichtet, den Kunden bei Beginn der Frist auf die Folgen besonders hinzuweisen. Gegen diese zwingenden gesetzlichen Erfordernisse des § 10 Nr. 5 AGBG verstoßen zum Beispiel Vertragsklauseln, die bestimmen, dass das Bauwerk »mit Beginn der Nutzung, in jedem Fall mit Zugang der Schlussrechnung als abgenommen« gelten soll. Hier fehlt es sowohl an einer angemessenen Abnahmefrist als auch an einem gesonderten Hinweis auf die Folgen einer Fristversäumnis.

Auch wenn bestimmt worden ist, dass »die Abnahme als ohne Beanstandung gelten soll, wenn ein mindestens drei Wochen im Voraus bekannt gemachter Abnahmetermin (vom Baukunden) nicht wahrgenommen wird«, ist dies unwirksam. Diese Regelung erweckt den Eindruck, dass die Gewährleistungsrechte des Baukäufers wegen erkennbarer Mängel abgeschnitten werden sollen, und stellt einen weiteren Grund für Unwirksamkeit dar, § 11 Nr. 10 Buchstabe e) und f) AGBG.

■ **Abnahmeregelungen in VOB-Verträgen mit zusätzlichen Allgemeinen Geschäftsbedingungen**

In vielen VOB-Verträgen wird ausdrücklich bestimmt, dass eine »förmliche Abnahme durch gemeinsame Hausbegehung und Erstellung eines Abnahmeprotokolls« stattfinden muss. Im Vergleich zu den Regelungen der reinen VOB wird der Hauskäufer hier begünstigt, denn dort gibt es ja gemäß § 12 Nr. 4 Abs. 1 S. 1 VOB/B eine förmliche Abnahme nur auf Verlangen eines Vertragspartners.

Bedenklich wird es aber, wenn die ohnehin kurzen Fristen der VOB nochmals verkürzt werden oder wenn die »Abnahme in Abwesenheit des Auftraggebers stattfinden kann, wenn dieser fristgerecht zum Abnahmetermin geladen war«.

Vorsicht bei Verkürzung der Abnahmefristen

Besonders aufpassen sollten Sie, wenn im Bauvertrag zum Beispiel vereinbart wird, dass das Bauwerk »innerhalb von sechs Tagen nach Beginn der Benutzung als abgenommen gilt«. Dies ist nämlich eine Verkürzung der VOB-Frist von sechs Werktagen auf sechs Tage, also Sonnabend und Sonntag mitgezählt.

Unwirksam gemäß § 9 AGBG sind Klauseln, nach denen dem Hauskäufer überhaupt keine Zeit für die Prüfung der Bauleistung und die Anmeldung von Vorbehalten bleiben soll. So kann es zum Beispiel heißen, dass das Haus mit »Einzug als abgenommen und ordnungsgemäß übergeben gilt« oder »der Bezug als vorbehaltlose Abnahme gilt«.

Viele Anbieter haben Klauseln in ihren Bauverträgen, nach denen die Abnahme als »mangelfrei« gilt, wenn (der Baukunde) den angezeigten Abnahmetermin versäumt. Solche Bestimmungen sind in zweierlei Hinsicht rechtlich brisant. Abnahmefiktionen für den Fall der Abwesenheit des Kunden sind zwar grundsätzlich möglich, jedoch nicht, wenn der Bauinteressent dem Abnahmetermin unverschuldet fernbleibt. Zudem begründet der Begriff »mangelfrei« einen gemäß § 11 Nr. 10 a AGBG unzulässigen und damit unwirksamen Ausschluss von Gewährleistungsrechten.

Was tun bei Baumängeln?

Etliche Verträge versuchen das Recht des Baukunden einzuschränken, für festgestellte Baumängel einen Teil des Preises samt »Druckzuschlag« einzubehalten. Solche Klauseln verstoßen ausnahmslos gegen §11 Nr. 2 a AGBG und sind deshalb unwirksam. Zu dieser Art unwirksamer Klauseln gehören beispielsweise Bestimmungen, die vorsehen, dass die »Übergabe des Hauses erst nach vollständiger Bezahlung« des Preises erfolgt, »zum Abnahme-

termin die vollständige Kaufpreiszahlung« nachzuweisen ist, Raten »ohne Abzug« zahlbar sind, »Zahlungstermine nicht an der endgültigen Fertigstellung von Teilleistungen orientiert sind und Restarbeiten, die gewöhnlich im Bauablauf erfolgen, nicht zur Zahlungseinrede berechtigen«, »45 % des Preises nach Unterzeichnung des Hausübergabeprotokolls und 5 % nach mängelfreier Hausabnahme« zu bezahlen sind, ohne Rücksicht auf den tatsächlich vorliegenden Mangel, dass für Mängel bei der »Zahlung nur ein Einbehalt in Höhe des Wertes, den der Mangel darstellt«, vorgenommen werden darf, unter Ausschluss des Druckzuschlages.

Mit der Abnahme haben Sie Anspruch auf Übergabe des Hauses. Vertragsklauseln, die die Übergabe des Hauses von der vollständigen Zahlung abhängig machen wollen und damit den Kunden, der schnell einziehen muss, unter Druck setzen, sind unwirksam. Das gilt auch für solche, nach denen die »Abnahme 14 Tage vor Übergabe« stattfinden soll. Sie verstoßen gegen § 11 Nr. 2 AGBG.

Trotz solcher Klauseln können Sie also nach § 6 Abs. 2 AGBG Geld einbehalten, soweit dies im Einzelfall für Baumängel unter Berücksichtigung eines Druckzuschlags angemessen ist.

Sachverständigenentscheid über Mängel

Bei manchen Verträgen soll der Bauinteressent die Entscheidung eines Sachverständigen einholen, wenn umstritten ist, ob ein Mangel vorliegt. Solche Bestimmungen sind unwirksam, weil sie den Baukunden nach § 9 AGBG unangemessen benachteiligen können.

Ob ein Mangel vorliegt, ist nämlich nicht allein eine rein technische, sondern auch eine juristische Frage. Es muss nämlich beurteilt werden, was für eine Leistung der Unternehmer gemäß dem Vertrag zu erbringen hat. Die Verlegung beispielsweise eines roten an Stelle eines blauen Teppichbodens ist kein bautechnischer Mangel. Ist im Vertrag aber ein blauer Teppichboden vereinbart, dann gilt dies sehr wohl als Mangel, und das Unternehmen muss den Teppich austauschen. Eine rein technische Beurteilung kann demnach zu Fehlbewertungen führen und dazu, dass Baukunden ihre Gewährleistungsrechte nicht wahrnehmen.

Gewährleistung

Treten nach der Abnahme noch Mängel auf oder werden erst dann festgestellt, dann hat der Baukunde Anspruch auf Gewährleistung, das heißt eine gewisse Zeit übernimmt der Unternehmer weiterhin die Verantwortung für die Bauleistungen und damit die Beseitigung von Mängeln.

Grundsätzlich kann man entsprechend §§ 633 ff. BGB
- die Beseitigung der Mängel verlangen (Nachbesserung),
- den Preis herabsetzen (Minderung) oder
- den Vertrag rückgängig machen (Wandlung).
- Beruht der Baumangel auf einem Umstand, den der Unternehmer zu vertreten hat, dann kann man auch Schadensersatz wegen Nichterfüllung verlangen.

Etwas anders sieht es bei VOB-Verträgen aus. Auch hier besteht zunächst das Recht auf Nachbesserung, allerdings darf man nur unter Einschränkung den Preis mindern und Schadensersatz geltend machen. Ganz ausgeschlossen ist die Wandlung, das Rückgängigmachen des Vertrages.

Können Gewährleistungsrechte eingeschränkt werden?

Die meisten Verträge schränken die Gewährleistungsrechte des Baukunden ein, einige wollen sie sogar völlig ausschließen. Ein vollständiger Ausschluss der Gewährleistung für Bauleistungen oder neu gelieferte Waren ist aber nach § 11 Nr. 10 a AGBG unwirksam. Dabei ist unerheblich, ob sich der Ausschluss auf das gesamte Bauwerk oder nur auf einzelne Teile bezieht.

Dementsprechend sind Vertragsklauseln unwirksam, die zum Beispiel bestimmen, dass »keine Gewähr für elastisch verfüllte Fugen« oder »Verschleißteile« übernommen wird. Zeigen sich hier Fehler, dann können sie auch auf mangelhafte Arbeiten zurückzuführen sein. Dass »produktions-

bedingte Farbunterschiede nicht als Mangel gelten« sollen, muss nicht hingenommen werden. Je nachdem, wie sie beschaffen sind und wie groß die Farbunterschiede ausfallen, können sie sehr wohl ein Mangel sein.

Auch dass »keine Gewähr für Arbeiten« übernommen wird, »die von Eigenleistungen betroffen« sind, kann nicht so einfach bestimmt werden. Zwar ist der Baukunde für Eigenleistungen, die er selbst durchgeführt hat, auch verantwortlich. Wenn aber der Unternehmer bestimmte Vorarbeiten dafür leistet, dann muss erst im Einzelfall geklärt werden, ob der Mangel auf die Eigenleistung oder die Vorarbeit des Unternehmers zurückzuführen ist. Zudem begründet der Begriff »mängelfrei« einen unzulässigen und damit unwirksamen Ausschluss von Gewährleistungsrechten.

■ **Einschränkung in BGB-Verträgen**

Grundsätzlich dürfen die Gewährleistungsrechte des Baukunden im Bauvertrag eingeschränkt werden.

So ist es möglich, dass zunächst »nur Beseitigung des Mangels« möglich sein soll und erst »bei Fehlschlagen« ein »Anspruch auf Minderung« verlangt werden kann. Das Recht auf Wandlung kann also – ähnlich wie in der VOB – ganz ausgeschlossen und der Mängelbeseitigung darf Vorrang eingeräumt werden.

Zulässig sind auch Regelungen, die die Haftung des Unternehmers wegen Schadensersatz auf vorsätzliche oder grob fahrlässige Schadensverursachung begrenzen.

Unzulässig sind aber Bestimmungen, die »zunächst nur die Beseitigung des Mangels« vorsehen, ohne anzugeben, dass nach dem Fehlschlagen des Versuchs für den Verbraucher weitere Ansprüche bestehen. Dennoch steht es so in einem der überprüften Verträge.

■ **Einschränkungen in VOB-Verträgen**

Nach der VOB muss der Käufer dem Unternehmer eine angemessene Frist zur Nachbesserung setzen. Läuft die Frist ohne positives Ergebnis ab, dann kann er die Mängel auf Kosten des Unternehmers von einem anderen Handwerker beseitigen lassen. Diese Regelung wird als Ersatzvornahme bezeichnet. Ist die Mängelbeseitigung unmöglich oder erfordert sie einen unverhältnismäßig hohen Aufwand, dann kann der Baukunde nur den Preis mindern.

Oft versuchen Bauunternehmen in ihren Verträgen, das Ersatzvornahmerecht des Kunden auszuschließen oder zu beschränken, indem zum Beispiel bestimmt wird, dass »die Heranziehung von anderen Handwerkern zur Behebung von Mängeln« nur mit Zustimmung des Bauunternehmens möglich sein soll. Solche Klauseln sind unwirksam, weil sie den Hausbauer nach § 9 AGBG unangemessen benachteiligen. Denn wenn der Unternehmer einfach nicht kommt und auch keine Zustimmung erteilt, dann hätte der Hausbauer keine Möglichkeit zum Handeln.

Abtretung von Gewährleistungsansprüchen an Subunternehmer

Gewährleistungsansprüche können Sie grundsätzlich nur gegen Ihren Vertragspartner, den Unternehmer, geltend machen. Der

Unternehmer ist Ihnen auch für alle Arbeiten verantwortlich, die von ihm beauftragte Architekten, Statiker und Handwerker (Subunternehmer) erbringen. Treten bei diesen Arbeiten Mängel auf, dann hat der Unternehmer seinerseits Gewährleistungsansprüche gegen seine Subunternehmer.

Es ist sinnvoll, wenn Ihnen im Bauvertrag diese Gewährleistungsansprüche des Unternehmers auch gegen die Firmen, die am Bau beteiligt sind, abgetreten werden. Dann sind Ihre Gewährleistungsansprüche zusätzlich gesichert, weil Sie sich sowohl an den Unternehmer als auch direkt an den Ausführenden halten können und Ihre Rechte zum Beispiel im Konkursfall des Unternehmers auch noch durchsetzbar bleiben. Eine Abtretung der Gewährleistungsansprüche in der Form, dass der Unternehmer sich seiner Verpflichtung entzieht und den Hausbauer nur an die Handwerker verweist, ist nach § 11 Nr. 10a AGBG unwirksam.

In vielen Verträgen wird festgelegt, in welcher Reihenfolge der Bauinteressent seine Ansprüche geltend machen soll. Manchmal soll zunächst der Unternehmer für die Forderungen einstehen und erst in zweiter Linie die anderen Beteiligten. In anderen Fällen ist es genau umgekehrt. Letzteres ist aber bedenklich, weil hier zusätzlich bestimmt wird, dass man sich erst dann an den Unternehmer halten kann, wenn Ansprüche gegen die anderen Beteiligten »nicht durchsetzbar« sind.

Aus dieser Formulierung könnte man den Schluss ziehen, dass der Hauskäufer zunächst die ausführende Firma auch gerichtlich in Anspruch nehmen muss, bevor er sich an den Unternehmer wenden darf. Die Klausel ist deshalb unwirksam. Der Hauskäufer kann sich stattdessen aussuchen, bei wem man es zuerst versuchen will, seine Ansprüche auf Gewährleistung durchzusetzen.

Gewährleistungsfristen unterscheiden sich erheblich

Mit der Abnahme beginnt die Verjährungsfrist für die Gewährleistungsrechte. Diese beträgt grundsätzlich, das heißt nach § 638 Abs. 1 BGB, fünf Jahre bei Mängeln am Bauwerk, ein Jahr bei mangelhaften Arbeiten am Grundstück und im Übrigen sechs Monate.

Ist die VOB vereinbart, dann beträgt die Verjährungsfrist abweichend vom BGB nach § 13 Nr. 4 VOB/B nur zwei Jahre für Bauwerke und für Holzerkrankungen, ein Jahr für Arbeiten am Grundstück und für die vom Feuer berührten Teile von Feuerungsanlagen und im Übrigen ebenfalls sechs Monate. Die Gewährleistungsfristen können vertraglich verlängert werden.

In VOB-Verträgen wird manchmal eine Verlängerung der kurzen Frist angeboten. Bei der Mehrzahl der Verträge muss man sich jedoch selbst um eine angemessene Gewährleistungsfrist bemühen. Wenn der Unternehmer unbedingt auf einem Vertrag nach der VOB besteht, dann kann man zum Beispiel als Gegenleistung auf einer Fünfjahresfrist bestehen – genau wie bei Verträgen nach dem BGB.

Der Ausstieg aus dem Vertrag – die Kündigung

Öfter sehen Verträge vor, dass der Hauskäufer bei Beendigung des Vertrages vor Baubeginn (zum Beispiel durch Kündigung) eine pauschale Aufwandsentschädigung zwischen 5 und 13 % des Gesamtpreises zu zahlen hat. Oder es wird festgelegt, dass die erste Kaufpreisrate »in jedem Fall zu zahlen« ist.

Mit diesen pauschalen Regelungen wollen sich die Unternehmer die notwendige Abrechnung der vertraglichen Leistungen vereinfachen und den ansonsten erforderlichen Einzelnachweis über ihren bisherigen Aufwand und den Schaden, der ihnen aus der Kündigung entstanden ist, entbehrlich machen.

Die Pauschale muss jedoch dem branchentypischen Durchschnittsaufwand oder -schaden entsprechen. Besondere Kosten des Unternehmers oder untypisch hohe Gewinnspannen dürfen in die Pauschale nicht einfließen.

Nach der Rechtsprechung des Bundesgerichtshofs ist eine Rücktrittspauschale bis zu 5 % unbedenklich. Auf einen höheren Ansatz der Pauschale sollten Sie sich als Hauskäufer nicht einlassen. Will der Unternehmer einen höheren Aufwand oder Schaden geltend machen, soll er diesen im Einzelfall nachweisen.

Auch wenn der Unternehmer im Bauvertrag eine Pauschale vorgibt, muss er in dieser Klausel darauf hinweisen, dass der Hausbauer das Recht hat, selbst nachzuweisen, dass in seinem konkreten Fall gar kein oder nur ein wesentlich geringerer Aufwand oder Schaden entstanden ist als vom Unternehmer behauptet. Andernfalls ist die ganze Klausel nach § 11 Nr. 5 b AGBG unwirksam. Fehlt der Hinweis auf dieses Kundenrecht, so wird die Pauschalierung unwirksam. Denn damit muss beim Hauskäufer der Eindruck entstehen, dass der Pauschalbetrag beziehungsweise die jeweilige Rate in jedem Fall zu zahlen sei.

Die Finanzierungssicherstellung

In vielen Verträgen müssen Sie nachweisen, dass die Finanzierung gesichert ist, also Kredite für das Bauvorhaben tatsächlich zur Verfügung stehen und nur für das spezielle Bauvorhaben eingesetzt werden.

Die Finanzierungssicherstellung ist auf verschiedene Weise möglich. Manchmal genügt dafür die Vorlage des abgeschlossenen Kreditvertrags oder eine einfache Bestätigung der Bank. In dieser einfachen Bankbestätigung versichert das Kreditinstitut, dass mit dem Hauskäufer ein Kreditvertrag zur Finanzierung des Bauvorhabens geschlossen wurde und die Kaufpreisraten entsprechend dem Bauvertrag, insbesondere nach dem vertraglichen Zahlungsplan, ausgezahlt werden. Verlangt das Unternehmen mehr, so können Sie dem Unternehmen eine Abtretungserklärung geben. Das heißt, dass Sie Ihren Anspruch auf Kreditauszahlung an das Unternehmen abtreten. In solch einer Abtretungserklärung sollte dann eine Frist vereinbart werden, in der Sie vor der Zahlung die vom Unternehmen erbrachten Leistungen prüfen können.

Viele Baufirmen verlangen jedoch eine Bankbürgschaft. Damit bekommt der Unternehmer nach den §§ 765 ff. BGB einen rechtlich selbstständigen Auszahlungsanspruch gegen die Bank in die Hand, dass heißt, die Bank zahlt auch dann, wenn der Kunde aus irgendwelchen Gründen dies nicht tun kann oder will. Bei einer Abtretungserklärung würde das die Bank nicht machen. Eine Bankbürgschaft kommt den Hauskäufer außerdem teuer zu stehen: Pro Jahr muss er nämlich ein bis 3 % der Bürgschaftssumme für die gesamte Laufzeit der Bürgschaft zahlen.

Aus Sicht der Hausverkäufer gibt es zwei Gründe, ein solches Schuldversprechen zu verlangen: Zum einen soll der Käufer nachweisen, dass er seine vier Wände auch bezahlen kann, will und wird. Zum anderen will sich der Hausanbieter zügige Ratenzahlungen auch für den Fall sichern, dass es Streit um Mängel oder fehlende Leistungen gibt und der Bauherr die Zahlung verweigert.

Aber auch eine Bankbürgschaft beschneidet nicht das Recht des Kunden, bei Mängeln oder nicht ausgeführten Leistungen die Zahlung zu verweigern. Denn das Kreditinstitut kann – nach § 768 BGB – wie der Hauskäufer selbst einer Zahlungsaufforderung widersprechen. Der Hauskäufer muss das Kreditinstitut nur über die vorliegenden Mängel informieren, dann kann und wird die Bank sich den Einwand des Kunden zu Eigen machen und die Auszahlung verweigern.

Eine Bankbürgschaft bringt dem Unternehmen damit nicht die gewünschte Garantie, das Geld unabhängig von Auseinandersetzungen über Fertigstellung und Qualität der vereinbarten Bauleistung zu erhalten. Bauunternehmer sind nun einmal zur Vorleistung verpflichtet. Das bedeutet, dass ihre Leistungen vor Zahlung überprüft und abgenommen werden dürfen.

Einige Anbieter versuchen deshalb, das Recht zur Zahlungsverweigerung durch entsprechende Formulierungen im Bürgschaftsformular – wie Bürgschaft »unter Verzicht auf Einrede« oder »auf erstes Anfordern« – auszuschalten. Denn eine Bürgschaft »auf erstes Anfordern« ist eine im kaufmännischen Bereich gebräuchliche Form. Sie verpflichtet das Kreditinstitut zur Zahlung ohne Rücksicht auf sachliche Einwendungen. Das Kreditinstitut kann eine Zahlung nur dann verweigern, wenn diese Aufforderung rechtsmissbräuchlich ist, also wenn zum Beispiel die Bauarbeiten gar nicht durchgeführt sind. Wenn aber das Unternehmen eine Bestätigung des bei ihm angestellten Bauleiters oder des bauleitenden Architekten vorlegt, dass der Baufortschritt erreicht ist, dann muss die Bank zahlen, ohne Rücksicht auf etwaige bestehende Mängel. Wie bei der Vereinbarung einer Bürgschaft unter Verzicht auf Einrede ist der Kreditgeber auch bei einer Zahlungsgarantie zur Auszahlung verpflichtet.

Unterschreibt die Bank solche Formulare, so sollen die Zahlungen nach Rechnungslegung durch den Hausverkäufer automatisch erfolgen, ohne dass der Hauskäufer die Möglichkeit hat, die Leistung zu prüfen und im Falle von Baumängeln einen Teil des Preises zurückzuhalten. Dies ist jedoch eine unangemessene Benachteiligung der Hauskäufer (nach § 9 AGBG) und damit unzulässig. Auf keinen Fall sollte ein Hauskäufer solch eine Bürgschaft unterschreiben. Auch Abtretungserklärungen dürfen diesen Passus nicht enthalten.

Kapitel 17
Die Baudurchführung

Mit dem Grundstückskauf, der Organisierung der Errichtung von Keller oder Bodenplatte sowie der Entscheidung für einen bestimmten Hausanbieter und ein bestimmtes Haus ist es für den Fertighauskäufer noch lange nicht getan. Er muss bis zu seinem Einzug noch eine Menge Aufgaben erledigen, vor Baubeginn, während des Baus und bei der Fertigstellung des Hauses. Und: In der Regel kostet ihn die Erledigung dieser Aufgaben nicht nur seine Zeit, sondern auch sein Geld über den Festpreis hinaus.

Die Aufgaben des Hauskäufers vor Baubeginn

- Klärung, dass das Grundstück bebaubar ist, und Grundstückskauf;
- Errichtung von Keller und Bodenplatte (eventuell auch durch den Hausanbieter, siehe Kapitel 7 auf den Seiten 82 ff.);
- Wahl des Fertighausanbieters, des Hauses und Vertragsabschluss;
- Abschluss von Versicherungen für die Dauer der Bauzeit, das heißt vom Beginn der Montagearbeiten bis zur Abnahme:

- Eine Bauherren-Haftpflichtversicherung ist erforderlich, wenn größere Eigenleistungen beabsichtigt sind und / oder Bekannte an diesen Eigenleistungen beteiligt sind. Der Bauherr muss für Schäden haften, die Außenstehende erleiden, etwa durch eine ungenügende Sicherung des Bauplatzes (zum Beispiel durch mangelhafte Umzäunung oder fehlende Signallampen, Stolpern von Passanten über Kabel, Sturz in die schlecht abgesicherte Baugrube).
- Der Bauherr kann eine Eigenleistungsausfallversicherung abschließen, um das Risiko eines Ausfalls seiner Eigenleistung durch Unfall, längere Krankheit oder Tod abzusichern.
- Eine Bauwesenversicherung schützt vor den finanziellen Schäden durch Frost, Sturm, Hagel, Überschwemmung, Senkung des Erdreichs und mutwillige Zerstörung sowie Diebstahl ab. Auch die Versicherung gegen Blitzschlag ist inbegriffen, nicht jedoch gegen Feuer

und eventuell auch nicht gegen Leitungswasserschäden sowie Glasschäden; dafür muss eine besondere Versicherung abgeschlossen werden.

- Feuerversicherung, Leitungswasserschadenversicherung und Glasbruchversicherung werden mehr oder weniger von den Fertighausanbietern vertraglich verlangt, in manchen Fällen übernehmen sie selbst für einzelne Versicherungen auch die Kosten. Ein Vorteil des Fertighausbaus ist die kurze Bauzeit, sodass die Versicherungsprämien meist nicht sehr hoch ausfallen.
- Die meiste Arbeit kommt auf den Bauherren bei der Vorbereitung der Baustelle zu. Es sind dies vor allem folgende Posten:
  - Schon vor dem Keller- beziehungsweise Bodenplattenbau sind Arbeiten nötig: Erdaushub, Erdlagerung und -abtransport. Je nach Grundstück kommen auch Rodung beziehungsweise Gebäudeabriss, Geländeeinebnung, Siche-

rung von Versorgungsleitungen oder Altlastensanierung hinzu.

- In den Fertighausverträgen ist es oft Bedingung, dass Sie dafür sorgen, dass die Baugrube an den Kellerwänden beziehungsweise der Außenseite der Bodenplatte wieder verfüllt und verdichtet wird. Dieser Arbeit vorausgehen müssen unter Umständen (falls Sie es nicht anders vertraglich geregelt haben) Eigenleistungen wie der Schutzanstrich der Kelleraußenwände und die Verlegung einer Dränage.
- Ein Spezifikum des Fertighausbaus ist die Anlieferung der großen Fertigteile mit einem schweren und breiten Tieflader. Es ist leicht einzusehen, dass ein etwa 40 Tonnen schwerer und 20 m langer Tieflader besondere Anforderungen an den Zufahrtsweg stellt. Nicht nur muss dazu eventuell die Straße zu Ihrem Bauplatz für den sonstigen Verkehr abgesperrt und parkende Autos entfernt werden, es muss die Zu-

fahrtsstraße selbst für diesen Transport überhaupt geeignet sein. Liegt Ihr Baugrundstück also in engen, verwinkelten Straßen, dann kann ein Fertigbau unter Umständen von vorneherein unmöglich sein, oder der Transport ist nur mit zusätzlich Kosten verursachenden Spezialtransportern möglich. Mit einer Mindestbreite der Straße von drei Metern müssen Sie rechnen. Der Weg auf Ihrem Grundstück von der (Bau)Straße bis zur eigentlichen Baugrube muss ebenfalls das Gewicht und die Ausmaße des Tiefladers tragen können, das heißt in der Regel muss der Weg von Ihnen (provisorisch) befestigt werden – und wenn Sie diesen befestigten Weg nach dem Einzug nicht mehr brauchen, müssen Sie das Provisorium wieder beseitigen, auch das kann Zusatzkosten verursachen.

■ Ähnliches wie für den Tieflader gilt für den schweren mobilen Kran, der für die Hausmontage gebraucht wird. Er braucht ebenfalls einen befestigten Standplatz (rund 9 x 9 m mit einem Mindestabstand zum Haus von rund sechs Metern ab Standplatzmitte) und außerdem Schwenkfreiheit. Das letztere kann die provisorische Verlegung von Freileitungen erfordern – und dazu sind die Verständigung und die Fachkräfte des Versorgungsunternehmens erforderlich. Bei einer Hanglage des Grundstücks kann die Befestigung des Kranstandplatzes einen erheblichen Aufwand erfordern.

■ Sie müssen auch dafür sorgen, dass genügend Lagerfläche für das Baumaterial vorhanden ist.

■ Der Baustrom muss bereitgestellt werden und ebenso das Bauwasser. Auch wenn der Fertigbau an sich eine »trockene« Bauweise ist, so können doch Putz- und Nassestricharbeiten das Bereitstellen von Bauwasser erfordern. Baustrom und Bauwasser werden aber andererseits immer schon beim Bau des Kellers beziehungsweise der Bodenplatte benötigt, insofern haben Sie diese Bereitstellung meist bei Beginn der Montage bereits erledigt.

- Es müssen Bauschuttcontainer aufgestellt werden. Und dies werden aus Umwelt-, aber auch aus Kostengründen mindestens drei sein: einen zum Beispiel für Holzabfälle, einen für Kunststoffe und einen für Restmüll. Auch der Anfall von Sondermüll ist möglich (zum Beispiel durch Reste von Klebern, Farben, Dichtungsmassen, Fugenschaum).
- Je nach Höhe des Fertighauses sowie Lage des Grundstücks brauchen die Monteure Baugerüste für den Aufbau (nicht immer reichen Leitern oder das Anseilen der Monteure) und eventuell auch für den Endputz oder die Verschalung der Außenwände. Diese Gerüste muss entweder der Bauherr beschaffen und bezahlen, oder die Fertighausfirma stellt sie gegen Aufpreis.

Die Frage ist immer, was von diesen Arbeiten der Fertighausanbieter in seinen Festpreis einschließt und was nicht. Dies sollten Sie vor Vertragsabschluss unbedingt klären, denn nur dann können Sie sicher sein, dass es keine Verzögerungen des Baubeginns gibt, die wiederum zusätzliche Kosten verursachen. Die erforderlichen Arbeiten bei der Herrichtung der Baustelle werden üblicherweise bei einer Vorbesichtung des Bauplatzes mit dem Bauleiter geklärt.

Aufgaben des Hauskäufers während der Bauzeit

Im Wesentlichen haben Sie während der Montagezeit Ihres Hauses vor allem folgende Aufgaben:

- Sie sollten – schon in Ihrem eigenen Interesse – regelmäßig, am besten täglich, den Fortgang und die Qualität der Arbeit und des angelieferten Materials kontrollieren. Mit diesen Baustellenkontrollen können Sie am schnellsten Fehlentwicklungen verhindern, das heißt zum Beispiel Schlampereien verhindern oder auch fehlerhaftes Mate-

rial reklamieren, ehe es eingebaut und verdeckt/peplankt
ist. Es ist natürlich besser,
solche Mängel gleich zu behe-
ben, als sich später mit Baumängeln unter Umständen
langatmig und vor Gericht
herumzuschlagen. Durch
regelmäßige Baustellenbesu-
che erkennen Sie auch am
ehesten und schnellsten, wo
Sie vielleicht an Ihren Planungen (zum Beispiel bei der
Ausstattung oder baulichen
Details) noch etwas ändern
möchten, und dies ist, wenn
überhaupt, in dieser Phase
noch am leichtesten zu realisieren.

■ Ein typisches Beispiel für eine
im Vertrag »vergessene« Bauleistung ist im Fertighausbau
das Untermörteln der Außenwände auf der Kellerdecke
beziehungsweise Bodenplatte.
Das heißt in diesem Fall
kommt auf Sie eine nicht
vorgesehene Eigenleistung zu.

■ Sind Eigenleistungen vereinbart, so müssen Sie sie passend
zum Baufortschritt erbringen.
Dies erfordert unter Umständen einen sehr flexibel und
koordiniert zu leistenden
Arbeitsaufwand. Anders sieht

es mit reinen Finisharbeiten
aus (zum Beispiel Tapezier-,
Malerarbeiten oder Verlegung
der Bodenbeläge). Hierbei
können Sie meist ungestört
durch die Monteure oder
andere Handwerker in einem
sonst bereits fertigen Haus zu
Werke gehen.

■ Sie müssen bei der schnellen
Fertigbauweise zwar kein
Richtfest ausrichten (dies ist
höchstens noch bei Ausbau-
fertighäusern üblich), aber Sie
können bei der Abnahme für
einen kleinen Richtfestersatz
sorgen.

Nicht üblich ist dagegen beim
Fertighausbau – zumindest bei
den großen, überregional agie-
renden Firmen, dass der Bauherr
auch für Kost und Logis der Monteure sorgt (sie kommen oft schon
im eigenen Wohnwagen). Auch
für solche »Kleinigkeiten« wie ein
Toilettenhäuschen für die Monteure sorgen die großen Firmen
normalerweise selbst.

Kapitel 18
Die Qualität
im Fertigbau

Verbände, Gütegemeinschaften und Qualitätszeichen

Was will der Hauskäufer an Qualität?

Was zeigt oder wer rät Ihnen als dem Fertighauskäufer, ob und welche Qualität Sie mit einem bestimmten Haus erwerben? Unter der Qualität eines Hausangebotes verstehen Hauskäufer in erster Linie:

- die Sorgfalt der Bauausführung;
- die Haltbarkeit / Langlebigkeit der Konstruktion und der Baumaterialien;
- die ökologische und wohngesundheitliche Verträglichkeit der verbauten Materialien;
- die Verlässlichkeit, Seriosität und Fairness des Anbieters in Vertrags-, Finanz- und auch in Streitfragen, aber auch bei »Kleinigkeiten« wie dem Kundendienst.

Die Vielzahl von Qualitätsgemeinschaften und Gütezeichen rund um den Fertigbau ist aber zunächst einmal eher geeignet, den Hauskäufer zu verwirren, als ihm eine klare Auskunft über die gewünschte Qualität zu geben.

Die folgenden Ausführungen sollen den Überblick etwas erleichtern. Qualität vor allem bezüglich der Bauausführung und Langlebigkeit, aber auch der Wohngesundheit ist natürlich ebenso ein wichtiges Kriterium für Banken und Versicherungen sowie bei der Ermittlung des Wiederverkaufswerts von Fertighäusern.

Qualität ist in drei Stufen zu haben

Als allgemeine Anforderung müssen die Anbieter von Fertighäusern mit ihren Bauprodukten gemäß Bauproduktengesetz von 1992 (§ 5) sechs wesentliche Anforderungen erfüllen:

- Mechanische Festigkeit und Standsicherheit,
- Brandschutz,
- Hygiene, Gesundheit, Umweltschutz,
- Nutzungssicherheit,
- Schallschutz,
- Energieeinsparung / Wärmeschutz.

Im Wortlaut heißt es:
»Ein Bauprodukt ist brauchbar, wenn es solche Merkmale aufweist, dass die bauliche Anlage, für die es verwendet werden soll,

bei ordnungsgemäßer Instandhaltung dem Zweck entsprechend während einer angemessenen Zeitdauer und unter Berücksichtigung der Wirtschaftlichkeit gebrauchstauglich ist und die wesentlichen Anforderungen der mechanischen Festigkeit und Standsicherheit, des Brandschutzes, der Hygiene, Gesundheit und des Umweltschutzes, der Nutzungssicherheit, des Schallschutzes sowie der Energieeinsparung und des Wärmeschutzes erfüllt.«

■ Die Fertighausanbieter müssen weiterhin als spezielle Anforderung das Bauprodukt »Beidseitig bekleidete oder beplankte Wand-, Decken- und Dachelemente« in Übereinstimmung mit der DIN 1052 (Holzbauwerke) liefern (Übereinstimmungsnachweis, Ü-Zeichen) oder die Eignung ihrer Bauprodukte gegenüber der Bauaufsicht individuell nachweisen (bauaufsichtliche Zulassung). In beiden Fällen geht es im Wesentlichen um statische Anforderungen und um die Qualität mechanischer Verbindungen, das heißt diese Qualitätsstufe steht vor allem für die ersten beiden oben genannten Kundenwünsche an

die Qualität. Es müssen aber auch die wohngesundheitlich relevanten bauaufsichtlichen Anforderungen erfüllt werden, zum Beispiel dürfen bei der Mineralfaserdämmung keine lungengängigen Fasern mehr zur Anwendung kommen, und der Formaldehydgehalt der Holzwerkstoffplatten muss mindestens der Klasse E1 entsprechen. Da sich aber die bauaufsichtlichen Anforderungen nur auf die tragenden Bauteile beziehen, können die übrigen Baustoffe (zum Beispiel Verkleidungen nichttragender Innenwände durch Holzwerkstoffplatten) eventuell durch das strenge bauaufsichtliche Raster fallen. Insofern ist die Qualität der Ausführung und Wohngesundheit auf dieser Stufe für den Hauskäufer nicht unbedingt gesichert.

■ Die zweite Qualitätsstufe stellen die Gütegemeinschaften dar. Hier handelt es sich um eine halbjährlich geprüfte Qualität. Die für den Fertigbau relevanten Gütegemeinschaften sind

■ für die Holzrahmen-/Tafelbauart, also den Fertigbau insgesamt, die »Gütege-

meinschaft Deutscher
Fertigbau (GDF)«.sowie die
»Bundes-Gütegemeinschaft
Montagebau und Fertig-
häuser (BMF)«: Beide Gütegemeinschaften sorgen für
die RAL-Zertifizierung und
vergeben das RAL-Zeichen,
das heißt sie sorgen für die
»Gütesicherung Holzbau-
teile für Montagebau und
Fertighäuser«;
- für Keller in Fertigbauweise
  die »Gütegemeinschaft
  Fertigkeller«.

Diese Qualitätsstufe garantiert
die Erfüllung der eingangs
aufgezählten ersten beiden
Kundenwünsche sowie des
dritten Wunsches (nach Wohngesundheit und Umweltver-
träglichkeit) bis zu einem
bestimmten Grade.

Darüber hinaus gibt es
- für Häuser in Holzblock-
  bauart die »Gütegemein-
  schaft Blockhausbau«: Sie
  ist natürlich für Fertighäuser nur insofern relevant,
  soweit es sich um Häuser
  mit hohem Vorfertigungsgrad handelt, also zum
  Beispiel mit Blocktafeln
  oder Brettschichtholztafeln;

- für Niedrigenergie-Häuser
  die »Gütegemeinschaft
  Niedrigenergie-Häuser«: Da
  Fertighaus-Anbieter vielfach mit dem Etikett »Niedrigenergie-Haus« werben,
  ist es für Hauskäufer sehr
  nützlich, sich auf eine
  unabhängige Prüfung
  stützen zu können.

- Die höchste Qualitätsstufe im
  Fertighausangebot wird – mit
  Einschränkungen – zur Zeit
  durch die »Qualitätsgemeinschaft Deutscher Fertigbau
  (QDF)« repräsentiert, die den
  Kundenwunsch nach Wohngesundheit und Umweltverträglichkeit in noch stärkerem
  Maße als die Gütegemeinschaften erfüllt, sowie auch
  hinsichtlich der Verläßlichkeit
  des Anbieters besondere
  Anforderungen stellt. Sie
  bietet zudem ein besonderes
  Schlichtungsinstrument für
  Streitfragen, die so genannte
  Ombudsstelle. Eine ähnliche,
  wenn auch weniger formali-
  sierte Schlichtungsstelle hat
  der »Deutsche Fertigbauverband (DFV)« für Streitfälle
  eingerichtet.

Die beiden großen Fertighausverbände und -Gütegemeinschaften

Es gibt in Deutschland seit 1961 zwei große Fertighausverbände, den Deutschen Fertigbauverband (DFV) und den Bundesverband Deutscher Fertigbau (BDF). Während der DFV eher regional im südwest- und süddeutschen Raum agiert und eher kleine und mittlere Unternehmen repräsentiert, ist der BDF überregional ausgerichtet und zählt viele der großen Fertighausanbieter zu seinen Mitgliedern (Ausnahmen bestätigen in beiden Fällen auch hier die Regel). Zwischen beiden Verbänden besteht eine gute Kooperation, zum Beispiel ist vereinbart, bei der Mitgliederakquisition dann, wenn bereits eine Mitgliedschaft in einem der Verbände existiert, nur für eine zusätzliche Mitgliedschaft in dem anderen Verband zu werben. So gibt es eine Reihe von Fertighausanbietern, die in beiden Verbänden sind.

Beiden Verbände sind organisatorisch eng angeschlossen (aber mit eigenem Mitgliedsstand und eigener Satzung) die Gütegemeinschaften: Die GDF ist angeschlossen an den DFV (siehe die Mitgliederliste im Anhang), die BMF (siehe Mitgliederliste im Anhang) an den BDF. Zu unterscheiden ist davon die obligatorische Mitgliedschaft der BDF-Mitglieder im QDF (siehe die Mitgliederliste im Anhang), den es seit 1989 gibt. BMF und GDF wenden die gleichen Prüfbestimmungen für die RAL-Zertifizierung an, und sie vergeben das gleiche RAL-Zeichen. Es gibt zwischen beiden Gütegemeinschaften eine enge Zusammenarbeit, zum Beispiel auf der Ebene der Prüfer.

Die RAL-Zertifizierung der Gütegemeinschaften GDF und BMF

Die RAL-Zertifizierung dokumentiert das Bestehen einer halbjährlichen, unabhängigen Prüfung, die in der Regel im Herstellungswerk vorgenommen wird. Es geht dabei wesentlich darum,
1. dass die bauaufsichtlichen Anforderungen erfüllt sind und
2. dass die Ausführung mit den Nachweisen übereinstimmt.

Die RAL-Zertifizierung bezieht sich allerdings nicht auf das gesamte Fertighaus, sondern wesentlich auf alle im Werk vorfindlichen vorgefertigten Bauteile und Bauprodukte, also insbesondere die Wand-, Decken- und Dachtafeln. Dabei wird allerdings nicht nur das Holz geprüft, sondern die gesamten Tafeln inklusive zum Beispiel der Dämmung. Bei RAL-zertifizierten Betrieben werden insbesondere folgende Nachweise gefordert:

- **Standsicherheit;**
- **Wärmeschutz:** Außenwände, Decken unter nicht ausgebauten Dachräumen, Decken einschließlich Dachschrägen, die Räume nach unten oder oben gegen die Außenluft abgrenzen, müssen einen k-Wert < 0,30 W/(m²K) aufweisen;
- **Feuchteschutz** (dies ist in der Prüfpraxis wesentlich ein Dampfdiffusionsnachweis der Außenwände nach DIN 4108 sowie der Nachweis der Luftdichtigkeit);
- Die **Luftdichtigkeit** der Gebäudehülle wird anhand der Planungsunterlagen und der vorgefertigten Tafeln geprüft, nicht jedoch durch einen Test im eingebauten Zustand;
- **Schallschutz** (zwar gibt es für freistehende Einfamilienhäuser keine gesetzlichen Schall-schutzanforderungen, die Prüfer geben aber insbesondere zur Verbesserung der Trittschalldämmung den Firmen konstruktive Empfehlungen);
- **Brandschutz** (auch hier sind gemäß den Landesbauordnungen für freistehende Einfamilienhäuser keine Auflage zu erfüllen, wohl aber bei Wohnungstrennwänden – zum Beispiel Einliegerwohnungen – und Gebäudetrennwänden).
- Die **Holzfeuchte** des eingesetzten Holzes darf höchstens 18 % betragen.
- **Holzschutz:** Die Prüfung des Holzschutzes erfolgt nach der DIN 68800, danach müssen tragende Teile aus Holz geschützt werden, dies muss zum einen durch einen möglichst weitgehenden baulichen Holzschutz, zum anderen in bestimmten Fällen durch chemischen Holzschutz erfolgen. Die Gütegemeinschaften prüfen:
  - ob alle konstruktiven Möglichkeiten des baulichen Holzschutzes ausgeschöpft werden,
  - ob die verbauten Hölzer auch tatsächlich geschützt sind.

■ Falls chemischer Holzschutz zur Anwendung kommt, werden die Mittel und das Verfahren ihrer Anwendung geprüft. Diese Mittel müssen in jedem Falle bauaufsichtlich zugelassen sein. Sieht man von Holzfassaden oder einzelnen Holzbauteilen im Außenbereich ab, so sind in der Regel im Fertigbau von den tragenden Bauteilen nur noch die Schwellhölzer Kandidaten für eine chemische Behandlung. Aber auch hier gehen mittlerweile viele Firmen dazu über, stattdessen von Natur aus resistente Hölzer einzusetzen. Während es im Stein-auf-Stein-Massivbau auch heutzutage noch üblich ist, die Dachstühle chemisch zu behandeln, verzichten die Mitglieder der Gütegemeinschaften auf diese überflüssige und gefährliche Behandlung, zumal das Dachgeschoss ja häufig zum Wohnraum ausgebaut wird. Trotzdem kann durch die chemische Behandlung von nichttragenden Bauteilen, zum Beispiel durch

Holzfenster, auch eine Innenraumbelastung bei RAL-geprüften Häusern auftreten. Das sollte man vertraglich abklären beziehungsweise ausschließen. Außerdem prüfen die Gütegemeinschaften nicht, ob die Holzwerkstoffe noch Reste von gefährlichen chemischen Holzschutzmitteln enthalten, was durch das Recycling von Altholz nicht unbedingt auszuschließen ist. Insofern ist es auch wichtig, dass die Zulieferer selbst auch RAL-zertifiziert sind.

■ **Holzwerkstoffe:** Die »Ausführung und Materialqualität« der Holz-/Plattenwerkstoffe, der Dämmstoffe und Verbindungsmittel werden geprüft. Aber auch dann ist immer noch bezüglich der Wohngesundheit Vorsicht angeraten, denn auch bei Erfüllung der bauaufsichtlichen Anforderung (durch die E1-Platten: 0,1 ppm – pars per million – gemessen unter Laborbedingungen in einem Prüfraum) ist nicht auszuschließen, dass die Holzwerkstoffe bedenkliche Formaldehydkonzentrationen emittieren. Denn bei einem krebserregenden Stoff wie Formaldehyd können streng genommen keine »ungefährlichen« Obergrenzen angegeben werden, zumal die durch Holzwerkstoffe verursachte Raumluftkonzentration/Raumbeladung zum Beispiel durch Formaldehydemissionen aus Tapeten, Farben, Möbeln oder Teppichböden noch (wesentlich) erhöht werden kann. Zu bedenken ist auch: Geprüft wird immer die Qualität der tragenden Konstruktion, aber nicht unbedingt die der Ausbaustoffe.

- **Dämmstoffe:** Bei den Dämmstoffen – und im Fertig-Holzleichtbau handelt es sich meist um Mineralfaserdämmstoffe – müssen die Anforderungen der DIN 18165 nach einer erhöhten Biolöslichkeit der Fasern erfüllt sein, das heißt sie dürfen nicht lungengängig sein. Ganz auszuschließen ist eine gesundheitliche Gefährdung dadurch aber nicht völlig, falls die Fasern in die Innenraumluft gelangen. Deshalb achten die Prüfer insbesondere auch auf die Dichtigkeit der einzelnen Fertigteile.

Fazit: Die RAL-Zertifizierung des Hausanbieters gibt dem Hauskäufer eine hohe Sicherheit bezüglich der Ausführung, Dauerhaftigkeit sowie eine relative Sicherheit bezüglich der Wohngesundheit seines Hauses. Dagegen ist die Umweltverträglichkeit zwar bei dem Hauptbaustoff Holz gegeben, da er in Regel aus heimischen nachhaltig bewirtschafteten Wäldern stammt, nicht jedoch bei den unter hohem Energieverbrauch, Verbrauch endlicher Ressourcen und durch Emissionen umweltbelastend erzeugten Mineralfasern und Kunststoffen. Allerdings ist hier die Umwelt- und Gesundheitsgesamtbilanz wichtig, und die muss auch zum Beispiel für »alternative« Dämmstoffe wie Zelluloseflocken nicht unbedingt besser aussehen.

Was heißt RAL?

RAL steht für den 1925 gegründeten »Reichsausschuss für Lieferbedingungen«. Er heißt heute »RAL – Deutsches Institut für Gütesicherung und Kennzeichnung e. V«. Nur der RAL darf in Deutschland Gütezeichen vergeben. Er ist ein gemeinnütziger und interessenneutraler Spitzenverband von über 130 Mitgliedsverbänden der Industrie, des Handwerks und der Verbraucher (u.a. auch der AgV) sowie des Staates. Hinter jedem Gütezeichen steht eine vom RAL anerkannte Gütegemeinschaft, die die Qualität der Produkte und Dienstleistungen nach festgelegten Richtlinien überwacht und Verstöße ahndet. Die Unternehmen, die Gütezeichen führen, unterwerfen sich einer laufenden Eigenqualitätskontrolle und einer kontinuierlichen Überwachung durch neutrale Prüfstellen. Adresse: Siegburger Straße 39, 53757 Sankt Augustin, Tel. 02241/1605-0, Fax: -11; www.ral.de.

Die Gütesicherung bei Fertigkellern

Die Gütegemeinschaft Fertigkeller (GÜF) vergibt das Gütezeichen Fertigkeller gemäß der RAL GZ-518. Ähnlich wie bei den anderen Gütegemeinschaften wird vor allem die Qualität der Keller in folgenden Punkten geprüft:
- **Maßhaltigkeit** und Statik
- Gefordert wird eine **flächensparende Bauweise** durch »schlanke« Wände.

- Die **Baustoffe** müssen einer bauaufsichtlichen Überwachung genügen und ebenfalls das RAL-Zeichen tragen.
- Baustellenkontrolle: Fundamentierung und Montage der Betonfertigteile, Passgenauigkeit der Wände, Treppen und Versorgungsleitungen gegenüber dem Erdgeschoss des Hauses.
- Der **Bauleiter** muss den Nachweis seiner Ausbildung und Erfahrung erbringen und den Anforderungen der Landesbauordnung genügen.

Die Gütesicherung bei Fertighäusern in Blockbauweise

Die »Gütegemeinschaft Blockhausbau« vergibt gemäß den Anforderungen der RAL-GZ 402/1 das Gütezeichen Blockhausbau. Zu bedenken ist hierbei, dass der Blockhausbau nur dann als Fertighausbau angesprochen werden kann, wenn wesentliche Teile der Häuser vorgefertigt auf der Baustelle angeliefert werden, und das ist bisher nur der Fall im so genannten Blocktafel- oder auch im Brettschichtholzbau. In der Gütegemeinschaft Blockhausbau wird die Hausqualität ähnlich wie bei den anderen Gütegemeinschaften durch die Kombination von Eigen- und Fremdüberwachung gesichert. Im wesentlichen betrifft die Kontrolle neben der konstruktiv-statischen Seite die folgenden Punkte:

- **Holzqualität- und feuchte:** Es dürfen nur bestimmte, für den Blockhausbau geeignete Hölzer (gemäß DIN 1052 und 4074) mit einer Maximalfeuchte von 18 % verbaut werden.

- **Vorkehrungen gegen Setzungserscheinungen und Fugenklaffung:** zum Beispiel bei zweischaligen Außenwänden durch gleitende Anschlüsse zwischen den Schalen, gleitenden Anschlüssen der Wände zu Fenstern und Türen, Nut und Feder-Verbindungen bei den horizontalen Holzlagen.

- **Korrossionsschutz der Verbindungsmittel** zum Beispiel durch Verzinkung der Schrauben, Nägel, Zugseile und Fundamentanker.

- **Chemischer Holzschutz** sollte gemäß DIN 68800 nur eingesetzt werden, soweit dies »zwingend erforderlich« ist, und dann nur mit Mitteln, für welche ein Prüfzeichen erteilt

worden ist. In der Checkliste, die bei der Fremdüberwachung benutzt wird (abgedruckt als Anlage zu den Güte- und Prüfbestimmungen) werden als mögliche behandelte Hölzer die Blockbohlen und die Deckenbalken angegeben. Insgesamt sind diese Bestimmungen bei diesem für die Wohngesundheit entscheidenden Punkt nicht sehr präzise. Der Hauskäufer sollte sich deshalb auf jeden Fall vergewissern, dass

- alle Möglichkeiten des baulichen Holzschutzes ausgeschöpft werden,

- in Innenräumen, das heißt an innen sichtbaren Holzflächen kein chemischer Holzschutz angewandt wird (zu bedenken ist, dass durch die Setzungserscheinungen und die Rissbildung bei dieser Bauweise unter Umständen auch außen angewandter chemischer Holzschutz nach innen gelangen kann, deshalb sollte möglichst ganz auf ihn verzichtet werden, beziehungsweise er sollte wirklich auf das Allernot-

wendigste beschränkt
werden);
■ die Mittel sollten hinsichtlich ihre Ökotoxität durch
das Bundesumweltamt
geprüft sein.
■ Eine Tauwasserschutzberech-
nung durch eine amtlich zuge-
lassene Prüfstelle ist bei mehrschaligen Blockbohlenwänden
vorzulegen.

**Die Gütegemeinschaft
Niedrigenergie-Häuser**

Seit Juli 1999 ist die »Gütegemeinschaft Niedrigenergie-Häuser« als
Gütegemeinschaft anerkannt. Sie
vergibt das RAL-Zeichen gemäß
der RAL-GZ 965: Planung und
Ausführung von Häusern in Niedrigenergiebauweise. Die Gütegemeinschaft will erreichen, dass
der Begriff »Niedrigenergie-Haus«
tatsächlich dem Energieniveau
und der Energieeinsparung entspricht, die mit dem Begriff de-
klariert wird, nämlich der Un-
terschreitung des durch die
Wärmeschutzverordnung gegebenen Grenzwertes um mindestens
25 %. Jenseits von blumigen
Selbstdeklarationen geht es der
Gütegemeinschaft um die konkre-

te Prüfung des Niedrigenergie-
Standards. Sie hat zu diesem
Zwecke auch erstmals genau
quantitativ (und nicht nur in Form
von Beispielen) festgelegt, wann
man von einer »Wärmebrücke«
sprechen kann.

Was bietet die QDF?

Die höchste Qualitätsstufe im
Fertig-Holzleichtbau bietet – mit
einigen Einschränkungen – die
Qualitätsgemeinschaft Deutscher
Fertigbau e.V. (QDF) an. Der QDF
besteht seit 1989. Ihm gehören
alle ordentlichen BDF-Mitglieds-
unternehmen an. Sie verpflichten
sich, so die Eigenwerbung, »zu
erstklassiger Bauqualität und
konsequenter Kundenorientie-
rung im Hausbau«. Die QDF-
Satzung setzt qualitative Maßstä-
be, die über die gesetzlichen und
normativ vorgegebenen Anforderungen hinausgehen. Das entsprechende Qualitätssiegel wird jedes
Jahr neu vergeben, also findet
jedes Jahr eine Kontrolle der
Anbieter statt. Im einzelnen
müssen die Anbieter über die
RAL-Anforderungen hinaus vor
allem folgende Anforderungen
erfüllen:

■ **Flächensparende Bauweise:**
Die Wände dürfen bei Einhaltung der üblichen Wärmedämmleistung maximal 16 % der Grundrissfläche je Nutzungsebene in Anspruch nehmen. Dies muss mit einem Grundrissmodell nachgewiesen werden von 100 m² Grundfläche, 40 lfm Außenwänden, 10 lfm tragenden Innenwänden und 25 lfm nichttragenden Innenwänden. Hier werden also die Hersteller dazu angehalten, den allgemeinen Vorteil der flächensparenden Holzleichtbauweise gegenüber der massiven Bauweise in genau definierter Weise wahrzunehmen.

■ **Schallschutz:** Die Empfehlungen der DIN 4109 Beiblatt 2 für einen normalen Schallschutz von Decken und Innenwänden in selbstgenutztem Wohnraum müssen – zumindest für eine Angebotsvariante – eingehalten werden, insofern ist der Trittschallschutz der Dachgeschossdecke gegenüber RAL-zertifizierten Angeboten verbessert. Allerdings bleibt bei der Formulierung der Satzung (Punkt 9.) offen, ob es sich dabei um ein Standardangebot des Anbieters handeln muss oder ob diese Qualität nur gegen Aufpreis zu haben ist. Es fällt jedenfalls auf, dass in der Werbebroschüre der QDF »Das ist intelligentes Bauen, Satzung der Qualitätsgemeinschaft Deutscher Fertigbau VIII« (1999) nur vom Schallschutz der Außenwände die Rede ist, nicht jedoch vom Schallschutz im Innern des Hauses. Der äußere Schallschutz der QDF-Angebote muss den vorgeschriebenen Werten für den Zwei- und Mehrfamilienhausbau genügen.

■ **Wärmeschutz:** Anders als bei der RAL-Zertifizierung ist der Wärmeschutz bei der QDF strenger, umfassender gefasst, denn er bezieht sich nicht nur auf die k-Werte der einzelnen Bauteile [hier gelten 0,30 W/(m²K) ebenfalls als Maximum], sondern auf den zulässigen Jahres-Heizwärmebedarf (nach der Wärmeschutzverordnung). Dieser Wert muss unterschritten werden, für ein typisiertes Gebäude um 15 %. Wird er um 25 % unterschritten, so werden die Häuser zusätzlich als Niedrigenergiehäuser ausgezeichnet (und fallen damit in die entsprechende Förderungskategorie des Bundes). Allerdings handelt es sich hier um eine Auszeichnung der Marke »Eigenbau« und nicht um eine unabhängige Prüfung, wie sie die neue »Gütegemeinschaft Niedrigenergie-Häuser« bietet. Es muss nachgewiesen werden, dass durch Bauteilanschlüsse (Wärmebrücken) an den Innenoberflächen der Außenbauteile keine Tauwasserbildung möglich ist.

- Die **Luftdichtigkeit** der Gebäudehülle wird schärfer kontrolliert als bei der RAL-Zertifizierung (hier genügen die Unterlagen und die Prüfung der einzelnen Tafeln), nämlich durch einen jährlichen Test der angebotenen Häuser (Blower-Door-Test), das heißt der Tafeln im eingebauten Zustand.
- **Holzschutz:** Gegenüber der RAL-Zertifizierung ist die Anwendung von chemischen Holzschutzmitteln weiter eingeschränkt:
  - Sie dürfen nicht bei innen sichtbarem Holz zur Anwendung kommen.
  - Sie sollen höchstens (durch einen optimalen baulichen Holzschutz und durch die Optimierung der feuchteschutztechnischen Ausbildung von Anschlüssen, zum Beispiel der Fensterpfosten) nur noch für den unteren Teil der Fußpfetten zum Einsatz kommen. Dies ist aber eine Soll-Bestimmung, insofern sollte sich der Hauskäufer bei seinem Anbieter auf jeden Fall kundig machen, wo die Mittel tatsächlich eingesetzt werden.
  - Sie müssen, wenn sie zum Einsatz kommen, eine mehrfach kontrollierte Qualität haben (zum Beispiel bauaufsichtliche Zulassung, ökotoxische Bewertung durch das Umweltbundesamt).
- Die Holzwerkstoffe müssen frei sein von Holzschutzmitteln, allerdings sind entsprechende Raumluftmessungen lediglich in das Ermessen des Hausanbieters gestellt. Wer in diesem wichtigen Punkt der Wohngesundheit sicher gehen will, sollte also auf dieser Messung bestehen.

- **Holzwerkstoffe:** Die von den Holzwerkstoffen ausgehenden Formaldehydkonzentrationen der Innenraumluft dürfen im Prüfraum nur 0,05 ppm betragen (statt der gesetzlich erlaubten 0,1 ppm), und dies muss jährlich nachgewiesen werden. Auch wenn dies eine größere Sicherheit gibt als bei RAL-zertifizierten Häusern – für kanzerogene Stoffe wie Formaldehyd gibt es keine als unschädlich festzulegende Grenze.

- **Dämmstoffe:** Siehe dazu oben das bei der Ral-Zertfizierung Ausgeführte.

- **Umweltschutz:** Anders als bei der RAL-Zertifizierung, die diesen Punkt nicht erwähnt, dürfen die Fluorchorkohlenwasserstoffe FCKW, HFCKW und CFI nicht in den Dämmstoffen und Montageschäumen enthalten sein und auch nicht bei ihrer Produktion verwendet werden. Dieser Punkt geht deutlich über die reine Wohngesundheit hinaus in den Bereich der Umweltverträglichkeit, denn bekanntlich sind die Fluorchorkohlenwasserstoffe wesentlich an der Zerstörung der lebenswichtigen Ozonschicht beteiligt. Die QDF-Firmen benennen einen Umweltschutzbeauftragten und über die gesetzlichen Verpflichtungen hinaus in jedem Falle einen Betriebsbeauftragten für Abfall. Umwelt- und gesundheitsbelastende Baustoffe (zum Beispiel organische Lösemittel) sollen soweit wie möglich durch unschädliche substituiert werden.

- **Bau- und Zahlungsabwicklung:** Zahlungen werden nur entsprechend den erbrachten Leistungen verlangt, die Abnahme erfolgt in jedem Falle förmlich, der Festpreis wird für mindestens 12 Monate ab Auftragserteilung garantiert, der QDF kontrolliert im jährlichen Wechsel die Bauausführung der Firma bei der Rohbaumontage und bei der Hausübergabe.

- **Ombudsstelle:** In Streitfällen kann der Kunde kostenlos eine Schlichtungsstelle anrufen, die nach einem formal festgelegten Verfahren ihm eventuell die zeitraubende und teure gerichtliche Auseinandersetzung ersparen kann.

Fazit: Nur die Gütegemeinschaften bieten dem Fertighauskäufer eine unabhängig kontrollierte und aktuell tatsächlich vorhandene Qualität seines Hauses, beziehungsweise genauer gesagt der tragenden und nichttragenden Wände, der Decken und Dachtafeln und je nachdem auch des Fertigkellers. Nur die Gütegemeinschaften dürfen das quasi amtliche RAL-Zeichen vergeben. Aber wenn schon die RAL-Zertifizierung nicht immer eine 100-prozentige Sicherheit der Wohngesundheit bietet und auch der ökologische Aspekt dabei bisher öfter zu kurz kommt, dann sollte man bei anderen »Qualitäts«-Zeichen umso vorsichtiger sein. Umgekehrt wird ein Schuh daraus: Wer irgendwelche selbstgeschneiderten und unüberprüfbaren Zeichen für seine Häuser benutzt, setzt sich dem Verdacht aus, höchstens eine Teilqualität zu bieten, aber die umfassende Qualität, die der Kunde sucht, mit seinem Zeichen nur vorzutäuschen. Das heißt nicht, dass Firmen, die nicht in den Gütegemeinschaften sind, nicht auch gute Qualität liefern können, man muss sich dabei aber auf Empfehlungen und den eigenen Augenschein und unter Umständen auch auf teuren unabhängigen Sachverstand verlassen.

Die QDF bietet eindeutig gegenüber der RAL-Zertifizierung für den Kunden eine verbesserte Produkt- und auch eine günstigere Vertragsqualität, allerdings ist beim QDF nicht unbedingt die externe Kontrolle gegeben, wie das Beispiel des Niedrigenergiehaus-Zertifikats zeigt.

Es gibt weitere (halb)amtliche Qualitätszeichen, denen der Hauskäufer – allerdings nur in bestimmten Grenzen – trauen kann: Das europäische Öko-Audit-Zeichen (EU-System für das Umweltmanagement und die Umweltbetriebsprüfung) kann unbesehen für eine überdurchschnittliche Umweltfreundlichkeit der Firma stehen, sagt aber nur indirekt etwas über die Qualität der Häuser aus in dem normalerweise gewünschten umfassenden Sinne. Der Technische Überwachungsverein (TÜV) Rheinland vergibt eine Plakette »Schadstoffgeprüft« »Toxproof« für Baustoffe. Hier ist jeweils zu fragen, was geprüft wird und vor allem was nicht. Ein, zwei oder auch zehn Baustoffe machen noch kein ganzes Haus aus!

Anhang
Anschriften ...

Mitglieder des DFV beziehungsweise der GDF

Folgende selbst produzierende Haus- beziehungsweise Fertigteilanbieter sind Mitglieder des Deutschen Fertigbauverbandes (DFV)
beziehungsweise der Gütegemeinschaft Deutscher Fertigbau (GDF)
(geordnet nach Postleitzahlen, Stand: 12.10.1999). Adresse für beide:
Hackländerstraße 43, 70184 Stuttgart, Tel. 0711/23996-50, Fax -60,
www.dfv.com

Mitglieder in Deutschland

	DFV	GDF	RAL-zerti fiziert
REICHELT-HAUS GmbH An der Pikardie 2a • 01277 Dresden Tel.: 0351 / 2123960 • Fax: 2123961	+	+	-
JOHANN WOLF, Systembau GmbH & Co. KG Neustädter Landstraße 1 c • 01833 Stolpen Tel.: 09932 / 370 • Fax: 2893	-	+	+
W. NUSSER Systembau GmbH Bautzener Straße 20 • 02906 Dauban Tel.: 035932 / 3850 • Fax: 38529	-	+	+
BSB BUCK Systembau GmbH Waldrand 2 • 16278 Pinow Tel.: 033335 / 700 • Fax: 70649	-	+	+
HAAS Fertigbau GmbH Havelstraße 25 • 16547 Birkenwerder Tel.: 03303 / 5270 • Fax: 501435	-	+	+
IBC Fertigteilbau GmbH Goethestraße 61 • 19053 Schwerin Tel.: 0385 / 5571827 • Fax: 5571828	-	+	-
WILLI FELTEN Meisterhaus GmbH Melsdorfer Straße 46a • 24109 Kiel Tel.: 0431 / 524063 • Fax: 529383	-	+	+
STARLINE Fertigungs GmbH Werkstraße 3 • 33142 Büren Tel.: 02951 / 92937 • Fax: 92939	+	+	+
FINGER-HAUS GmbH Auestraße 45 • 35066 Frankenberg/Eder Tel.: 06451 / 5040 • Fax: 50440	+	+	+

	DFV	GDF	RAL-zertifiziert
F.H.S. Zimmerei & Holzbau – Weserberglandhaus Blankenauer Str. 13 • 37688 Beverungen Tel.: 05273 / 359613 • Fax: 359612	-	+	-
THERMODUR HAUSBAU GmbH Falltor 2-4 • 37296 Ringgau-Datterode Tel.: 05658 / 98990 • Fax: 989933	+	-	-
REINHARD BENGEL Holzrahmenbau GmbH Hafenstraße 10 • 38442 Wolfsburg Tel.: 05362 / 61224 • Fax: 51020	-	+	+
MEDING Fertigbau GmbH Postfach 110369 • 42531 Velbert Tel.: 02052 / 95190 • Fax: 951919	-	+	+
STÜBER HAUS Alois Stüber GmbH Dasbacher Straße 5 • 53547 Breitscheid-Siebenmorgen Tel.: 02638 / 5151 • Fax: 5153	-	+	+
LIFE Holzbau Auf Dornbruch 10 • 56288 Kastellaun Tel.: 06762 / 5700 • Fax: 5752	+	+	+
R + S SAUERLANDHAUS Fertigbau GmbH Kutscherweg 2 • 57392 Schmallenberg Tel.: 02972 / 97770 • Fax: 977799	-	+	+
DAVINCI HAUS GmbH Talstraße 1 • 57850 Elben Tel.: 02747 / 800970 • Fax: 800979	+	+	+
PARTNER-HAUS Fertigbau GmbH & Co. KG Kolpingstraße 3 • 59964 Medebach Tel.: 02982 / 8275 • Fax: 3122	-	+	+
ED. ENGELHARDT GmbH & Co. KG Fertighausbau Werner-von-Siemens Straße 40 • 64711 Erbach/Odenwald Tel.: 06062 / 94020 • Fax: 61891	-	+	+
B + F HOLZBAU Industriestraße 23 • 66869 Kusel Tel.: 06381 / 6690 • Fax: 2661	-	+	+
KILIAN KIMMLE HOLZBAU GmbH Baumgartenstraße 51 • 66954 Pirmasens Tel.: 06331 / 95416 • Fax: 12541	-	+	+
MUNY HOLZBAU GmbH Enzstraße 37 • 70806 Kornwestheim Tel.: 07154 / 6005 • Fax: 16331	-	+	-
CHRISTIAN MEHL Fertigbau OHG Röhrer Weg 16 • 71032 Böblingen Tel.: 07031 / 271015 • Fax: 277357	+	+	+

	DFV	GDF	RAL-zerti fiziert
W. NUSSER Fertigbau GmbH & Co. Silberpappelstraße 2 • 71364 Winnenden Tel.: 07195 / 6930 • Fax: 693100	-	+	+
STELLY HAUS GmbH In der Zangershalde 6-9 • 71554 Weissach i. T. Tel.: 07191 / 3610 • Fax: 361200	+	+	+
KARL WEBER Holzbau Händelstraße 10 • 71560 Sulzbach-Schleißweiler Tel.: 07193 / 419 • Fax: 7070	-	+	+
SCHÄFER HOLZBAU GmbH & Co. KG Industriestraße 1 • 71720 Oberstenfeld Tel.: 07062 / 94700 • Fax: 947050	+	+	+
SCHNECKENBURGER & Co. Fertighausbau Allmandstraße 47 • 72108 Rottenburg-Bieringen Tel.: 07472 / 7365 • Fax: 42543	+	+	+
KITZLINGER-HAUS GmbH & Co. KG Neckarstraße 3 • 72172 Sulz am Neckar Tel.: 07454 / 96100 • Fax: 961040	+	+	+
BRUNO STEINHART Holzbaubetriebs-GmbH Am Lustgarten 6 • 72513 Hettingen Tel.: 07574 / 2402 • Fax: 3660	-	+	+
HOLZBAU MOSER OHG Stuifenstraße 4 • 73084 Salach Tel.: 07162 / 8420 • Fax: 43891	+	+	+
MERKLE Holzbau GmbH Fabrikstraße 31 • 73266 Bissingen/Teck Tel.: 07023 / 6210 • Fax: 71945	-	+	+
WERNER ZIESEL Fertigbau Kapfhofweg 22 • 73553 Alfdorf-Kapf Tel.: 07176 / 853 • Fax: 2524	-	+	+
FRITZ ARMBRUSTER Fertigbau GmbH & Co. Baiereckerstraße 70 • 73614 Schorndorf-Schlichten Tel.: 07181 / 74140 • Fax: 43719	+	+	+
Kurz HolzBau GmbH Schüttenhengst 1 • 73660 Urbach Tel.: 07181 / 998780 • Fax: 9987820	-	+	+
ERWIN BECHTOLD Fertighaus Holzbau Fabrikstraße 16 • 74255 Roigheim Tel.: 06298 / 1373 • Fax: 1469	+	+	+
FERTIGHAUS WEISS GmbH Sturzbergstraße 40–42 • 74420 Oberrot-Scheuerhalden Tel.: 07977 / 97770 • Fax: 977725	+	+	+

	DFV	GDF	RAL-zerti fiziert
HAMMER Abbundtechnik GmbH Stöckenhofer Sägmühle • 74427 Fichtenberg Tel.: 07971 / 95050 • Fax: 950520	-	+	+
BAUKUNST PHILIPPHAUS Robert Philipp GmbH & Co. KG Wittighäuser Steige 1 • 74547 Untermünkheim Tel.: 0791 / 75990 • Fax: 59975	+	+	+
KEITEL HAUS GmbH Reubacher Straße 23 • 74585 Rot am See-Brettheim Tel.: 07958 / 98050 • Fax: 980525	+	+	+
JOHANN SCHÄFER Fertigbau OHG Hertzstraße 1 • 76676 Graben-Neudorf Tel.: 07255 / 5015 • Fax: 2389	+	+	+
TRENDSTYLE Hausbau GmbH Franz-John-Straße 10 • 77855 Achern Tel.: 07841 / 62890 • Fax: 628910	-	+	+
DAS BODENSEEHAUS Holzbau Mühlingen GmbH Zur Mühle 7 • 78224 Singen (Bohlingen) Tel.: 07731 / 26458 • Fax: 935225	-	+	+
HUGGER-HAUS Fertighausbau GmbH & Co. KG Längendornstraße 24 • 78669 Wellendingen Tel.: 07426 / 8769 • Fax: 6258	+	+	+
ELBA-HAUS Gmbh & Co. KG Industriegebiet Ost • 79848 Bonndorf Tel.: 07703 / 93960 • Fax: 939630	+	+	+
REGNAUER HAUSBAU GmbH & Co. KG Pullacher Straße 11 • 83358 Seebruck Tel.: 08667 / 72222 • Fax: 72290	+	+	+
ASB BABINSKY Horst Babinsky Systembau GmbH Fabrikstraße 14 • 83371 Stein a. d. Traun Tel.: 08621 / 98740 • Fax: 987420	+	-	-
HUBER & SOHN Holzbau Holzverarbeitung GmbH & Co. KG Wasserburger Straße 4 • 83549 Eiselfing Tel.: 08071 / 9190 • Fax: 919140	-	+	+
KOBUS Industrieholz- und Montagebau GmbH Einharting 12 • 83567 Unterreit Tel.: 08638 / 98700 • Fax: 987097	-	+	+
ISARTALER HOLZHAUS Oberlandhaus GmbH & Co. KG Münchner Straße 56 • 83607 Holzkirchen Tel.: 08024 / 30040 • Fax: 300441	+	+	+
JOHANN FRIEDL Fertighaus GmbH Mainburger Straße 26 • 84094 Elsendorf Tel.: 08753 / 312 • Fax: 269	+	+	+

	DFV	GDF	RAL-zerti fiziert
FRIEDL Holzbau GmbH Johannesstraße 1 • 84101 Obersüßbach Tel.: 08708 / 92110 • Fax: 921150	+	+	+
HAAS Fertigbau GmbH Ruderfing • 84326 Falkenberg Tel.: 08727 / 180 • Fax: 18593	+	+	+
FbU Fertigbau GmbH & Co KG Unterfeldstraße 1 • 86842 Irsingen Tel.: 08245 / 96600 • Fax: 966099	-	+	-
SÄBU Holzbau GmbH Kirnachstraße 9 • 87640 Biessenhofen-Ebenhofen Tel.: 08342 / 96140 • Fax: 961424	-	+	+
LIBELLA Fertighaus GmbH Postfach 1109 • 87720 Ollarzried-Ottobeuren Tel.: 08332 / 7940 • Fax: 79410	+	+	+
HOLZBAU SAUTER GmbH Weiler Straße 24 • 87739 Loppenhausen Tel.: 08263 / 96990 • Fax: 969926	-	+	+
BAUFRITZ GmbH & Co. Seit1896 Alpenstraße 25 • 87746 Erkheim Tel.: 08336 / 9000 • Fax: 90033	+	+	+
OTTO ZEHRER Holz- und Fertighausbau GmbH Brückenstraße 22 • 88074 Meckenbeuren-Gerbertshaus Tel.: 07542 / 4279 • Fax: 22196	-	+	+
PLATZ-HAUS GmbH & Co. Platzstraße 2-16 • 88348 Saulgau Tel.: 07581 / 2010 • Fax: 201123	+	+	+
WEIZENEGGER GmbH Fertighausbau Ziegelwiesenweg 1 • 88410 Bad Wurzach Tel.: 07564 / 2822 • Fax: 4355	-	+	+
GERHARD BUNZ Fertighaus und Holzbau Biberacher Straße 37 • 88477 Schwendi Tel.: 07353 / 2589 • Fax: 1522	+	+	+
ARNOLD-HAUS GmbH Wiesenstraße 14 • 88499 Riedlingen-Zwiefaltendorf Tel.: 07373 / 92110 • Fax: 921129	+	+	+
HELMUT REICHLE GmbH & Co KG Oberriedweg 1–7 • 88662 Überlingen Tel.: 07551 / 9220 • Fax 922020	-	+	-
BANZHAF GEBA HAUS GmbH & Co. KG Ulmer Straße 17 • 89179 Beimerstetten Tel.: 07348 / 95690 • Fax: 956911	+	+	+

	DFV	GDF	RAL-zertifiziert
TUSSA-HAUS Von PERBANDT Holzbau-Technik GmbH Industriestr. 17-19 • 89257 Illertissen Tel.: 07303 / 96570 • Fax: 955776	-	+	+
LEHNER-HAUS GmbH Schulstraße 80 • 89537 Giengen-Burgberg Tel.: 07322 / 96250 • Fax: 6953	+	+	+
ASSHAUS GmbH & Co. KG Bismarckstraße 62 • 89547 Gerstetten Tel.: 07323 / 870 • Fax: 8766	-	+	-
EXNORM HAUS GmbH Schwabstraße 37–45 • 89555 Steinheim a. A. Tel.: 07329 / 9510 • Fax: 951299	+	+	+
FEMA Hausbauten GmbH Ostheimer Straße 16 • 89555 Steinheim a. A. Tel.: 07329 / 8040 • Fax: 804450	+	+	+
O. LUX GmbH & Co. Holzverarbeitung Fuggerstraße 10 • 91154 Roth Tel.: 09171 / 9550 • Fax: 955505	+	+	-
LUX-HAUS GmbH Pleinfelder Straße 25 • 91166 Georgensgmünd Tel.: 09172 / 6920 • Fax: 692103	-	+	+
NOBA-FERTIGBAU Bauträger GmbH Breslauer Ring 44 • 91438 Bad Windsheim Tel.: 09841 / 2123 • Fax: 7381	-	+	+
HOLZBAU KERSCHBAUM GmbH Triebweg 4 • 91593 Burgbernheim Tel.: 09847 / 231 • Fax: 476	-	+	+
ENRO-HAUS GmbH Maria-Hilf-Straße 72 • 92334 Berching Tel.: 08462 / 94170 • Fax: 905808	+	+	+
KEILHOFER GmbH Fertighaus und Holzbau Postfach 1453 • 94222 Zwiesel Tel.: 09922 / 5090 • Fax: 6616	+	+	+
JOHANN WOLF Systembau GmbH & Co. KG Am Stadtwald 20 • 94486 Osterhofen/Niederbayern Tel.: 035973 / 24110 • Fax: 241162	+	+	+
JOSEF ALBERT Fertighausbau Postfach 27 • 97703 Burkardroth Tel.: 09734 / 91190 • Fax: 911922	+	+	+

Manche Firmen sind zwar bereits GDF-Mitglieder, aber noch nicht endgültig RAL-zertifiziert: Sie haben sich erst zu dieser Prüfung verpflichtet und sie bis zum 12.10.1999 noch nicht abgeschlossen. Nur in zwei Fällen sind DFV-Mitglieder (noch) nicht zugleich in der GDF.

Mitglieder im Ausland (Stand: 12.10.1999)

	DFV	GDF	RAL-zertifiziert
Wolf SYSTEMBAU GesmbH Fischerbühel 1 • A-4644 Scharnstein Tel.: 00437615 / 79310 • Fax: 7931315	-	+	+
LINZER FERTIGHÄUSER) Obere Hauptstraße 53 • A-7304 Großwarasdorf Tel.: 00432614 / 2238 • Fax: 223815	-	+	+
GRIFFNERHAUS GmbH Gewerbestraße 3 • A-9112 Griffen Tel.: 00434233 / 22370 • Fax: 22375	+	+	+
MARLES HISE Maribor D.O.O. Limbuska c.2 P-B. Box10 • SLO-2106 Maribor / Slowenien Tel.: 00386 / 62101211 • Fax: 104683	-	+	+
S.C. SILVOCAS SRL. Str. Sorin Titel 4 • RO-1900 Timisoara / Rumänien Tel.: 004056 / 197429 • Fax: 197429	-	+	-
QPM CZ s.r.o. CSLA 30 • CZ-39111 Plana NAD Luznici	-	+	+
RD RYMAROV s.r.o. ul. 8. Kvetna • CZ-79511 Rymarov / Tschechien Tel.: 0647 / 612111 • Fax: 212387	-	+	+
LABOR MAKRON s.r.o. Przedsiebiorstwo Produkcyjno-Uslugowo ul. Wyzwolenia 22 • PL-41103 Siemianowice Slaskie Tel.: 0048 / 32281418 • Fax: 322814	-	+	-
HERRALA TALOT HOUSES Koskisen Oy Urajärventie 76 • SF-19110 Vierumäki / Finnland Tel.: 003583 / 8471 • Fax: 7187823	-	+	+
VÄSTKUST-STUGAN AB S-51265 Mjöbäck Tel.: 0046325 / 34150 • Fax: 34002	-	+	-

Mitglieder der BMF

Folgende selbst produzierende Haus- beziehungsweise Fertigteilanbieter sind Mitglieder der Bundes-Gütegemeinschaft Montagebau und Fertighäuser (BMF, geordnet nach Postleitzahlen, Stand: 5.10.1999) Adresse: Flutgraben 2 • 53604 Bad Honnef • Tel. 2224/9377-0 • Fax -77

Mitglieder in Deutschland

ALHO-Holzbau GmbH
Postfach 1161 • 51589 Morsbach
Tel.: 02294/708-0, Fax: -92

ALHO-Systembau GmbH
Postfach 1151 • 51589 Morsbach
Tel.: 02294/696-0, Fax: -145

Andersson Haus und Dach GmbH
Temnitz-Park-Chaussee 41 •
16818 Werder
Tel.: 033920/60-0, Fax: -283

ANTON SCHMITT Holzbauwerk
Gießener Straße 59 • 57250 Netphen
Tel.: 02737/9869-0 • Fax: -18

BIEN-ZENKER
Am Distelrasen 2 • 36381 Schlüchtern
Tel.: 06661/98-0 • Fax: -201

BIEN-ZENKER Werk II
Relystraße 20 • 64720 Michelstadt
Tel.: 06061/75-0, Fax: -200

Cadolto Flohr & Söhne GmbH & Co.
Wachendorfer Str. 34 •
90553 Cadolzburg
Tel.: 09103/502-0 • Fax: -122

Creaktiv-Hausbau GmbH & Co. KG
Lauchaer Höhe 27-29 •
99880 Waltershausen
Tel.: 03622/624-0 • Fax: -100

D & S Hausbau GmbH
Am Waldeck 6 • 77855 Achern
Tel.: 07843/9477-0

Elementbau GmbH Mecklenburg
Galliner Straße 30 • 19258 Boizenburg
Tel.: 038847/636-0 • Fax: -23

EUROHAUS Vertriebs-GmbH
Industriegelände • 66606 St Wendel
Tel.: 06854/790 • Fax: /76424

E. Kampa Verwaltungs-GmbH & Co.
Fertighaus KG, Werk III
Eugen-Kampa-Straße 3 • 85125 Kinding
Tel.: 08467/140 • Fax: /679

Fingerhut Haus GmbH & Co. KG
Hauptstraße 46, 57520 Neunkhausen
Tel.: 02661/ 9564-0 • Fax: -64

F.H.S. Zimmerei - und Holzbau GmbH
Blankenauer Straße 13 •
37688 Beverungen
Tel.: 05273/3596-13 • Fax: -12

Gädicke Holz GmbH
Hartwigstraße 2-4, 19322 Wittenberge
Tel.: 03877/40-4911, 5905

GRINBOLD GmbH & Co.
Amerdinger Straße 4–10 •
89561 Dischingen
Tel.: 07327/9606-0 • Fax: -15

Gussek Haus Franz Gussek GmbH & Co.
Euregio Straße 7 • 48527 Nordhorn
Tel.: 05921/174-0 • Fax: -104

Hachmeister Mobil- und
Systembau GmbH
An der Feldmark 11 • 31515 Wunstorf
Tel.: 05031/9577-0 • Fax: -40

HANSE HAUS GmbH
Ludwig-Weber-Straße 18 •
97789 Oberleichtersbach
Tel.: 09741/808-0 • Fax: -119

HARZ HAUS Fertigbau GmbH
Zaunwiese 2 • 38855 Wernigerode
Tel.: 03943/677-0 • Fax: -100

Hecker + Kaiser Fertigbau
GmbH & Co. KG
Gewerbegebiet 2a •
37696 Marienmünster
Tel.: 05276/98910 • Fax: /8026

Hermann Hupp KG
53940 Hellenthal
Tel.: 02482/2125 • Fax: /7987

HHW-Fertigbau GmbH
Falkenaueler Weg 4-10 •
54689 Daleiden
Tel.: 06550/9253-0 • Fax: -20

Hilsur Fertighaus GmbH & Co.KG
Mönichhusen 28 •
32549 Bad Oeynhausen
Tel.: 05731/756800 • Fax: /55295

HOMA Haus Stralsund GmbH
Greifswalder Chaussee 43 •
18439 Stralsund
Tel.: 03831/2470 • Fax: /270005

HUF HAUS GmbH & Co. KG
Mühlenweg • 56244 Hartenfels
Tel.: 02626/761-0 • Fax: -103

Hübe Fertighaus GmbH & Co. KG
Hüsemanns-Esch 16-20 • 48531 Nordhorn
Tel.: 05921/ 83450 • Fax: /33422

H. + F. Hilbers Bau & Handelsges.
mbH & Co.
Oststraße 6/Liebigstraße • 48301 Nottuln
Tel.: 02502/2336-0 • Fax: -29

Ingenieur Holzbau Schnoor
GmbH & Co. KG
Marienhofweg 82 • 25813 Husum
Tel.: 04841/972-0 • Fax: -70

Jakob Eberhardt GmbH + Co. KG
Blaubeurer Straße 63 • 89077 Ulm
Tel.: 07344/50-05 • Fax: -09

Johannes Beilharz GmbH & Co. KG
Unternehmensbereich Fertigbau
Rosenfelder Straße 100 •
72189 Vöhringen
Tel.: 07454/9588-0 • Fax: -99

KAMPA-Haus AG Fertighausbau, Werk I
Uphauser Weg 78 • 32429 Minden
Tel.: 0571/9557-0 • Fax: -400

KAMPA-Haus AG, Werk II
Industriestraße 1 • 66914 Waldmohr
Tel.: 06373/9021 • Fax: /2628

KAMPA-Haus AG, Werk IV
Kampaweg • 14822 Linthe
Tel.: 033844/56-0 • Fax: -3

Kanada-Haus Rebentisch-Bau
GmbH & Co KG
Fallerslebener Straße 10 •
29379 Wittingen
Tel.: 05834/8512 • Fax-1246

Kewo Markenhaus GmbH
Trierer Straße 1-7 • 53937 Schleiden
Tel.: 02445/855-0 • Fax: -10

KLEUSBERG GmbH & CO. KG
Grünstraße • 06184 Dölbau
Tel.: 0345/5753-0 • Fax: -244

KLEUSBERG GmbH & Co. KG
Wisserhof • 57537 Wissen
Tel.: 02742/955-0 • Fax: -144

Kühne Bau GmbH
Daimlerstraße 6 • 31275 Lehrte
Tel.: 05132/8595-0 • Fax: -95

LEJO Haus und Bau GmbH & Co. KG
Raiffeisenstraße 29-31 •
26736 Krummhörn
Tel.: 04923/9102-0 • Fax: -91

Lumar Haus Anklam GmbH
Conrad-Zuse-Straße 7 • 17389 Anklam
Tel.: 03971/2919-0 • Fax: -19

Mainzer & Sohn GmbH
Herrenhöhe 2 • 51515 Kürten
Tel.: 02207/9696-0 • Fax: -10

MASSA-Ausbauhaus GmbH
Werk Simmern
Argenthaler Straße 7 • 55469 Simmern
Tel.: 06761/8530 • Fax: /12149

Meisterstück Otto Baukmeier
Fertigbau GmbH & Co KG
Ohsener Straße 118 • 31789 Hameln
Tel.: 05151/95380 • Fax: -3951

Nachbarschulte Ideal Bau GmbH
Gahlener Str. 250 • 46282 Dorsten
Tel.: 02362/914-0 • Fax: -120

NORDHAUS Gebr. Brochhaus
GmbH & Co. KG
Broch 2 • 51515 Kürten
Tel.: 02268/9144-0 • Fax: -19

NORDMARKHAUS GmbH
Postfach 20 • 25765 Albersdorf
Tel.: 04835/90-40 • Fax: -0480

OFRA Generalbau GmbH & Co
Grüner Weg 17 • 37688 Beverungen
Tel.: 052737909-0 • Fax: -90

OKAL BAU Otto Kreibaum
GmbH & Co. KG
Postfach 11 60 • 31013 Salzhemmendorf
Tel.: 05153/82-0 • Fax: -437

Opitz Holzbau GmbH & Co. KG
Philipp-Oehmigke-Straße 2 •
16816 Neuruppin
Tel.: 03391/5196-0 • Fax: -33

Opitz Holzbau GmbH + Co. KG
Veynaustraße 9 • 53894 Mechernich
Tel.: 02256/9401-0 • Fax: -33

Renolit-Haus GmbH
Postfach 1961 • 67509 Worms
Tel.: 06241/3008-59 • Fax: -46

RENSCH-HAUS GmbH
Mottener Straße 13 • 36148 Kalbach
Tel.: 09742/91-0 • Fax: -194

Sander-Haus Holzbau GmbH
Rudolf-Diesel-Straße 1 •
34369 Hofgeismar
Tel.: 05671/402-40 • Fax: -16

Sauerland Fertighaus Ringler GmbH
Remmeswiese 36 • 59955 Winterberg
Tel.: 02981/9220-0 • Fax: -25

SÄBU Gransee GmbH
Postfach 1107 • 16771 Gransee
Tel.: 03306/79810 • Fax: /21488

Säbu-Morsbach GmbH
Postfach 1354 • 51591 Morsbach
Tel.: 02294/694-0 • Fax: -58

Scan-Haus GmbH
Ernst-Thälmann-Straße 46 •
18337 Marlow
Tel.: 038221/400-26 • Fax: -40

Schwabenhaus GmbH & Co
Industriestraße 2 • 36266 Heringen
Tel.: 06624/930-0 • Fax: - 1 25

Schwörer Haus KG Oberstetten
Hans-Schwörer-Str. 8 • 72531 Hohenstein
Tel.: 07387/16-0 • Fax: -238

Schwörer Haus KG
Industriegebiet • 55469 Simmern
Tel.: 06761/9404-0 • Fax: -44

SFH Systemfachwerkhaus
GmbH & Co. KG
Geschwister-Scholl-Straße 36 •
14776 Brandenburg
Tel.: 03381/2521-0 • Fax: -20

Streif AG
Industriegebiet • 54595 Weinsheim
Tel.: 06551/124-43 • Fax: -34

TEK Dach & Wand Bauelemente GmbH
Güterbahnhofstraße 8 •
16348 Klosterfelde
Tel.: 033396/775-0 • Fax: -50

Uelsener Holzsystembau GmbH
An der Reithalle 6 • 49843 Uelsen
Tel.: 05942/951-55 • Fax: -56

WeberHaus GmbH & Co. KG
Gutenbergstraße 10 • 84048 Mainburg
Tel.: 08751/703-0 • Fax: -201

WeberHaus GmbH & Co. KG
Rheinauer Straße • 57482 Wenden
Tel.: 02762/613-0 • Fax: -271

WeberHaus GmbH & Co. KG
Eschweg • 77866 Rheinau
Tel.: 07853/83-0 Fax: -341

WILLCO-HAUS Werk Elsdorf
GmbH & Co. KG
Birkenweg 7-11 • 50189 Elsdorf
Tel.: 02274/92220 • Fax: /74 77

WILLCO-Haus Werk Freiwalde
GmbH & Co. KG
Am Stieg 18 • 15910 Freiwalde
Tel.: 03574/2070 • Fax: /494

W. Rohrssen System-Fertigbau GmbH
Ohndorfer Straße 3 • 31559 Hohnhorst
Tel.: 05723/ 810-18 • Fax: -81

Mitglieder im Ausland

Construction Erdert Fahaz Kft.
Bólyai Köz 1 • H-1237 Budapest
Tel.: 00361/28492-33 • Fax: -34

DALA-HUS AB • S-79025 Linghed,
Tel.: 0046/246-22180, -22475

Danhaus Production A/S
Skagerrakvej 8 • DK-6715 Esbjerg N
Tel.: 0045/751470-70 • Fax: -60

EBK HUSE AS
Skovsovej 15 • DK-4200 Slagelse
Tel.: 0045/585604-00 • Fax: -05

Eksjöhus AB
Box 255 • S - 57523 Eksjö
Tel.: 0046/381-38330 • Fax: -16966

ELK A. S.
Strkovska 297 •
CZ-39111 Planá nad Luznici
Tel.: 0042/0361404-101 • Fax: -102

ELK-Fertighaus AG
Industriegelände 1 • A-3943 Schrems/NÖ,
Tel.: 0043/2853-705 • Fax: -76856

FINNdomo OY
FIN-40900 Säynätsalo
Tel.: 0035/8146277-11 • Fax: -2,

Flexator AB
Box 1001 • S - 57023 Anneberg
Tel.: 0046/380550-700 • Fax: -607

Götenehus AB
Kraftgatan 1 • S - 53321 Götene
Tel.: 0046/5113456-00 • Fax: -90

Hartl Haus Holzindustrie
Gesellschaft mbH
Haimschlag 30 • A-3903 Echsenbach
Tel.: 0043/2849-8332-310 • Fax: -605

Hosby A/S
Stationsvej 5–7 • DK-7130 Juelsminde
Tel.: 0045/7569-3644 • Fax: -5297

I + R Schertler Fertighaus GmbH & Co
Postfach 88 • A - 6800 Feldkirch
Tel.: 0043/5522-3410 • Fax: -82410

Jelovica Lesna industrija
Hrib 1 a • SLO-4205 Preddvor
Tel.: 0038/6463-12 41 • Fax: -1835

JK Slovakia s.r.o. závod Drevo-Lipany,
Sabinovska 5, SK - 08271 Lipany

Kager-Hisa d.o.o.
Ob Dravi 4/A • SLO - 2250 PTUJ
Tel.: 0038/662-77177-7 • Fax: -8

Kalmar Huse A/S
Hellsvej 37 • DK-6740 Bramming
Tel.: 0045/75 17-4411 • Fax: -2612

Karelment OY
Teollisuustie 2 • SF-75530 Nurmes
Tel.: 0035/81346-1710, Fax: -2018

Karlson HusIndustrier AB
Klöverfors • S-36070 Åseda
Tel.: 0046/47410-810 • Fax: -985

Kasalova pila s.r.o
Jarsovská 600/II •
CZ-377 02 JINDRICHÚV HRADEC
Tel.: 0042/0331357-111 • Fax: -777

LARUS HOLDING KFT.
Felzabadulas u. 19–12, H-2481 Velence
Tel.: 0036/22472-290 • Fax: -313

LB-Hus AB
Box 67 • S-29521 Bromölla
Tel.: 0046/456-45500 • Fax: -29655

LIO LESNA INDUSTRIJA IN OBJEKTI p.o.
Kidriceva 56• SLO-4220 Skofja Loka
Tel.: 0038/66463-4100 • Fax: -1114

LUMAR HISE d. o. o. Gomilsko
Smatevz 26 • SLO-3303 Gomilsko
Tel.: 0038/663726-045, Fax: -078

Maach-Huse A/S
Burskojej 15, Linderum • DK-9870 Sindal
Tel.: 0045/989332-88 • Fax: -42

Marles-Hise Maribor d.o.o.
P.O. Box 10 • SLO-62106 Maribor, Tel.:
0038/66210-1211 • Fax: -46 83

Myhlenberg v/Soren Vangsted A/S,
Myhlenbergvej 56, DK-09510 Arden
Tel.: 0045/9856-1211 • Fax: -22 57

Nordisk Trae Hus I/S
Klarupvej 226, Morild • DK-9830 Taars,
Tel.: 0045/989582-55 • Fax: -44

Nordiska Trähus AB
S-574 85 VETLANDA
Tel.: 0046/38230-380 • Fax: -695

Nordland Haus Nordland
Husproduktion APS
Ringvejen 23 • DK-9510 Arden
Tel.: 040/39-09599 • Fax: -391603

Nu-Fab Family Haus
701- 45th Street West •
S7L 5W5 Saskatoon, Saskatchewan
Canada
Tel.: 001306244-7119 • Fax: -05 53

Ooms Bouwmaatschappij b.v.
Postfach 1 • NL-1633 ZG - Avenhorn
Tel.: 0031/22954780-0 • Fax: -1

OSLO HOUSES
Naujoji str. 132, Lit-4580 Alytus
Tel.: 0037/357-73 42 • Fax: -8751

Parat Tagspaer Handels- &
Industrieaktieselskab
Bülowsvej 14 • DK-7500 Holstebro
Tel.: 0045/97-427000

PRE TRAE A/S
Nybo Hoje 10–14 • DK-7500 Holstebro
Tel.: 0045/97-4107-00 • Fax: -11

RD RYMAROV
ul. 8 kvetna • CZ-79501 Rymarov
Tel./Fax: 0042/696923017

ROUST SPAER A/S
Tinggarden, Roust • DK-6818 Arre
Tel.: 0045/7519-2244 • Fax: -2505

SEEST HUSE FIRMA SEEST A/S
Industrie Seest • DK-6000 KOLDING
Tel.: 0045/7552-6911 • Fax: -58 76

Sjödalshus AB
Box 27 • S-54016 Timmersdala
Tel.: 0046/51181-290, Fax: -034

SYNTRA Produktion
Bercsényi út 32. • H-9900 Körmend
Tel.: 0036/94410-032 • Fax: -617

UNIBUD SA
ul. Branska 132 •
PL-17-100 Bielsk Podlaski
Tel.: 0048/8573000-11 • Fax: -00

Willa Nordic AB
Bäckgatan 5 • S-57002 STOCKARYD
Tel.: 0046/38220-650 • Fax: -024

Mitglieder der Gütegemeinschaft Fertigkeller

Stand: Oktober 1999
Adresse: Flutgraben 2 •
53604 Bad Honnef
Tel.: 02224/9377-0 • Fax: -77
www.bdf-ev.de

Fingerhut Haus GmbH & Co. KG
Hauptstraße 46 • 57520 Neunkhausen
Tel.: 02661/9564-0 • Fax: -64

Ideal Betonelementbau GmbH & Co. KG
Industriegebiet »Alter Galgen« •
56410 Montabaur
Tel.: 02602/9944-55 • Fax: 02602/5152

Joachim Glatthaar GmbH
Rosenweg 21 • 78655 Dunningen-
Seedorf
Tel.: 074 02/9294-0 • Fax-24

Otto Knecht GmbH & Co. KG
Ziegeleistraße 10 • 72555 Metzingen
Tel.: 07123/94 4-0 Fax: -217

Knecht GmbH-Betonwerke
Baumwasenstraße 41 • 73614 Schorndorf
Tel.: 07181/4090-0 • Fax: -94

Lias Leichtbaustoffe GmbH & Co. KG
Postfach 20 • 78609 Tuningen
Tel.: 07464/98 90-0 • Fax: -80

PARTNERBAU GmbH & Co. KG
Krugbäckerstraße 6 • 56424 Mogendorf
Tel.: 02623/9632-0 • Fax: -32

Joseph Raab GmbH & Cie KG
Postfach 22 61 • 56512 Neuwied
Tel.: 02631/913-0 • Fax: -145

Schaub Baugesellschaft mbH
Gewerbegebiet Heide • 56357 Bogel
Tel.: 06772/9383-0 • Fax: -30

Wittmer & Klee GmbH
Postfach 22 20 •
68749 Waghäusel-Wiesental
Tel.: 07254/209-0 • Fax: -23

Mitglieder der
Gütegemeinschaft Blockhausbau

Stand Mai 1999
Adresse:
Theresienstraße 29/II • 80333 München
Tel.: 089/286626-0 • Fax: -66

Bode Fachwerk-und Blockhausbau
GmbH & Co.
Fährstr. 1–3 • 27612 Loxstedt-Dedesdorf
Tel.: 04740/223 • Fax: /1015

Chiemgauer Holzhaus
Siemer + Zumkeller Holzbau GmbH
Seiboldsdorf 2 • 83278 Traunstein
Tel: 0861/4485 • Fax: /8567

Ing. Holzbau R. Frammelsberger GmbH
Hammermatt 2 • 77704 Oberkirch
Tel: 07802/9277-0 • Fax: -50

Köster-Holz GmbH & Co. KG
Mesumer Str. 191 • 48432 Rheine
Tel.: 05971/3836 • Fax: /53338

E. Christian Kretz KG Blockhausbau
Postfach 8 35673 • Dillenburg
Tel: 02771/8150-0 • Fax: -22

RO-REI Reisenweber KG
Sägewerk, Blockhausbau
Postfach 17 96271 • Grub am Forst
Tel: 09560/239 • Fax: /1449

Salzberger Holz + Haus GmbH
In den Auewiesen 1–3 •
36286 Neuenstein-Aua
Tel: 06677/18-0 • Fax: -66

Sonnleitner Holzwerk GmbH
Postfach 11 53 • 94492 Ortenburg
Tel: 08542/9611-0 • Fax: -50

Stommel-Haus GmbH
Postfach 1112 • 53810 Neunkirchen
Tel: 02247/9172-0 • Fax: -60

thomas haus GmbH
Industriegebiet • 56858 Tellig
Tel: 06545/932-0 • Fax: -129

vorläufiges Mitglied:
Steinhauer Block- und Fertighaus GmbH
Hauptstraße 13–19 • 57612 Kircheib
Tel: 02683/6027 • Fax: /6632

Mitglieder des BDF und der QDF

Folgende 34 selbst produzierende deutsche Fertighausanbieter sind Mitglieder des Bundesverbandes Deutscher Fertigbau (BDF, ordentliche Mitglieder) und zugleich der Qualitätsgemeinschaft Deutscher Fertigbau (QDF): Stand 2.7.1999. Adresse für beide: Flutgraben 2, 53604 Bad Honnef, Tel.: 02224/9377-0, Fax: -77, www.bdf-ev.de

Bien-ZENKER BienHaus AG
Am Distelrasen • 236381 Schlüchtern
Tel.: 0 66 61/98-0 • Fax: -201

Bien-Zenker-Hausbau GmbH + Co.
Relystr. 20 • 64720 Michelstadt
Tel.: 0 60 61/75-0 • Fax: -200

BSH Holzfertigbau GmbH
Das Bodenseehaus
Zur Mühle 7 • 78224 Singen
Tel.: 07731/26458 • Fax: /26105

BÜDENBENDER HAUSBAU GmbH
Vorm Eichhölzchen 10 •
57250 Netphen
Tel.: 02737/9854-0 • Fax: -36

DAVINCI Haus GmbH
Talstraße 1 • 57580 Elben
Tel.: 02747/8009-0 • Fax: -79

ExNorm Haus GmbH
Schwabstraße 37–45 • 89555 Steinheim
Tel.: 07329/951-0 • Fax: -399

Finger Haus GmbH
Auestr. 45 • 35066 Frankenberg
Tel.: 06451/504-0 • Fax: -40

FINGERHUT HAUS GmbH & Co. KG
Hauptstraße 46 • 57520 Neunkhausen
Tel.: 02661/95 64-0 • Fax: -64

GUSSEK-HAUS
Franz Gussek GmbH & Co.
Euregiostraße 7 • 48527 Nordhorn
Tel.: 05921/17 4-0 • Fax: -104

HAACKE-HAUS
Haacke + Haacke GmbH + Co.
Am Ohlhorstberge 3 • 29202 Celle
Tel.: 05141/805118 • Fax: /805169

HAACKE-HAUS
Haacke + Haacke GmbH + Co.
Werk Potsdam
14542 Neu Plötzin
Tel.: 03327/485868 • Fax: /485800

HANSE-HAUS GmbH
Ludwig-Weber-Str. 18 •
97789 Oberleichtersbach
Tel.: 09741/808-0 • Fax: -119

HARZ HAUS Fertigbau GmbH
Zaunwiese 2 • 38855 Wernigerode
Tel.: 0 39 43/6 77-0
Fax: 0 39 43/6 77-1 00

HUF HAUS GmbH & Co. KG
Mühlenweg • 56244 Hartenfels
Tel.: 02626/761-0
Fax: 02626/761-103

KAMPA -HAUS AG
Uphauser Weg 78• 32429 Minden
Tel.: 0571/95 57-0 • Fax: -400

KAMPA -HAUS AG Waldmohr
Industriestraße • 66914 Waldmohr
Tel.: 06373/90 21 • Fax: /26 28

KAMPA-HAUS AG Kinding
Industriegelände
Postfach 25• 85125 Kinding
Tel.: 08467/140 • Fax: /679

KAMPA-HAUS AG Linthe
Kampaweg • 14822 Linthe
Tel.: 033844/56-0 • Fax: -379

KEWO MARKENHAUS GmbH
Triererstraße 1–7 •
53937 Schleiden-Oberhausen
Tel.: 02445/855-0 • Fax: -10

KLEUSBERG GmbH & Co. KG
Wisserhof • 57537 Wissen
Tel.: 0 27 42/955-0 • Fax: -144

LUX-HAUS GmbH & Co. KG
Pleinfelder Straße 64 •
91166 Georgensgmünd
Tel.: 09172/692-0 • Fax: -103

MEISTERSTÜCK-Haus Otto Baukmeier
Fertigbau, Holzbau GmbH + Co KG
Ohsener Straße 118 • 31789 Hameln
Tel.: 05151/95380 • Fax: /3951

NACHBARSCHULTE IDEAL BAU GmbH
Gahlener Straße 250 • 46282 Dorsten
Tel.: 0 23 62/914-0 • Fax: -120

NORDHAUS Gebr. Brochhaus
GmbH & Co. KG
Broch 2 • 51515 Kürten
Tel.: 02268/9144-0 • Fax: -19

NORDMARKHAUS GmbH
Postfach 20 • 25765 Albersdorf
Tel.: 0 48 35/90 4-0 • Fax: -80

OFRA Generalbau GmbH & Co.
Industriestraße• 37688 Beverungen
Tel.: 0 52 73/909-0 • Fax: -90

OKAL BAU
Otto Kreibaum GmbH & Co. KG
Postfach 11 60
31013 Salzhemmendorf
Tel.: 0 51 53/82-0 • Fax: -437

OKAL-Werk Süd
Otto Kreibaum GmbH & Co. KG
Postfach 12 80 • 78912 Titisee-Neustadt
Tel.: 07651/18-0 • Fax: -201

PLATZ-HAUS GmbH & Co
Platzstraße 2–16 • 88348 Saulgau
Tel.: 07581/201-0 • Fax: -123

RENOLIT-HAUS GmbH
Kirschgartenweg • 67549 Worms
Tel.: 0 62 41/300-80 • Fax: /37677

RENSCH-HAUS GmbH
Mottener Straße 13 • 36148 Kalbach
Tel.: 0 97 42/91-0 • Fax: -174

R & S Sauerlandhaus Fertigbau GmbH
Kutscherweg 2• 57392 Schmallenberg
Tel.: 02972/9777-0 • Fax: -99

SAUERLAND FERTIGHAUS Ringler GmbH
Remmeswiese 36 • 59955 Winterberg
Tel.: 02981/9220-0 • Fax: -25

SCHWABENHAUS GmbH & CO.
Industriestraße 2• 36266 Heringen
Tel.: 0 66 24/930-0 • Fax: -125

SCHWÖRER HAUS KG
Hans-Schwörer-Straße 8 •
72531 Hohenstein-Oberstetten
Tel.: 07387/16-0 • Fax: -238

SFH Systemfachwerkhaus
GmbH & Co. KG
Geschwister-Scholl-Str. 36 •
14776 Brandenburg
Tel.: 03381/2521-0 • Fax: -20

STELLY HAUS GmbH
In der Zangershalde 6–9 •
71554 Weissach im Tal
Tel.: 07191/361-0 • Fax: -200

STREIF AG
54595 Weinsheim
Tel.: 06551/12-00 • Fax: -220

WeberHaus GmbH & Co.KG
Eschweg • 77866 Rheinau-Linx
Tel.: 078 53/83-0 • Fax: -341

WeberHaus GmbH & Co.KG
Rheinauer Straße • 57482 Wenden
Tel.: 02762/613-0 • Fax: -271

WeberHaus GmbH & Co.KG
Gutenbergstraße 10 • 84048 Mainburg
Tel.: 08751/703-0 • Fax: -201

WILLCO-HAUS
Werk Elsdorf GmbH & Co. KG
Birkenweg 7–11• 50189 Elsdorf
Tel.: 02274/9222-0 • Fax: 74 77

WILLCO-HAUS
Werk Freiwalde GmbH & Co. KG
Am Stieg 18 • 15910 Freiwalde
Tel: 035474/2070 • Fax: /494

Anschriften von Verbraucher-Zentralen

Verbraucher-Zentrale
Baden-Württemberg e. V.
Paulinenstraße 47
70178 Stuttgart
Telefon: 07 11 / 66 91-10
Fax: 07 11 / 66 91-50
e-mail: info@verbraucherzentrale.de

Verbraucher-Zentrale
Bayern e. V.
Mozartstraße 9
80336 München
Telefon: 0 89 / 53 98 70
Fax: 0 89 / 53 75 53
e-mail:vz-bayern@t-online.de

Verbraucher-Zentrale
Berlin e. V.
Bayreuther Straße 40
10787 Berlin
Telefon: 0 30 / 2 14 85-0
Fax: 0 30 / 2 11 72-01
e-mail: mail@
verbraucherzentrale-berlin.de

Verbraucher-Zentrale
Brandenburg e. V.
Templiner Straße 21
Haus B und C
14473 Potsdam
Telefon: 03 31 / 2 98 71-0
Fax: 03 31 / 2 98 71-77
e-mail: vz.brb@t-online.de

Verbraucher-Zentrale
des Landes Bremen e. V.
Altenweg 4
28195 Bremen
Telefon: 04 21 / 16 07 77
Fax: 04 21 / 1 60 77 80
e-mail: verbraucherzentrale_bremen
@t-online.de

Verbraucher-Zentrale
Hamburg e. V.
Kirchenallee 22
20099 Hamburg
Telefon: 0 40 / 2 48 32-0
Fax: 0 40 / 2 48 32-290
e-mail: info@
verbraucherzentralehamburg.de

Verbraucher-Zentrale
Hessen e. V.
Reuterweg 51–53
60323 Frankfurt
Telefon: 0 69 / 97 20 10-0
Fax: 0 69 / 97 20 10-50
e-mail: vzh@verbraucher.de

Verbraucher-Zentrale
Mecklenburg-Vorpommern e. V.
Strandstraße 98
18055 Rostock
Telefon: 03 81 / 4 93 98-0
Fax: 03 81 / 4 93 98-30
e-mail: verbraucherzentrale-mv
@t-online.de

Verbraucher-Zentrale
Niedersachsen e. V.
Herrenstraße 14
30159 Hannover
Telefon: 05 11 / 9 11 96-01
Fax: 05 11 / 9 11 96-10
e-mail: vzn@compuserve.com

Verbraucher-Zentrale
Nordrhein-Westfalen e. V.
Mintropstraße 27
40215 Düsseldorf
Telefon: 02 11 / 38 09-0
Fax: 02 11 / 38 09-172
e-mail: vz.nrw@vz-nrw.de

Verbraucher-Zentrale
Rheinland-Pfalz e. V.
Große Langgasse 16
55116 Mainz
Telefon: 0 61 31 / 28 48-0
Fax: 0 61 31 / 28 48-66
e-mail: vz_rheinland-pfalz@t-online.de

Verbraucher-Zentrale
des Saarlandes e. V.
Hohenzollernstraße 11
66117 Saarbrücken
Telefon: 06 81 / 5 00 89-0
Fax: 06 81 / 5 00 89-22
e-mail:
vz-saar@t-online.de

**Verbraucher-Zentrale
Sachsen e. V.**
Bernhardstraße 7
04315 Leipzig
Telefon: 03 41 / 6 88 80 80
Fax: 03 41 / 6 89 28 26
e-mail: vzs@vzs.de

**Verbraucher-Zentrale
Sachsen-Anhalt e. V.**
Steinbockgasse 1
06108 Halle
Telefon: 03 45 / 2 98 03-0
Fax: 03 45 / 2 98 03-26
e-mail: vz-sa@t-online.de

**Verbraucher-Zentrale
Schleswig-Holstein e. V.**
Bergstraße 24
24103 Kiel
Telefon: 04 31 / 5 12 86
Fax: 04 31 / 55 35 09
e-mail: verbraucherzentralesh
@t-online.de

**Verbraucher-Zentrale
Thüringen e. V.**
Eugen-Richter-Straße 45
99085 Erfurt
Telefon: 03 61 / 5 55 14-0
Fax: 03 61 / 5 55 14-40
e-mail: vz-thueringen@
t-online.de

Stichwortverzeichnis

Hier können wir Ihnen nur eine kleine Auswahl unseres mehr als 60 Titel umfassenden Ratgeber-programms vorstellen. Auf Wunsch senden wir Ihnen gerne die Gesamtübersicht aller Publikationen zu.

Unsere Ratgeber können Sie in den Beratungsstellen der Verbraucher-Zentralen kaufen oder bei den Herausgebern bestellen (siehe Impressum auf Seite 2). Bitte schicken Sie weder Geld noch Briefmarken. Sie erhalten mit der Lieferung eine Rechnung. Zu den genannten Preisen (Stand: Januar 2000) kommen noch Porto und Versand-kosten.

Kostensparende Hausangebote

Bauen muß nicht teuer und zeitaufwendig sein. In dieser Marktübersicht werden kostensparende Angebote unter die Lupe genommen. Wir geben Hintergrundinformationen zu Preisen, Angebotsformen sowie rechtlichen Fragen und stellen in einer Marktübersicht Typenhäuser vor, die um 2.000 DM pro m² Wohnfläche kosten.

144 Seiten   25,00 DM / 12,76 €

Schlüsselfertig und massiv bauen

Mit diesem Ratgeber geben sie Ihren Plänen ein solides Fundament. Er begleitet Sie von der Planung über den ersten Spatenstich bis hin zur Zahlung. Sie erfahren vieles über Bauleistungs-beschreibungen, Festpreisgestaltung, Wohn-flächenberechnung, Wärme- und Schallschutz, Paragrafen und Verträge.

146 Seiten   25,00 DM / 12,78 €

Häuser aus zweiter Hand

Ein wichtiger Ratgeber für alle, die ein »gebrauchtes« Haus kaufen und selbst darin wohnen möchten. Es geht um das Festlegen des Wohnbedarfs und der Wohnwünsche, die maßgeschneiderten Suche nach dem Wunsch-haus, das Erkennen von Bauschäden und Sanierungsbedarf, die Preisfrage, den Kauf-vertrag um Bauverträge für Sanierung und Modernisierung.

152 Seiten   14,00 DM / 7,14 €

Baufinanzierung: Planungshilfen – Finanzierungsformen – Förderungsmöglichkeiten

Ein unentbehrliches Handbuch für alle, die bauen oder ein Haus bzw. eine Wohnung kaufen wollen. Mit Checklisten für Finanzierungsbedarf und finanzielle Belastung und dem ABC der Baufinanzierung zum Nachschlagen.

187 Seiten   14,00 DM / 7,14 €

Heizung

Dieser Ratgeber bietet einen leicht zugänglichen Einstieg in das hochkomplexe Thema moderner Heizungtechnik. Er enthält einen vergleichenden Überblick zu den verschiedenen Energieträgern und Heizkesseln, zu den notwendigen Anlagenkomponenten und Heizflächen, zu Warmwassergeräten und regenerativen Energien. Konkrete Tipps und Preishinweise helfen bei der Entscheidung.

88 Seiten 10,00 DM / 5,11 €

Fußböden: Vom Naturstein bis zum Kunststoff

Farbe, Geruch, Beschaffenheit, Gebrauchstauglichkeit, Umwelt- und Gesundheitsverträglichkeit sind wichtige Kriterien für die Auswahl des richtigen Bodens. Wir geben Ihnen einen Überblick über die gängigen Böden -- vom Naturstein über Holz- und Teppichböden bis hin zum Kunststoffbelag. Außerdem erhalten Sie neben Verlegehinweisen Informationen zu Schadstoffen, Allergien und Schallschutz.

72 Seiten 10,00 DM / 5,11 €

Wintergärten

Den Wunsch, die Natur näher ins Haus zu holen und so den in unseren Breiten kurzen Sommer zu verlängern, haben viele Hausbesitzer. Dieser Ratgeber hilft bei Fragen zur Energieeinsparung, zum Klima im Glashaus, zur Materialwahl, zum Marktangebot und bei der Vertragsgestaltung. Außerdem finden Sie zahlreiche Adressen und Erklärungen zu vielen Fachbegriffen.

100 Seiten 10,00 DM / 5,11 €

Hausfassaden

Mit diesem Ratgeber werden Sie über die Aufgaben und Funktionen von Außenwänden und Fassaden informiert, Sie lernen die möglichen Dämmverfahren für Neu- und Altbauten kennen und erhalten einen Überblick über die verschiedenen Wand- und Fassadenaufbauten.

58 Seiten 8,50 DM / 4,35 €

Von der Sonnenwärme zum warmen Wasser

Solaranlagen zur Warmwasserbereitung sind nicht nur unter Umweltgesichtspunkten interessant, sie können sich auch rechnen. Was Sie bei Planung, Kauf und Installation beachten müssen, und in welcher Region die Sonne warmes Duschwasser garantiert, verraten wir nicht nur Sonnenanbetern.

58 Seiten 8,50 DM / 4,34 €